高等学校实验实训规划教材

机械电子工程实验教程

宋伟刚　罗　忠　主编

北　京
冶 金 工 业 出 版 社
2009

内容简介

本书是在机械电子工程系列课程实验教学体系与内容改革研究和实践的基础上编写的，以培养学生的创新能力为目标，按实验课程自身的体系引导学生掌握机械基础实验的基本原理、基本技能和方法。

本书阐述了机械电子工程实验的意义和要求，构建了机械电子工程实验的体系，介绍了机械电子工程实验的基础知识。书中分别以单片机、DSP、PLC 等为核心设计了综合性、设计性、创新性实验。此外还设计了虚拟实验，包括经典控制理论虚拟实验、现代控制理论虚拟实验、S7-200 仿真软件认识及模块扩展地址分配虚拟实验、TD200 学习虚拟实验等。作为课内实验的拓展，本书还给出了运动控制器的调整实验、移动机器人的串口通信控制、“乐高”创意设计与制作等课外科技实践内容。

本书可作为高等工科学校机械基础课程的实验教材，也可供有关教师、工程技术人员和科研人员参考。

图书在版编目(CIP)数据

机械电子工程实验教程／宋伟刚，罗忠主编．—北京：冶金工业出版社，2009.6
高等学校实验实训规划教材
ISBN 978-7-5024-4922-3

Ⅰ.机…　Ⅱ.①宋…　②罗…　Ⅲ.机电一体化—实验—高等学校—教材　Ⅳ.TH-39

中国版本图书馆 CIP 数据核字(2009)第 082709 号

出 版 人　曹胜利
地　　址　北京北河沿大街嵩祝院北巷 39 号，邮编 100009
电　　话　(010)64027926　电子信箱　postmaster@cnmip.com.cn
责任编辑　陈慰萍　宋　良　美术编辑　张媛媛　版式设计　张　青
责任校对　王贺兰　责任印制　牛晓波
ISBN 978-7-5024-4922-3
北京兴华印刷厂印刷；冶金工业出版社发行；各地新华书店经销
2009 年 6 月第 1 版，2009 年 6 月第 1 次印刷
787 mm×1092 mm　1/16；14.5 印张；382 千字；221 页；1-3500 册
29.00 元
冶金工业出版社发行部　电话：(010)64044283　传真：(010)64027893
冶金书店　地址：北京东四西大街 46 号(100711)　电话：(010)65289081
（本书如有印装质量问题，本社发行部负责退换）

前　言

机械电子工程实验课程着重培养学生的基本机电系统实验技能和创新设计能力,是高等工科教学中不可缺少的实践性教学环节。为了培养适应我国社会主义现代化建设需要的高级工程技术人才,机械基础实验课程必须不断深化改革,这是一项责任重大的历史任务。东北大学在国家工科基础课程机械基础教学基地建设中,立项对机械电子工程实验课程进行改革实践,并在总结改革实践经验和多年教学经验的基础上,编写了本书。

"机械电子工程实验教程"是教学改革的产物,也是为了满足现代社会对机械电子工程技术人才的需求所采取的一项教学内容。它以培养学生创新能力和综合设计能力为目标,以机械电子工程实验自身教学规律为主线,合理构建实验教学体系。在教学组织上,加大实践教学的改革力度,增加实验教学的学时,培养学生的动手能力,由此构建独立的机械电子工程实验教学体系,单独设立机械电子工程实验课程,单独计算学生实验课成绩。在实验教学管理方面,实现实验教学的开放管理、电子信息化管理。学生按照教学基本要求,结合自身特点自主选择实验项目,实现实验教学内容和选题的柔性与开放性,体现个性化培养,为学生提供更多的实践学习机会。

本书在明确机械电子工程实验的意义基础上,结合东北大学实验教学的具体条件构建了机械电子工程的实验课程体系,并与"机械工程控制基础"、"机电一体化技术基础"、"机器人技术基础"等机械电子工程专业的主干课程衔接。在实验项目的开发和配置方面,改革原有的验证性实验项目,开发先进的设计性、综合性、研究性实验项目,实现实验内容由单一型、局部型向综合型、整体型的转变;在实验方法方面,实现由演示型、验证型向参与型、开发型和研究型转变;实验测试手段向计算机辅助测试的方向拓展,设置多个虚拟实验和课外科技实践项目。

本书由宋伟刚、罗忠主编,参加编写工作的人员有李东升、李允公、刘宇、戴丽、于清文、颜世玉、喻春阳、赵海滨、刘冲、宫照民、鄂晓宇等。东北大学的刘杰教授、柳洪义教授审阅了书稿。

本书是在东北大学国家工科机械基础课程教学基地实验教学体系与内容改革研究和实践的基础上编写的,其中的实验项目、实验内容和实验方法是以东北大学机械电子工程研究所现有的软硬件条件为基础的,兄弟院校在使用时可根据自身的具体情况作适当调整。

限于编者水平,书中疏漏与不妥之处,敬请读者批评指正。

编　者

2009 年 2 月

目　录

1 绪 论

1.1 实验的内涵及意义

实验一般多指科学实验,是按照一定的目的,运用相关的仪器设备,在人为控制条件下,模拟自然现象进行研究,认识自然界事物的本质和规律。实验是纯化、简化、强化和再现科学研究对象,延缓或加速自然过程,为理论概括提供充分可靠的客观依据,可以超越现实生产所涉及的范围,缩短认识周期。纵观机械的发展史,人类从使用原始工具到原始机械、古代机械、近代机械乃至今天的智能机器人、宇航飞行器等现代机械,都历经了科学实验的探索和验证。随着科学技术的发展,科学实验具有越来越重要的作用,其广度和深度不断拓展,成为自然科学理论的直接基础。许多伟大的发现、发明和突破性理论都来自科学实验。

科学实验是理论的源泉、科学的基础、发明的沃土、创新人才的温床,是将新思想、新设想、新信息转化为新技术、新产品的孵化室,甚至是高科技转化为市场的中间试验基地。高等院校的绝大多数科研成果和高科技产品首先是在实验室里诞生的。科学实验是探索未知、推动科学发展的强大武器,对经济持续发展、增强综合国力具有重要意义。

1.2 机械电子工程实验课程的体系和内容

实验教学是理工科专业教学的重要组成部分,它不仅是学生获得知识的重要途径,而且对培养学生的实际工作能力、科学研究能力和创新能力具有十分重要的作用,对实现知识、能力、素质并重的培养目标起着关键作用。

新的机械电子工程实验课程体系,改变了实验仅作为理论课程的附属地位,改变了理论课程成绩不能反映学生的实践能力和水平、学生不重视实验的状况。它以培养学生创新能力和综合设计能力为目标,以机械电子工程相关课程的实验系统为主线,按实验自身体系独立设置课程,成绩单独考核和记分。新的机械电子工程实验课程的实验内容由单一型、局部型向综合型、整体型、创新型转变;实验方法由演示型、验证型向参与型、开发型转变,实验手段向计算机辅助测试转变。重视实验教学与科研、生产相结合。它将实验分为基本实验(必做),综合性、设计性与创新性实验(选做),虚拟实验(选做),课外科技创新实践项目(自由申请,立项进行)几个部分,必做实验与选做实验结合并行,实现了实验内容和选题的柔性与开放性,尊重学生个性,为学有余力的学生提供更好的锻炼机会和发展空间。

本书的内容包括以下几个方面:

1.2.1 基本实验

(1) 单片机 8251 串口实验。了解单片机 8251 的基本结构,掌握可编程串口芯片 8251 的接口原理及使用方法,熟悉芯片 8251 的性能及初始化编程和设计方法。

(2) 直流电动机控制与测速实验。熟悉直流电动机的基本结构,了解电动机控制和测速的基本原理和方法,掌握码盘测速的原理和方法,掌握速度采样的原理和软件设计方法。

(3) PLC 控制实验。了解 PLC 的基本结构,熟悉 PLC 控制直流电动机的驱动原理,掌握 PLC 驱动直流电动机的方法。

(4) 工控机控制认知实验。

(5) 位置控制实验。认识位置控制系统的基本组成,熟悉位置控制系统的硬件系统搭接方法,通过实验验证 PID 控制器的调节作用。了解计算机控制实验台的构建及数据采集和处理方法。

(6) 教学机器人与平面机构运动控制实验。了解可重组机器人的构造,进行可重组机器人的运动学实验,使学生对机电一体化产品建立感性认识。了解机器人与机构运动控制的方法。

1.2.2 综合性、设计性、创新性实验

(1) 单片机 A/D 和 D/A 转换实验。了解 ADC0809 八位 A/D 转换芯片的基本原理和功能,掌握 ADC0809 和单片机的硬件接口和软件设计方法,了解 DAC0832 的基本原理和功能,掌握 DAC0832 和单片机的硬件接口及软件设计方法。

(2) 单片机步进电动机控制实验。掌握使用单片机控制步进电动机的硬件接口技术,掌握步进电动机驱动程序的设计和调试方法,熟悉步进电动机的工作特性。

(3) 直流电动机 DSP 控制实验。让学生学习用 C 语言编制中断程序,控制 LF2407DSP 的通用 I/O 管脚产生不同占空比的脉宽调制(Pulse Width Modulation,PWM)信号,熟悉 LF2407DSP 的通用 I/O 管脚的控制方法,学习直流电动机的控制原理和控制方法。

(4) PLC 控制迷你相扑机器人及数控机床的 PLC 改造实验。通过这两个实验,让学生熟悉直流电动机的驱动原理,熟悉 PLC 驱动直流电动机的方法,并比较 PLC 控制系统和继电器控制系统的异同点,掌握 PLC 控制系统的开发技能。

(5) 基于 ARM 的 C 语言编程实验。通过使用 ARM 实验箱,熟悉 ADS 开发环境和 ARM 指令系统,利用 C 语言编写程序并用 AXD 对程序进行调试。熟悉 ARM 芯片,掌握 I/O 口配置方法,通过实验掌握 ARM 芯片 I/O 控制 LED 显示。

(6) 机器视觉实验。机器视觉是崭新且发展十分迅速的研究领域,并且是计算机科学的重要研究领域之一。本实验教学将学生的分析能力、计算机操作能力、软件设计能力与应用实践结合起来,引导学生由浅入深地掌握计算机视觉理论与开发工具,具备实际的计算机视觉开发基础。

(7) 二维插补原理及实现实验。掌握逐点比较法、数字积分法等常见直线插补、圆弧插补原理和实现方法;通过运动控制器的基本控制指令实现直线插补和圆弧插补,掌握基本数控插补算法的软件实现。

(8) 直流伺服位置控制实验。掌握位置伺服系统的基本原理及控制过程,了解位置伺服控制的基本要求和位置伺服系统实验台的基本电路,熟悉位置伺服系统实验台主要设备的结构组成及有关的测试仪器、仪表。

(9) 基于 IPC 机的电磁振动定量给料系统设计实验。掌握工业 PC 机、812PG 卡、称重传感器、变送器、可控硅控制箱、电磁振动给料机的使用方法,灵活地用这些仪器和设备组成所需的实验系统。掌握 GENIE 组态软件的编程方法,组态软件在机电一体化产品设计中的应用,组态软件的扩展,即在组态软件中加入自己的控制算法。掌握系统的调试方法,常规 PID 算法中 PID 参数的整定方法。

(10) 基于单片机的电磁振动定量给料系统设计实验。掌握 MCS－51 单片机应用系统、称重传感器、变送器、可控硅控制箱、电磁振动给料机的使用方法,灵活地用这些仪器和设备组成所

需的实验系统。掌握 MCS－51 汇编语言的编程方法和 MCS－51 开发机（仿真器）的使用方法，会用开发机对 MCS－51 应用系统的硬件和软件进行离线调试。熟悉对整个实验系统进行在线调试的方法，以及常规 PID 算法中 PID 参数的整定方法。

（11）惯性振动机停机减振系统设计实验。掌握 MCS－51 单片机应用系统、加速度传感器、电荷放大器、磁力启动器、水平惯性振动输送机的使用方法，灵活地用这些仪器和设备组成所需的实验系统。熟悉 MCS－51 单片机应用系统硬件系统的设计与制作方法。掌握 MCS－51 汇编语言的编程方法和 MCS－51 开发机（仿真器）的使用方法，会用开发机对 MCS－51 应用系统的硬件和软件进行离线调试。

（12）基于单片机的电磁振动给料机定振幅控制设计实验。掌握 MCS－51 单片机应用系统、加速度传感器、电荷放大器、可控硅控制箱、电磁振动给料机的使用方法，灵活地用这些仪器和设备组成所需的实验系统。掌握 MCS－51 汇编语言的编程方法和 MCS－51 开发机（仿真器）的使用方法，会用开发机对 MCS－51 应用系统的硬件和软件进行离线调试。

1.2.3 虚拟实验

（1）经典控制理论虚拟实验。熟悉 MATLAB 软件的各种功能和基本用法，熟悉并学会建立控制系统的数学模型。观察学习机械工程控制系统的时域分析方法。利用计算机完成控制系统的根轨迹作图，了解控制系统根轨迹图的一般规律，完成开环系统的奈奎斯特（Nyquist）图和伯德（Bode）图的绘制，分析控制系统的开环频率特性图的规律和特点。利用计算机完成系统的相位超前校正、相位滞后校正和相位超前－滞后校正，观察和分析各种校正方法的特点和步骤，分析控制系统的开环频率特性。

（2）现代控制理论虚拟实验。了解利用计算机完成状态空间模型的建立与转换，熟悉矩阵指数函数的计算与状态空间表达式的求解和系统的可控性和可观测性判断，通过实验，深入理解李雅普诺夫稳定性分析控制系统的开环频率特性的方法。

（3）S7-200 仿真软件认识及模块扩展地址分配虚拟实验。学习使用 S7-200 仿真软件，掌握选择 CPU 型号、扩展模块组态、装载程序和将 CPU 置为运行状态等步骤。熟悉 S7-200 扩展后地址分配规则。

（4）TD200 学习虚拟实验。熟悉 S7-200 仿真软件，熟悉掌握利用文本显示向导配置 TD200、选择 TD 型号、设置信息格式、分配存储区等操作步骤，学习使用 TD200。

1.2.4 课外科技实践

（1）运动控制器的调整。了解数字滤波器的基本控制作用，掌握调整数字滤波器的一般步骤和方法，调节运动控制器的滤波器参数，使电动机运动达到要求的性能。

（2）“乐高”创意设计与制作。制作一个机电设备需要学生运用不同领域的知识，包括机械、电子、软件、控制工程等。基于“乐高”Mindstorms NXT 低成本智能系统，学生进行创意设计，构建出不同复杂程度的机械和机电一体化的整体模型，使学生不仅能运用和巩固机械知识，而且还能帮助他们从整体上理解机电一体化的内涵，并激发他们的创新意识，培养他们的综合设计能力及实践能力。

（3）移动机器人的串口通信控制。初步认识和了解移动机器人的机械结构设计、传感系统设计、控制系统设计、定位与导航系统设计、路径规划以及多传感器信息融合等技术和方法。在熟悉移动机器人基本组成的基础上，学习基本的串口通信机器人控制。

1.3　机械电子工程实验课程的要求

通过机械电子工程实验课程的学习和实践,要求学生:

(1) 充分认识各个科学实验的内涵和重要意义。

(2) 了解和熟识机械电子工程常用的实验装置和仪器,掌握实验原理、实验方法、测试技术、数据采集方法、误差分析及处理方法。

(3) 严格按科学规律进行实验,遵守实验操作规程,求实求是,不粗心大意、主观臆断,更不能弄虚作假。

(4) 认真观察实验现象,不忽视和放过"异常"现象,敢于"存疑、探求、创新",对实验结果和实验中观察到的现象做出自己的解释和分析,树立实验能验证理论,也能发展和创造理论的观点。

(5) 重视实验报告的撰写。实验报告是展示和保存实验成果的依据,同时也是实验教学中对学生分析综合、抽象概括、判断推理能力及语言、文字、曲线图表、数理计算等表达能力的综合训练。实验报告的文字应该简洁易懂,对所作结论应明确指出其适用范围或局限性。如果实验在某一方面取得了新成果或有新发现,则应作为重点详细阐述。实验报告也可以写经验和教训,为后续的实验者提供借鉴,避免重复或走弯路。

2 机电系统中的常用驱动器及传动机构

驱动器位于机电液一体化系统的机械运行机构和微电子控制装置的接点部位，属能量转换元件。它能在微电子装置的控制下，将各种形式的能量转换为机械能，是工业机器人、数控机床、医疗器械等现代机械产品必不可少的组成部分。

根据使用能量的不同，驱动器可分为电气式、液压式和气压式等几种类型。其中，电气式驱动器主要包括步进电动机、直流和交流伺服电动机、静电电动机、超声电动机、磁致伸缩器件、压电元件等；液压式驱动器主要包括油缸、液压马达等；气压式驱动器主要包括气压缸和气压马达。各种驱动器的特点及优缺点如表 2－1 所示。

表 2－1　三种驱动器的特点及优缺点

种　类	特　　点	优　　点	缺　　点
电气式	信号与动力传送方向相同，有直流和交流之分	操作简便，可实现定位伺服，响应快，易与 CPU 相连，体积小，动力大，无污染	瞬时输出功率大，过载性能差，易受外部噪声影响
液压式	液压源压力为（20～80）$\times 10^5$ Pa	输出功率大，速度快，动作平稳，可实现定位伺服，易与 CPU 相连	设备难以小型化，易泄漏且有污染
气压式	气压源压力为（5～7）$\times 10^5$ Pa	气源方便，成本低，无污染，速度快	功率小，体积大，动作不平稳，不易小型化，远距离输送困难，噪声大，难以伺服

2.1 直流伺服电动机

直流伺服电动机是一种微型他励式直流电动机。与普通直流电动机不同，直流伺服电动机更注重控制性能，如快速性、灵敏性、特性线性度等，并具有良好的调速性能，但功率相对较小。在机电系统中，直流伺服电动机接收控制系统的运行指令，并将其转化为相应的转速、角位移、角速度等。

2.1.1 直流伺服电动机的工作原理

直流伺服电动机由一个带绕组的转子（也称电枢）和能产生固定磁场的定子组成，其工作原理如图 2－1 所示。

当电枢绕组中有电流时，因磁通 Φ 的存在，电动机的电磁转矩

$$T = C_T \Phi I_a = K_T I_a \tag{2-1}$$

$$K_T = C_T \Phi$$

式中　C_T——转矩常数；

K_T——单位电流所产生的转矩，N · m/A；

I_a——电动机电枢回路的电流，A；

T——电动机的电磁转矩，N · m。

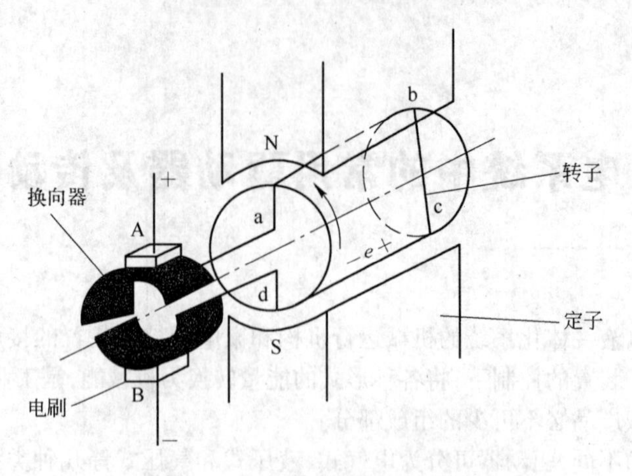

图2-1　直流伺服电动机工作原理

当电动机旋转时，转子绕组切割磁力线，产生大小与转子转速成正比的反电动势

$$E_a = C_E \Phi n = K_E n \tag{2-2}$$

$$K_E = C_E \Phi$$

式中　C_E——电势常数；

n——电动机转速，r/min；

K_E——单位转速下所产生的电势，$V/(r \cdot min^{-1})$；

E_a——反电动势，V。

设电枢回路总电阻为 R_a，电枢回路的外加电压为 U_a，可得直流伺服电动机的电压平衡方程：

$$U_a = E_a + I_a R_a \tag{2-3}$$

将式(2-1)～式(2-3)联立，可得

$$n = \frac{U_a}{C_E \Phi} - \frac{R_a}{C_E C_T \Phi^2} T_m = n_0 - K_T T_m \tag{2-4}$$

式(2-4)即为直流伺服电动机的转速公式，其中 $n_0 = U_a / K_E$，称为理想空载转速。

2.1.2　直流伺服电动机的调速方式

由式(2-4)可知，通过调节 R_a、U_a 和 Φ 中的任一参数均可实现对转速的调节，但调节 R_a 的方法显然是不经济的，因此，主要存在两种转速调节方式：

(1) 电枢控制式：该方式是在保持电动机的磁极磁场恒定的情况下，通过改变电枢电压的大小来调节电动机的转速，通过改变电枢电压的极性来改变电动机的旋转方向。此时电枢电压 U_a 成为控制电压。由图2-2(a)可见，随着控制电压 U_a 的增大，电动机的机械特性曲线平行地向转速和转矩方向移动，但斜率保持不变。

(2) 磁场控制式：在保持电枢电压恒定的情况下，改变励磁绕组的电流，即改变磁场，从而实现对电动机转速的调节。但这种方式的机械特性较软，一般情况下调速范围小于4:1。

由上述内容可知，电枢控制较磁场控制的优点十分明显，因此实际应用中多采用电枢控制方式进行转速调节。

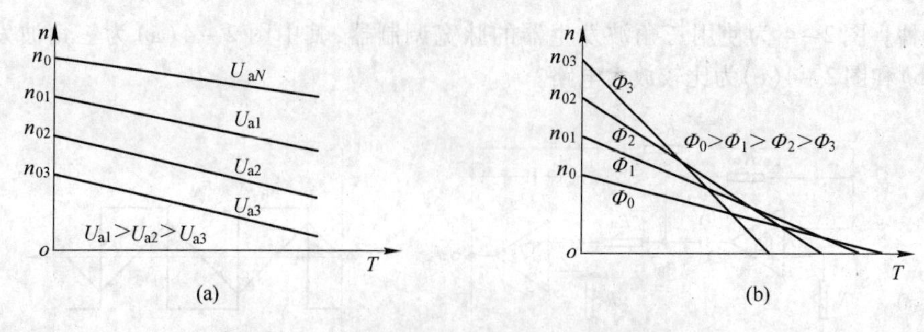

图2－2　直流伺服电动机的机械特性曲线

(a) 电枢控制式;(b) 磁场控制式

2.1.3　直流伺服电动机的PWM调速控制系统

目前,直流伺服电动机的速度控制已成为独立完整的模块,主要有两大类型,即晶闸管调速系统和晶体管脉宽调制(PWM)调速系统。本节介绍PWM调速系统。

2.1.3.1　调速控制系统原理

PWM调速控制系统的工作原理如图2－3所示。该系统的输入为电压信号,不同的电压对应不同的电动机转速;速度调节器和电流调节器多采用PI调节方式;脉宽调制器的作用是将电流调节器的输出转换为宽度随时间变化的电压脉冲,并使施加于电动机电枢的电压均值与电流调节器输出电压成正比。

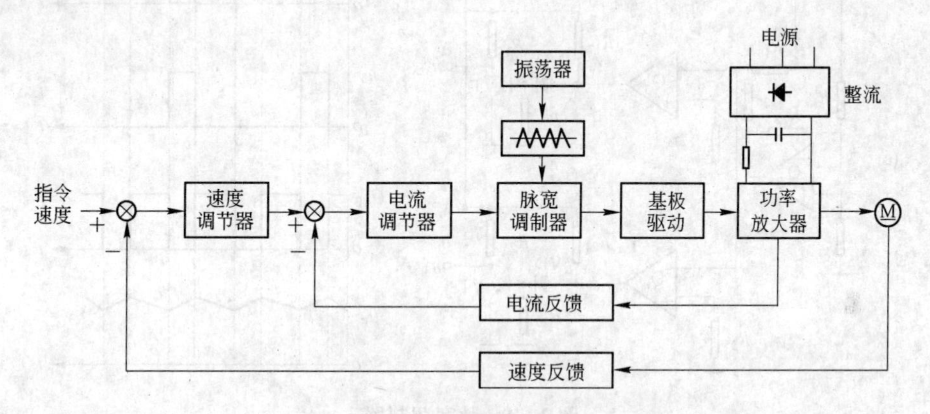

图2－3　PWM调速控制系统原理

PWM调速控制系统具有以下特点:

(1) 频带宽。PWM系统的开关工作频率一般为2 kHz,有的高达5 kHz,使电流的脉动频率远远超过机械系统的固有频率,从而避免机械系统产生共振。

(2) 电流脉动小。PWM系统的电流脉动系数接近于1,电动机内部发热小,输出转矩平稳,有利于电动机低速运行。

(3) 电源功率因数高。PWM系统为直流电源,功率因数可达90%。

(4) 动态硬度好。PWM系统的频带宽,校正伺服系统负载瞬时扰动的能力强,提高了系统的动态硬度,且具有良好的线性,尤其是接近零点处的线性好。

2.1.3.2　脉宽调制器

脉宽调制器一般由调制信号发生器和比较放大器两部分组成。调制信号发生器有三角波和锯齿波两种。图 2-4 为使用三角波发生器的脉宽调制器，其中图 2-4(a)为三角波发生器，图 2-4(b)和图 2-4(c)为比较放大电路。

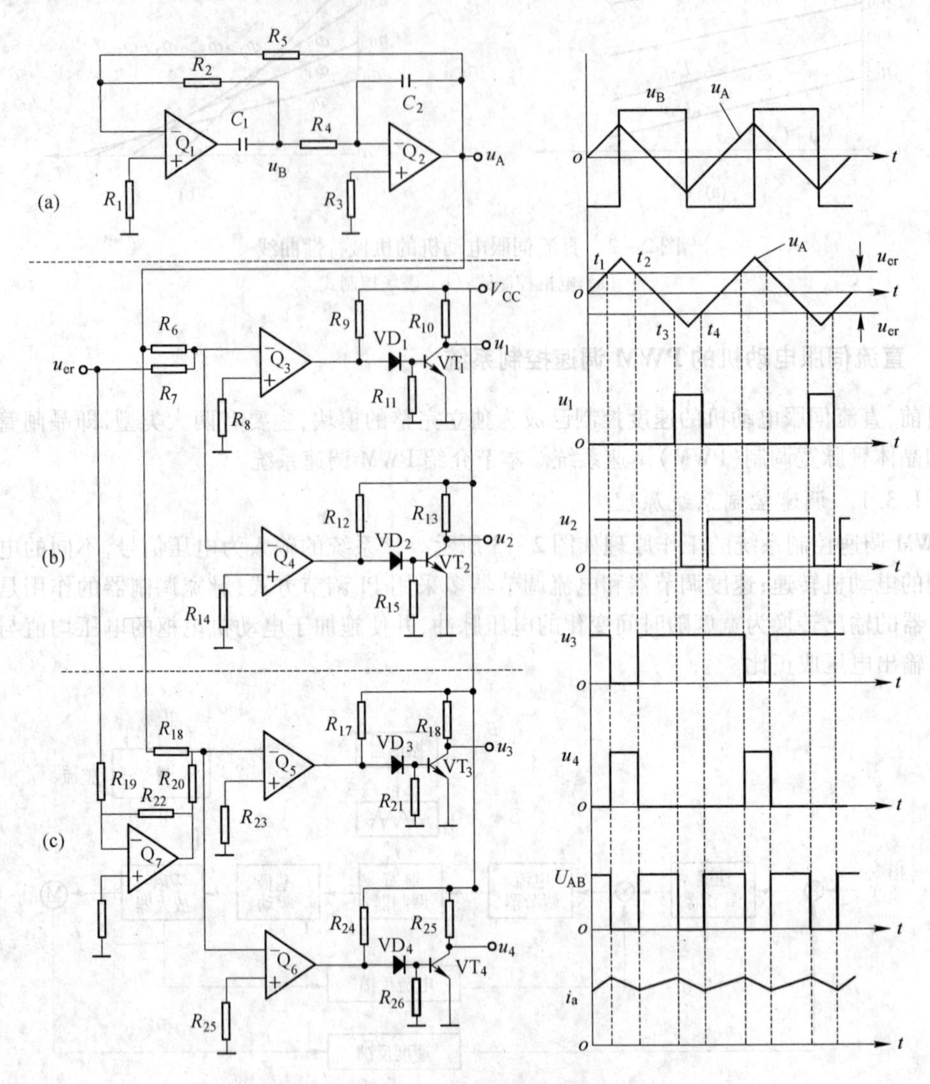

图 2-4　脉宽调制器

(a) 三角波发生器；(b)，(c) 比较放大器

在三角波发生器中，运算放大器 Q_1 是频率固定的自激方波发生器，方波输出给积分器 Q_2，形成三角波电压信号 u_A。图 2-4(b)和图 2-4(c)中的 4 个比较器的输入都是控制电压 u_{er}和三角波信号 u_A。u_{er}和 u_A求和信号分别输给 Q_3 的负输出端和 Q_4 的正输入端。u_{er}通过 Q_7 求反后和 u_A直接求和，信号分别输给 Q_5 的负输出端和 Q_6 的正输入端。这样 Q_3 和 Q_4 的输出电平相反，Q_5 和 Q_6 的输出电平相反。

当控制电压 $u_{er}=0$ 时，各比较器输出的基极驱动信号均为方波，而 4 个晶体管 VT_1、VT_2、VT_3 和 VT_4 的基极输入信号 u_1、u_2、u_3 和 u_4 也是方波。当控制电压 $u_{er}<0$ 时，u_1 的高电平宽度小于低电平，而 u_2 的高低电平正好与 u_1 相反；u_3 的高电平宽度小于低电平，而 u_4 的高低电平宽度正好与 u_3 相反。

2.1.3.3 开关功率放大器

开关功率放大器的作用是对脉宽调制器的输出信号进行放大,输出足够功率的电压信号以驱动电动机。它主要有H型和T型两种形式,每种电路又有单极性工作方式和双极性工作方式之分。现以H型双极性开关电路为例,介绍其工作原理。

如图2-5所示,H型双极性开关功率放大器由4个二极管和4个功率管组成桥式回路,直流供电电源$+E_d$由3组全波整流电源供电。它的工作过程为:脉宽调制器输出的脉冲波u_1、u_2、u_3和u_4经光电隔离器,被转换成与各脉冲相位和极性相同的脉冲信号U_1、U_2、U_3和U_4,并分别被加到开关功率放大器的基极。

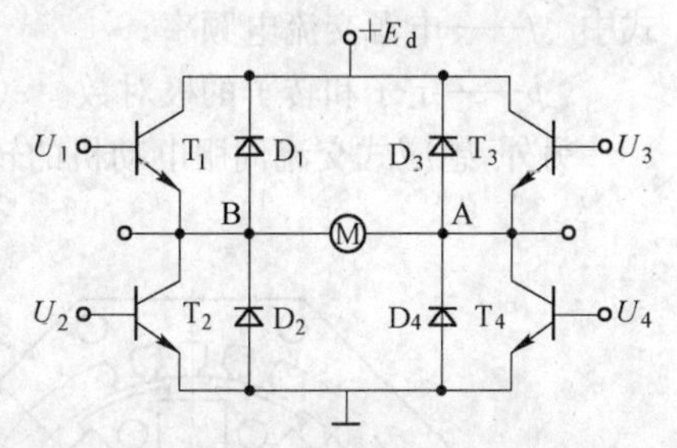

图2-5 H型双极性开关功率放大器

当电动机正常工作时,在$0<t<t_1$的时间区间内,U_2和U_3为高电平,功率晶体管T_2、T_3饱和导通,此时电源$+E_d$加到电枢的两端,向电动机供给能量,电流方向是从电源$+E_d$经T_3至电动机电枢,再经T_2回到电源。在$t_1 \leqslant t<t_2$时,U_1和U_3均为低电平,T_1和T_3截止,电源$+E_d$被切断,此时U_2为正,因此由于电枢电感的作用,电流经T_2和续流二极管D_4继续流通。在$t_2 \leqslant t<t_3$时,U_2和U_3又同时为正,电源$+E_d$又经T_2和T_3加至电动机电枢的两端,电流继续流通。在$t_3 \leqslant t<T$时,U_2和U_4同时为负,电源$+E_d$又被切断,U_3为正,所以电枢电流经T_3和D_1续流。如此反复,主回路中得到的电压波形U_{AB}和电枢的电流波形i_a如图2-4所示。U_{AB}是在$+E_d$和0之间变化的脉冲电压。由于电源切断时二极管的续流和电动机电枢电感的滤波作用,电枢电流i_a是连续波动的。

2.2 交流伺服电动机

直流伺服电动机具有优良的调速性能,20世纪80年代初至90年代中期,在要求调速性能较高的场合中,直流伺服电动机一直占据主导地位。但它也存在一些固有的缺点,如电刷和换向器易磨损、维护麻烦、结构复杂、制造困难、成本高。而交流伺服电动机则没有上述缺点,特别是在同等体积下,交流伺服电动机的输出功率比直流电动机提高10%~70%,且可达到的转速比直流电动机高。因此,交流伺服电动机获得了越来越广泛的应用,具有取代直流伺服电动机的趋势。

交流伺服电动机在结构上为两相感应电动机,可分为永磁式交流伺服电动机和感应式交流伺服电动机。永磁式交流伺服电动机相当于交流同步电动机,感应式相当于交流感应异步电动机。两种伺服电动机的工作原理都是由定子绕组产生旋转磁场,使转子跟随定子旋转磁场一起旋转。不同点是交流永磁式伺服电动机的转速与外加交流电源的频率存在着严格的同步关系,即电动机的转速等于同步转速;而感应式伺服电动机的转速低于同步转速,转速差随外负载的增大而增大。同步转速的大小等于交流电源的频率除以电动机极对数。因而交流伺服电动机可以通过改变供电电源频率来调节其转速。现主要介绍永磁同步交流伺服电动机。

2.2.1 永磁同步交流伺服电动机

永磁同步交流伺服电动机由定子、转子和检测元件三部分组成,其结构原理如图2-6所示。定子结构与普通感应电动机的定子结构相同,同样具有齿槽,槽内嵌有三相绕组。转子由多块永久磁铁和冲片组成。转子磁铁磁性材料的性能直接影响伺服电动机的性能和外形尺寸。永磁同步交流伺服电动机的工作原理与电磁式同步电动机的工作原理相同,即定子三相绕组产生的空间旋转磁场和转子磁场相互作用,使定子带动转子一起旋转。所不同的是转子磁极不是由转子的三相绕组产生,而是由永久磁铁产生。其工作过程是:当定子三相绕组通交流电后,产生一旋转磁场,这个旋转磁场以同步转速 n_s 旋转。根据磁极同性相斥、异性相吸的原理,定子旋转磁场与转子永久磁场磁极相互吸引,并带动转子一起旋转。因此转子也以同步转速 n_s 旋转。当转子轴加上外负载转矩时,转子磁极的轴线将与定子磁极的轴线相差一个 θ 角,若负载增大,差角 θ 也随之增大。只要外负载不超过一定限度,转子就会与定子旋转磁场一起旋转。设电动机转速为 n_r,则

$$n_r = n_s = 60f/p \tag{2-5}$$

式中　f——电源交流电频率;

　　p——定子和转子的极对数。

另外,感应式交流伺服电动机的转速亦与电源频率呈线性关系。

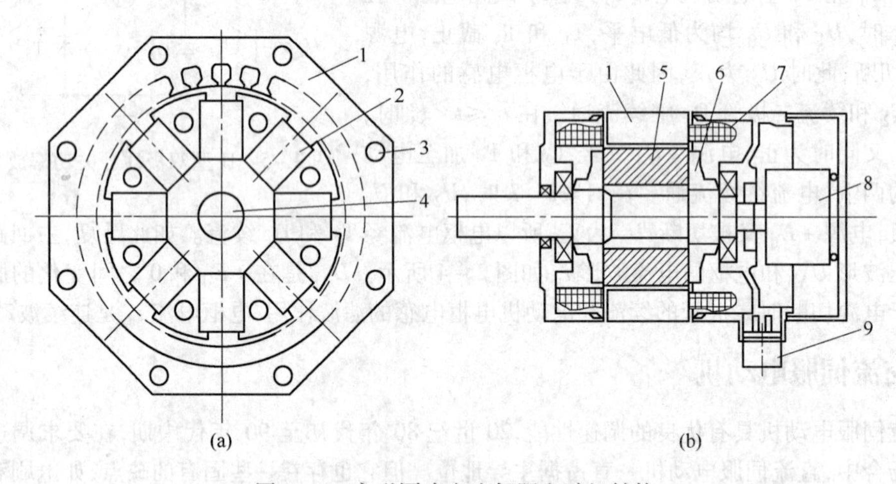

图 2-6　永磁同步交流伺服电动机结构

(a) 永磁式交流同步伺服电动机横剖面;(b) 永磁式交流同步伺服电动机纵剖面

1—定子;2—永久磁铁;3—轴向通风孔;4—转轴;5—转子;6—压板;

7—定子三相绕组;8—脉冲编码;9—出线盒

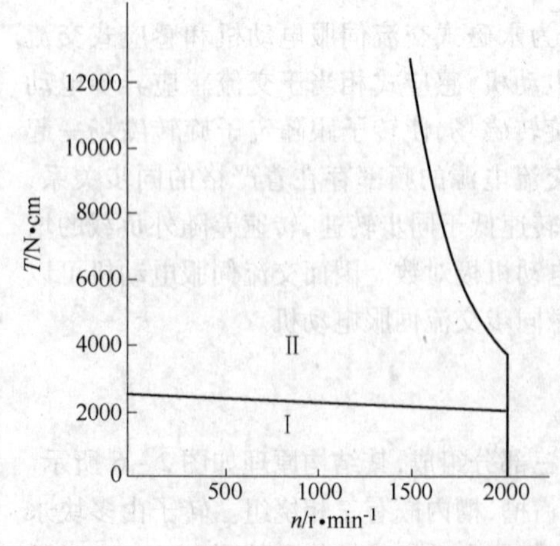

图 2-7　永磁同步电动机工作特性曲线

Ⅰ—连续工作区;Ⅱ—断续工作区

永磁同步电动机的缺点是启动慢。这是因为转子本身的转动惯量大,定子与转子之间的转速差过大,使转子在启动时所受的电磁转矩的平均值为零。解决的办法是在设计时设法减小电动机的转动惯量,或在速度控制单元中采取先低速后高速的控制方法。

永磁同步电动机的转速-转矩曲线如图 2-7 所示。该曲线分为连续工作区和断续工作区两部分。在连续工作区内,速度与转矩的任何组合都可以连续工作。连续工作区的划分有两个条件:一是供给电动机的电流是理想的正弦波;二是电动机工作在某一特定的温度下。一般情况下,断续工作区的极限受到电动机的供电限制。

2.2.2 交流伺服电动机的变频调速

由式(2-5)可知,只要改变供电频率即可改变交流伺服电动机的转速,所以交流伺服电动机的转速控制较多采用变频调速方法。变频调速的主要环节是为电动机提供频率可变电源的变频器。变频器可分为交-交变频和交-直-交变频两种。交-交变频利用可控硅整流器直接将工频交流电变成频率较低的脉动交流电,正组输出正脉冲,反组输出负脉冲。这个脉动交流电的基波就是所需的变频电压。但这种方法所得到的交流电波动比较大,而且最大频率即为变频器输入的工频电压频率。交-直-交变频是先将交流电整流成直流电,然后将直流电压变成矩形脉冲波电压,这个矩形脉冲波的基波频率就是所需的变频电压。这种调频方式所得的交流电波动小,调频范围比较宽,调节线性好。在交-直-交变频中,根据中间直流电压是否可调,可分为中间直流电压可调 PWM 逆变器和中间直流电压固定的 PWM 逆变器;根据中间直流电路上的储能元件是大电容还是大电感,可分为电压型逆变器和电流型逆变器。

三相电压型变频器的电路如图 2-8 所示。该回路包括左侧的桥式整流电路和右侧的逆变器电路。桥式整流电路的作用是将三相工频交流电变成直流电。逆变器的作用是将整流电路输出的直流电压逆变成三相交流电,驱动电动机运行。直流电源并联有大容量电容器件 C_d,因此直流输出电压具有电压源特性,内阻很小,这使逆变器的交流输出电压被钳位为矩形波,与负载性质无关。交流输出电流的波形与相位则由负载功率因数决定。

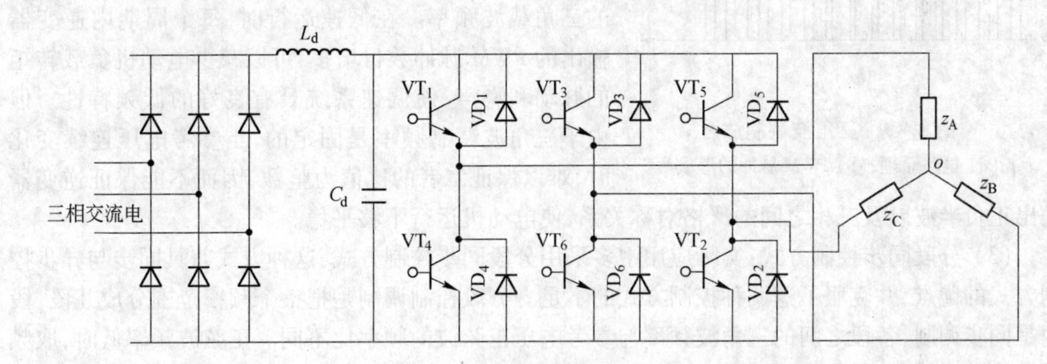

图 2-8 三相电压变频器的电路

三相逆变电路由六只具有单向导电性的大功率开关管 VT_1 ~ VT_6 组成。每只功率开关上反并联一只续流二极管,即 VD_1 ~ VD_6。六只功率开关管每隔 60°电角度导通一只,相邻两只功率开关导通时间相差 120°,一个周期共换向六次,对应六个不同的工作状态(又称为六拍)。根据功率开关导通持续的时间不同,可以分为 180°导通型和 120°导通型两种工作方式。

2.2.3 SPWM 波调制

SPWM 波调制,即称正弦波 PWM 调制,是一种交-直-交变频的方法。由于 PWM 型变频器采用脉宽调制原理,具有输入功率因数高和输出波形好的优点,在交流电动机的调速系统中得到了广泛应用。SPWM 调制的基本特点是等距、等幅、不等宽,而且总是中间脉冲宽,两边脉冲窄,各个脉冲面积的和与正弦波下的面积成比例。所以脉冲宽度基本上按正弦波分布,是一种最基本也是应用最广的调制方法。

SPWM 调制是用脉冲宽度不等的一系列矩形脉冲去逼近一个所需要的电压信号。图 2-9 所示为三角波调制法原理。它将三角波电压与正弦参考电压相比较,以确定各分段矩形脉冲的宽度。在电压比较器 A 的两输入端分别输入正弦波参考电压 u_R 和频率与幅值固定不变三角波电压 $u_\triangle$，在 A 的输出端便得到 PWM 调制电压脉冲。PWM 脉冲宽度的确定可由图 2－9(b)看出。当 $u_\triangle < u_R$ 时，A 输出端为高电平，而 $u_\triangle > u_R$ 时，A 输出端为低电平。u_R 与 $u_\triangle$ 交点之间的距离随正弦波的大小变化，而交点之间的距离决定了比较器 A 输出脉冲的宽度，因而可得到幅值相等而宽度不等的脉冲调制信号 u_P。根据三角波与正弦波频率的关系，PWM 控制方式可分为同步式、异步式和分段同步式三种。

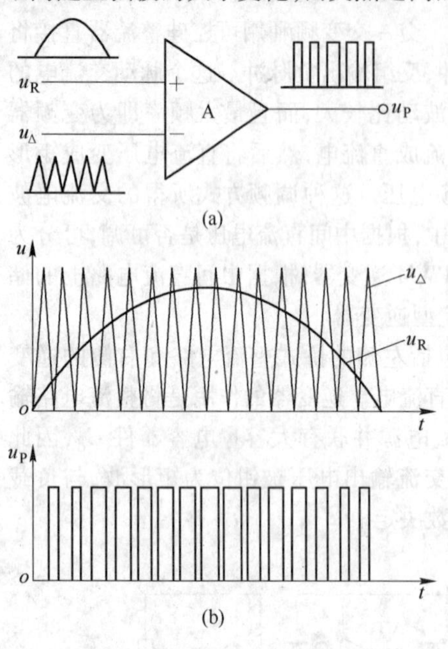

图 2－9　三角波调制法

(a) 电路原理；(b) PWM 脉冲的形成

(1) 同步控制方式：三角波频率 $f_\triangle$ 和参考电压正弦波频率 f_R 之比为常数。在这种控制方式下，逆变器输出在单周期所采用的三角形电压波数是固定的，因而所产生的 PWM 脉冲波数是一定的。同步控制方式的特点是在逆变器输出频率变化的整个范围内，可保证正、负半波完全对称，即输出电压只有奇次谐波，而且可以保证逆变器输出三相波形具有 120°相位关系。但当逆变器输出在低频工作时，每个周期的 PWM 脉冲数少，低次谐波分量较大，使电动机产生转矩脉动和噪声。

(2) 异步控制方式：异步控制方式采用固定不变的三角载波频率。在低速运行时，每个周期内逆变器输出的 PWM 脉冲数目增多，可以减少电动机负载转矩的脉动和噪声，使调速系统具有良好的低频特性。但由于三角波调制频率是固定的，当参考电压连续变化时，难以保证二者的比值为整数，因而不能保证逆变器输出正负半波以及三相之间的严格对称关系，使电动机运行不够平稳。

(3) 分段同步控制方式：实际应用中多采用分段同步控制方式，这种方式兼具同步与异步控制方式的优点，并克服了这两种控制方式的不足。分段控制调制是把整个频率范围分成几段，段内是同步调制，各段之间的三角波频率与参考电压正弦波的频率比不同。正弦波频率低时，取频率比大的，正弦波频率高时，取频率比小的。比值按等比级数排列。

2.2.4　微机控制的 SPWM 控制模式

SPWM 可以用模拟电路的形式实现，但所需硬件较多，而且不够灵活，改变参数和调试比较麻烦。也可用数字电路实现 SPWM 逆变器，此时控制模式以软件为基础，优点是所需硬件少，灵活性好。尤其是高速、高精度、多功能微处理器、微控制器和 SPWM 专用芯片的出现，采用微机控制的数字化 SPWM 技术已占当今 PWM 逆变器的主导地位。微机控制的 SPWM 控制模式有多种，常用的有自然取样法和规则取样法两种，这里主要介绍自然取样法。

自然取样法与采用模拟电路由硬件实现 SPWM 脉冲宽度的调制方法相类似，即利用软件算法寻找三角波 $u_\triangle$ 与正弦波 u_R 的交点，从而确定 SPWM 的脉冲宽度，算法原理如图 2－10 所示。由图可见，只要通过对三角波

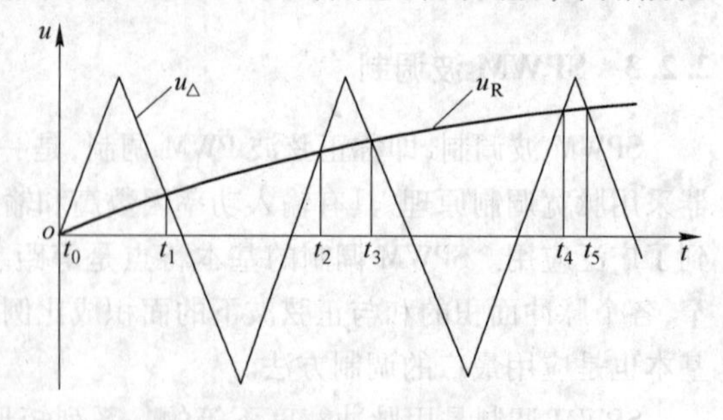

图 2－10　自然取样法原理

$u_\triangle$与正弦波 u_R 的数字表达式联立求解，找出其交点对应的时刻 t_0、t_1、t_2…，便可确定相应SPWM 的脉冲宽度。在实际应用中，一般采用查表法实现数字控制的 SPWM。即先将参考正弦波四分之一周期内各时刻的 $u_\triangle$ 和 u_R 值算好，以表格形式存入计算机内存中，以后需要 $u_\triangle$ 和 u_R 的值时，不用临时计算而采用查表的方法快速获得。之所以仅需要四分之一周期正弦参考电压 $u_\triangle$ 和 u_R 值，是因为波形是对称的，一个周期内其他时刻的值，可由对称关系求得。$u_\triangle$和 u_R 波形交点可采用逐次逼近的数值解法，即规定一个允许误差 ε，通过修改 t_i 值，当 $|u_\triangle(t_i)-u_R(t_i)|\leqslant\varepsilon$，则认为 t_i 为 $u_\triangle$ 和 u_R 的一个交点。依次求得 t_0、t_1、t_2…，即可确定 SPWM 的脉冲宽度。

2.2.5 交流伺服电动机的矢量控制

矢量控制是当今高性能伺服系统首选的控制方式，由于可利用位处理器和小型计算机对交流电动机作磁场的矢量控制，因此可获得对交流电动机的最佳控制。

交流电动机的等效电路如图 2－11(a)所示。图中 r_1 和 X_1 为定子绕组的电阻和漏抗，r_2 和 X_2 为归算后的转子绕组的电阻和漏抗，r_m 为与定子铁芯相对应的等效电阻，X_m 为与主磁通相对应的铁芯电路的电抗，设 s 为转差率。电流矢量如图 2－11(b)所示，若忽略 r_1、X_1、r_2 和 X_m，简化的等效电路和电流矢量如图 2－11(c)和图 2－11(d)所示。从电路矢量图可知 $I_1=\sqrt{I_m^2+I_2^2}$，其中 I_m 可认为在整个负载范围内保持不变，电磁转矩 T 正比于 I_2。则所谓矢量控制就是同时控制电动机的输入电流 I_1 的幅值和相位，从而得到对电动机的最佳控制。

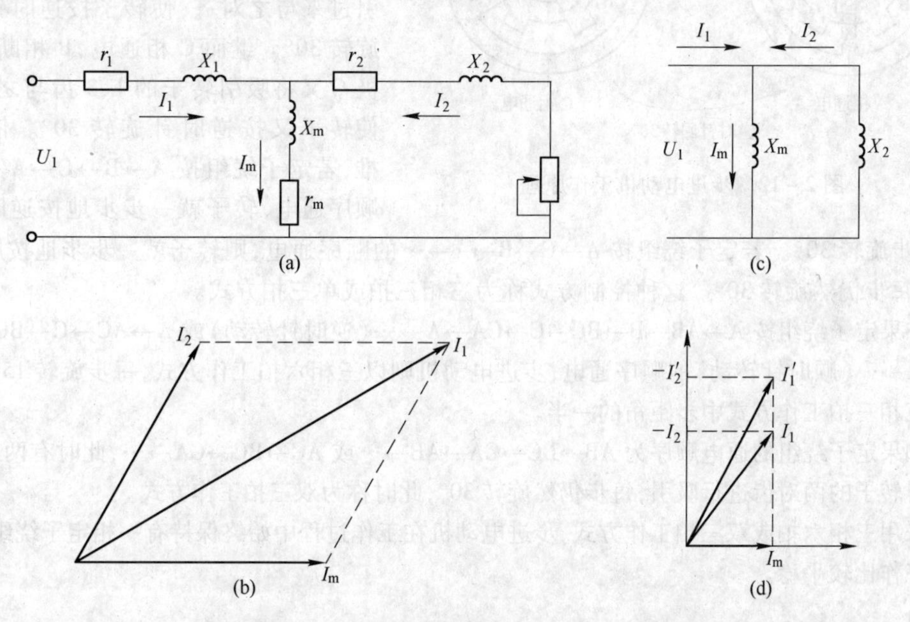

图 2－11 交流电动机的等效电路和简化等效电路

(a) 等效电路；(b) 电流矢量；(c) 简化等效电路；(d) 简化电流矢量

采用矢量控制时，由插补器发出的脉冲经位置控制回路发出速度指令信号，在比较器中与反馈信号相比后经放大器送转矩指令 M 至矢量处理电路，矢量处理电路输出 $M\theta_r$、$M\sin(\theta_r-2\pi/3)$ 和 $M\sin(\theta_r-4\pi/3)$ 三个电流信号，经放大并与电动机回路的电流检测信号比较，送至驱动电路，最终使交流伺服电动机按规定的转速旋转，并输出所需的转矩值。

2.3　步进电动机

步进电动机是一种将电脉冲信号转换成直线或角位移的驱动器。对其施加一个电脉冲后，其转轴就转过一个角度；脉冲数增加，角位移随之增加；提高脉冲频率会提高电动机转速；改变分配脉冲的相序则会改变转向。

2.3.1　步进电动机的工作原理

现以反应式步进电动机为例说明步进电动机的工作原理。反应式步进电动机的定子上有磁极，每个磁极上有激磁绕组。转子无绕组，有周向均布的齿，依靠磁极对齿的吸合工作。图2－12所示为三相步进电动机，定子上有三对磁极，分成A、B、C三相。为简化分析，假设转子只有4个齿。

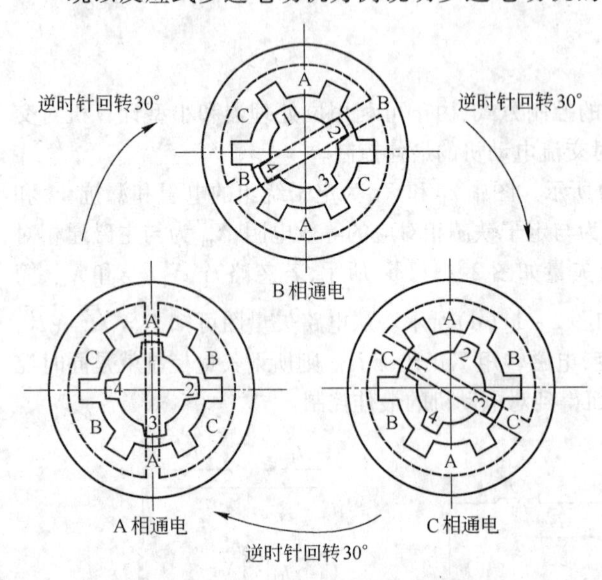

图2－12　步进电动机工作原理

若A相通电，A相绕组的磁力线施加给转子电磁力矩，使转子的1、3齿与磁极A对齐。接下来若B相通电，A相断电，磁极B又将距它最近的2、4齿吸引过来与之对齐，使转子按逆时针方向旋转30°。继而C相通电，B相断电，磁极C又将吸引转子的1、3齿与之对齐，使转子又按逆时针旋转30°。依此类推，若定子绕组按A→B→C→A→…的顺序通电，转子就一步步地按逆时针转动，每步旋转30°。若定子绕组按A→C→B→A→…的顺序通电，则转子就一步步地按顺时针转动，每步仍然旋转30°。这种控制方式称为三相三拍或单三拍方式。

如果定子绕组按A→AB→B→BC→C→CA→A→…（逆时针转动）或A→AC→C→BC→B→CA→A→…（顺时针转动）的顺序通电，步进电动机则以三相六拍工作方式，每步旋转15°，步距角是三相三拍工作方式中步距角的一半。

如果定子绕组的通电顺序为AB→BC→CA→AB→…或AC→BC→CA→…，此时有两对磁极同时对转子的两对齿进行吸引，每步仍然旋转30°，此时称为双三拍工作方式。

采用三相六拍或双三拍工作方式，步进电动机在工作过程中始终保持有一相定子绕组通电，所以工作比较平稳。

2.3.2　步进电动机的主要特性

（1）步距角。步距角是指每给一个脉冲信号，步进电动机的转子应转过角度的理论值，它取决于电动机结构和控制方式。步距角可按式(2－6)计算。

$$\alpha = \frac{360}{mzk} \tag{2-6}$$

式中　α——步距角，(°)；

m——定子相数；

z——转子齿数；

k——通电系数，若连续两次通电相数相同为1，若不同则为2。

步距角是衡量步进电动机精度的重要指标。步进电动机空载且单脉冲输入时，其实际步距角与理论步距角之差称为静态步距角误差，一般控制在 $\pm(10'\sim30')$ 的范围内。

(2) 矩角特性和最大静转矩。当步进电动机处于通电状态时，转子处在不动状态，即静态。如果此时在电动机轴上施加一个负载转矩，转子会在载荷方向上转过一个角度 θ，转子因而受到一个电磁转矩 T_j 的作用与负载平衡，将 T_j 称为静态转矩，θ 称为失调角。步进电动机单相通电时的静态转矩 T_j 随失调角 θ 的变化曲线称为矩角特性，如图 2-13 所示。矩角特性曲线上的电磁转矩的最大值称为最大静转矩 T_{jmax}。多相通电时的最大静转矩 T_{jmax} 可根据单相矩角特性求出。T_{jmax} 是代表电动机承载能力的重要指标。

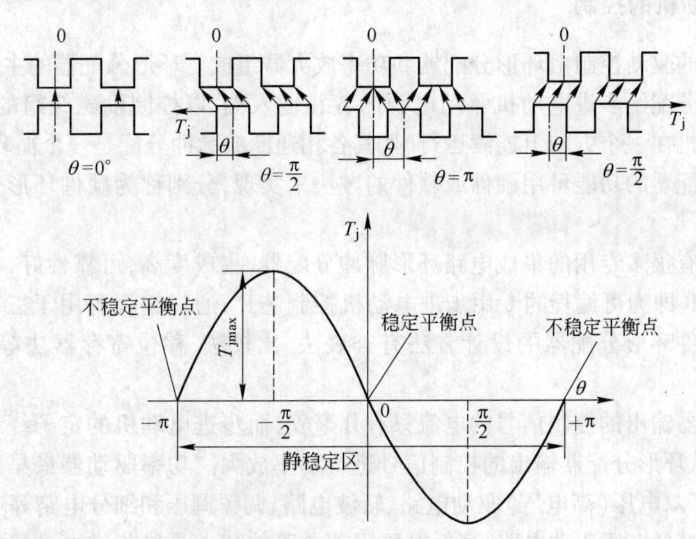

图 2-13 步进电动机的矩角特性

(3) 启动转矩 T_q 和启动频率 f_q。图 2-14 是三相步进电动机的各相矩角特性。图中相邻两条曲线的交点所对应的静态转矩是电动机运行状态下的最大启动转矩 T_q。当负载力矩小于 T_q 时，步进电动机才能正常启动运行，否则会造成失步。一般地，电动机相数的增加会使矩角特性曲线变密，相邻两条曲线的交点上移，使 T_q 增加；采用多相通电方式，也会使启动转矩 T_q 和最大静转矩 T_{jmax} 增加。

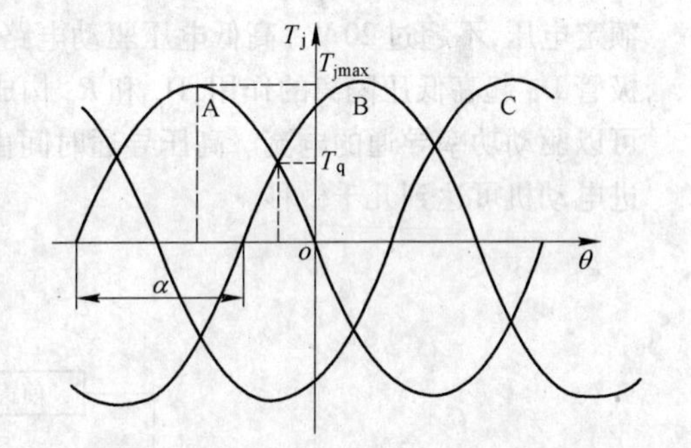

图 2-14 三相步进电动机的各相矩角特性

空载时，步进电动机由静止突然启动，并进入不丢步的正常运行状态所允许的最高频率称为启动频率或突跳频率。空载启动时，步进电动机定子绕组通电状态变化的频率不能高于启动频率。一般说来，步进电动机的启动频率远低于其最高运行频率，很难对其直接进行启动和停止，因此要利用软件进行加减速控制，这也称为分段加减速启动或停止。

2.3.3 步进电动机的结构类型

齿数越多步距角就越小。实际的步进电动机转子的齿数很多，定子磁极上也有齿，齿距与转子的齿距相同,但各极的齿依次与转子的齿错开齿距的 $1/m$(m 为电动机相数)。这样,每次定子绕组通电状态改变时,转子只转过齿距的 $1/m$(如三相三拍)或 $1/2m$(如三相六拍)即达到新的平衡位置。

根据磁场建立方式,步进电动机可分为反应式和永磁感应式两类。反应式步进电动机的转子有多相磁极,转子用软磁材料制成。永磁感应式的定子结构与反应式相似,但转子用永磁材料制成,这样可提高电动机的输出转矩,减少定子绕组的电流。

步进电动机可制成轴向单段式和多段式。多段式的定子每相是一个独立的段,各段只有一个绕组,结构完全相同,只是在安装时各个磁极的齿和转子的齿依次错开齿距的 $1/m$,改善了电动机的结构工艺性。

2.3.4　步进电动机的控制

步进电动机的驱动控制由环形分配器和功率放大器组成。环形分配器的主要功能是将脉冲按所要求的规律分配给步进电动机驱动电源的各相输入端,以控制励磁绕组的通断、运行及换向。当步进电动机在一个方向上连续运行时,其各相通断或脉冲分配是一个循环,因此称为环形分配器。环形分配器的功能可用硬件或软件的方法来实现,分别称为硬件环形分配器和软件环形分配器。

目前市场上有很多专用的集成电路环形脉冲分配器,集成度高,可靠性好,有的还有可编程功能,如 PPM101B 即为可编程的专用步进电动机控制芯片,通过编程可用于三、四、五相步进电动机的控制。软件环形分配器的设计方法有查表法、比较法、移位寄存器法等,最常用的是查表法。

从环形分配器输出的控制信号的电流只有几毫安,而步进电动机的定子绕组需要几安培的电流,因此需对从环形分配器输出的控制信号进行功率放大。功率驱动器最早采用单电压驱动电路,后来出现了双电压(高电压)驱动电路、斩波电路、调频调压和细分电路等。

图 2-15 为高低电压驱动电路,高低电压驱动电路的特点是给步进电动机绕组的供电有高低两种电压,高压由电动机参数和晶体管的特性决定,一般为 80 V 或更高;低压为步进电动机的额定电压,不超过 20 V。高低电压驱动电路由功率放大级、前置放大器和单稳延时电路组成。二极管 D_d 起高低压隔离的作用,D_g 和 R_g 构成高压放大电回路。前置放大电路将 TTL 电平放大到可以驱动功率导通的电流。高压导通时间由单稳延时电路整定,通常为 100 ~ 600 μs,对功率步进电动机可达到几千微秒。

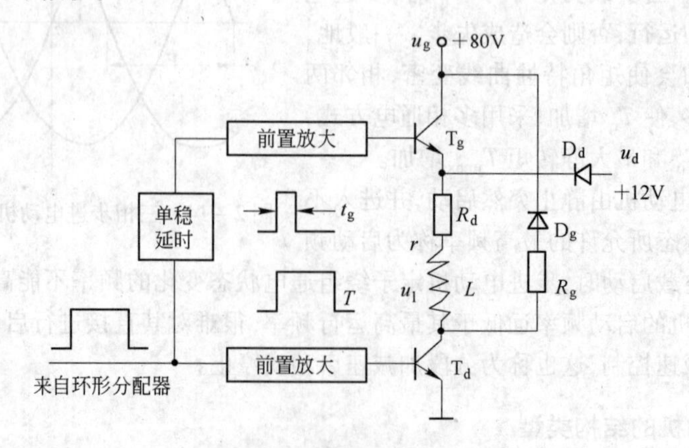

图 2-15　高低电压驱动电路

当环形分配器输出为高电平时,两只功率管 T_g 和 T_d 同时导通,步进电动机绕组以 u_g 电压供电,绕组电流以 $L/(R_d+r)$ 的时间常数向稳定值上升,当达到单稳延时时间 t_g 时,T_g 功率管截止,改为由 u_d 供电,维持绕组的额定电流。若高低压之比为 u_g/u_d,则电流上升率将提高 u_g/u_d 倍,上升时间减小。当低压断开时,绕组中的储存的能量通过 $u_d \to D_d \to R_d \to L \to R_g \to D_g \to u_g$ 构成放电回路,放电电流的稳态值为 $(u_d-u_g)/(R_g+R_d+r)$,因此加快了放电过程。高低压供电电路由于加快了电流的上升和下降时间,从而有利于提高步进电动机的启动频率和连续工作频率。另外,由于额定电流由低电压维持,只需较小的限流电阻,减小了系统的功耗。

2.3.5 基于单片机的步进电动机控制

利用单片机进行步进电动机控制是采用软件形式的环形脉冲分配器。各相脉冲输出可以由并行口直接控制。图 2-16 所示为由 8031 的 P1 口构成的四相步进电动机控制系统。为加强系统抗干扰性能,驱动电路与单片机的接口部分使用了光电隔离。

根据步进电动机的运行方式不同,控制程序设计可选择不同的方法。例如,四相步进电动机采用四相八拍工作方式,则正向旋转各相绕组的通电顺序和 P1 口对应的输出状态为:

通电绕组:A→AB→B→BC→C→CD→D→DA→A→…

P1 口状态:01H →03H→02H→06H→04H→0CH→08H→09H→01H→…

反向旋转时:

通电绕组:A→ AD→D→DC→C→CB→B→BA→A→…

P1 口状态:01H →09H→08H→0CH→04H→06H→02H→03H→01H→…

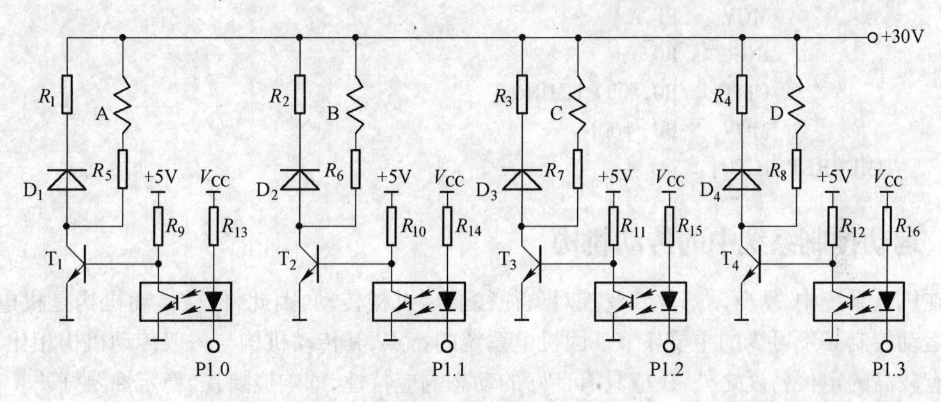

图 2-16 步进电动机控制电路

$R_1 \sim R_4 = 100\ \Omega/10$ W;$R_5 \sim R_8 = 25\ \Omega/40$ W;$R_9 \sim R_{12} = 120\ \Omega/0.5$ W;$R_{13} \sim R_{16} = 1$ K/0.25 W;

$T_1 \sim T_4$ = 2SD798;$D_1 \sim D_4$ = IN4004

若以定时器 T_0 方式 1 中断作为运行频率控制,8031 的石英晶体振荡频率为 12 MHz,则步进电动机工作频率为 100 Hz 时,即 10 ms 中断一次,则计数器初值 x 计算如下:

$$(2^{16}-x)\times 100 = 1\times 10^6$$

因而,x = 55536 = D8F0H。若以 R0 作为通电的节拍计数,以 00H 位作为方向,则控制程序如下:

```
        ORG     0000H
        AJMP    START
```

```
          ORG     000BH
          LJMP    TIMER0
          ORG     100H
   START:MOV      SP,#50H
          MOV     TMOD, #01H
          MOV     TH0, #0D8H
          MOV     TL0, #0F0H
          MOV     R0, #00H
          SETB    ET0
          SETB    EA
          SETB    TR0
          SJMP    $
   DATA1:DB       01H,03H,02H,06H,04H,0CH,08H,09H
   DATA2:DB       01H,09H,08H,0CH,04H,06H,02H,03H
  TIMER0:MOV      TH0,#0D8H
          MOV     TL0,#0F0H
          MOV     A,R0
          MOV     DPTR, #DATA1
          JB      00H, GETDATA
          MOV     DPTR,#DARA2
 GETDATA:MOVC     A,@ A + DPTR
          MOV     P1,A
          INC     R0
          CJNE    R0,#08, TIMRRET
          MOV     R0, #00H
TIMERRET:RETI
```

2.4　运动控制系统中的传动机构

在机电系统中,从驱动部件到受控对象往往通过机械传动,因此,机械传动机构是机电系统实现运动控制必不可少的主要环节。因机电系统的特点,其传动机构与一般传动机构相比,除要求具有较高的定位精度之外,还应具有良好的动态响应特性,即响应要快、稳定性要好。

典型的机电系统中的机械传动系统一般包括减速装置、丝杠螺母副、齿轮系及蜗轮蜗杆副等各种线性传动部件,连杆机构、凸轮机构等非线性传动部件,导向支承部件,旋转支承部件,轴系及架体等机构。为确保机械传动精度和工作稳定性,在设计中,常提出无间隙、低摩擦、低惯量、高刚度、高谐振频率、适当的阻尼比等要求。为达到上述要求,主要从以下几方面采取措施:

(1) 缩短传动链,简化主传动系统的机械结构。

(2) 采用摩擦系数很低的传动部件和导向支承部件,如采用滚珠丝杠副、滚动导向支承、动(静)压导向支承、塑料滑动导轨等。

(3) 提高传动与支承刚度。

(4) 选用最佳传动比,提高系统分辨率、减少等效到执行元件输出轴上的等效转动惯量,尽可能提高加速能力。

(5) 缩小反向死区误差。在进给传动中,一方面采用无间隙的传动装置和元件,如既消除间隙又减少摩擦的滚珠丝杠副，预加载荷的双齿轮齿条副等。另一方面采用消除间隙、减少支承变形的措施。

(6) 改进支承及架体的结构设计以提高刚性、减少振动、降低噪声。

2.4.1 精密齿轮传动

2.4.1.1 齿轮传动分类及选用

齿轮传动机构形式多样，可以根据工作特点选择最合理的形式，具有很大的灵活性。一般选择传动形式时，根据传动轴的不同特点，选用不同的齿轮系组成传动机构（见表 2-2）。蜗杆副在一定意义上也可看做是一种特殊的齿轮，只能用于传递空间垂直交错轴之间的回转运动。

表 2-2 各类常用齿轮机构的性能比较

类型	特点	传动比	承载能力	传动精度	效率	工艺性、经济性
直齿圆柱齿轮机构	平行轴间传动，回转运动到回转运动。圆周速度 $v \leqslant 5$ m/s，在中、低速精密传动中优先采用	单级 $i=1/10 \sim 10$	中、小载荷	最高加工精度	$\eta=0.95 \sim 0.99$	设计、制造简单方便。只需普通设备，成本最低
斜齿圆柱齿轮机构	平行轴间传动，回转运动到回转运动。圆周速度 $v \geqslant 5$ m/s，在中、高速传动中优先采用	单级 $i=1/10 \sim 10$	中到大载荷，但有轴向力	运动平稳，噪声小，经济，加工精度高	$\eta=0.95 \sim 0.99$	加工不如直齿轮方便，相互啮合的斜齿轮要有相同的螺旋角，限制了通用性。成本较低
圆锥齿轮机构	相交轴间传动，适用于低速的直角传动	单级 $i=1/5 \sim 5$	中、小载荷	一般精度，平稳性较差，在高速运转时易产生冲击和噪声	$\eta=0.92 \sim 0.98$	加工需采用特殊设备。齿形复杂，限制了加工精度的提高。成本较高
蜗轮蜗杆传动	传递交错轴间的运动，是空间线接触传动，不易磨损，多数不可逆	单级 $i=10 \sim 80$	任何载荷	蜗杆加工精度较高，蜗轮加工精度较低	作自锁时 $\eta<0.5$，蜗杆头数为 2,3,4 时 $\eta=0.6 \sim 0.8$	加工时须专用刀具，蜗轮材料需用铜，成本较高
渐开线少齿差行星齿轮机构	同轴线传动，转动惯量较小，体积小，质量轻	单级 $i=10 \sim 100$ 双级 $i=10000$	中到大载荷	由于内齿啮合传动，内外齿轮采用角度变位，精度一般	$\eta=0.85 \sim 0.9$	设计计算复杂，但加工方便，不需专用机床和刀具，成本低
摆线针轮行星机构	同轴线传动，转动惯量小，体积小，质量轻	单级 $i=11 \sim 87$ 双级 $i=121 \sim 5133$	中到大载荷，承受过载和冲击性能好	传动平稳、噪声小，精度一般	$\eta=0.85 \sim 0.92$	须用专用刀具和机床，设计计算复杂，成本较高
谐波齿轮机构	同轴线传动，体积小，重量轻，可用于高温、高压、高真空环境	单级 $i=1.001 \sim 500$ 复级 $i=10^7$	中小载荷	精度特别高，可做到无间隙传动，平稳性好，无噪声	$\eta=0.85 \sim 0.9$	可用专用刀具，也可用普通刀具加工，材料热处理要求高，成本较高

2.4.1.2 齿轮传动间隙的调整方法

常用的调整齿侧间隙的方法有以下几种。

(1) 刚性消隙法：包括偏心套（轴）调整法、轴向垫片调整法及斜齿轮法等。

1) 偏心套（轴）调整法。如图 2-17 所示，将齿轮 4 装在电动机 2 输出轴上，并将电动机安装在偏心套 1（或偏心轴）上。通过转动偏心套（偏心轴）的转角，就可调节两啮合齿轮的中心距,从而消除圆柱齿轮正、反转时的齿侧间隙。特点是结构简单,但其侧隙不能自动补偿。

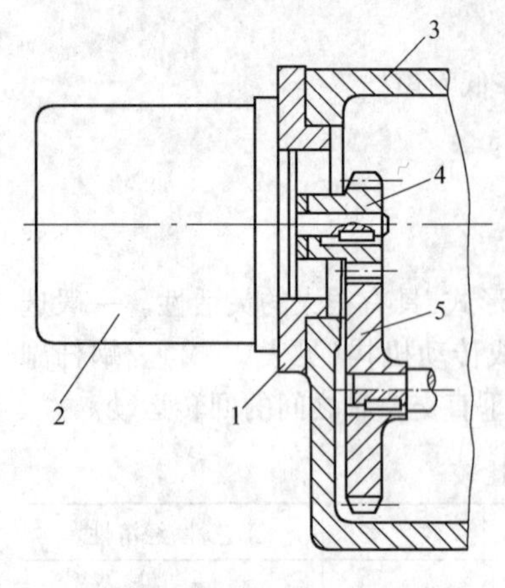

图 2－17　偏心套(轴)调整法

1—偏心套;2—电动机;3—箱体;4,5—齿轮

2）轴向垫片调整法。如图 2－18 所示,齿轮 1 和 2 相互啮合,其分度圆弧齿厚沿轴线方向略有锥度,这样就可以用轴向垫片 3 使齿轮 2 沿轴向移动,从而消除两齿轮的齿侧间隙。装配时轴向垫片 3 的厚度应使得齿轮 1 和 2 之间既齿侧间隙小,又运转灵活。特点是结构简单,但其侧隙不能自动补偿。

3）斜齿轮传动。消除斜齿轮传动齿侧隙的方法是用两个薄片齿轮与一个宽齿轮啮合,只是在两个薄片斜齿轮的中间隔开了一小段距离,这样它的螺旋线便错开了。图 2－19 所示是垫片错齿调整法,其特点是结构比较简单,但调整较费时,且齿侧间隙不能自动补偿。

(2) 柔性消隙法:

1）双片薄齿轮错齿调整法。这种消除齿侧间隙的方法是将其中一个做成宽齿轮,另一个用两片薄齿轮组成。采取措施使一个薄齿轮的左齿侧和另一个薄齿轮的右齿侧分别紧贴在宽齿轮齿槽的左、右两侧,以消除齿侧间隙,反向时不会出现死区。

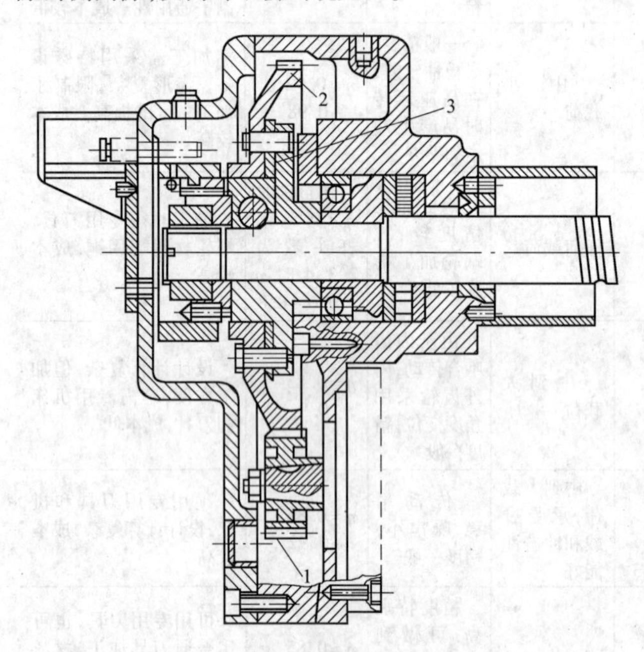

图 2－18　圆柱齿轮轴向垫片调整法

1,2—齿轮;3—垫片

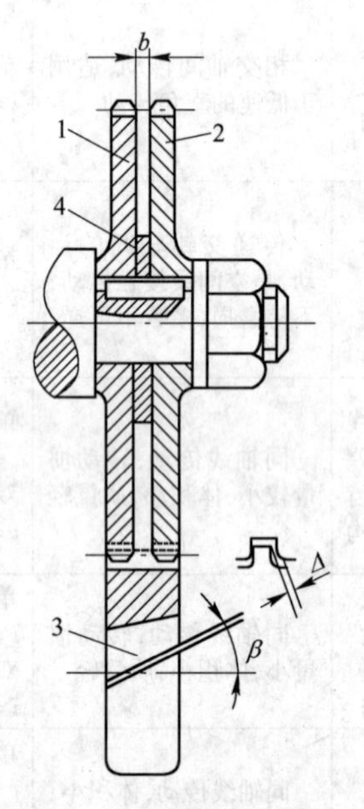

图 2－19　斜齿轮垫片调整法

1,2,3—斜齿轮;4—垫片

2）斜齿轮轴向压簧调整法。图 2－20 所示是斜齿轮轴向压簧错齿调整法,其特点是齿侧隙可以自动补偿,但轴向尺寸较大,结构欠紧凑。

2.4.1.3　谐波齿轮传动

与普通齿轮相比,谐波齿轮传动具有传动比大(几十至几百)、速比范围宽、传动精度高、回程误差小、噪声小、传动平稳、承载能力强、效率高等优点,在工业机器人、航空、火箭等机电系统中应用日益广泛。

谐波齿轮传动与少齿差行星齿轮传动十分相似，它依靠柔性齿轮产生的可控变形波引起齿间的相对错齿来传递动力和运动，因此它与一般齿轮传动具有本质上的差别。如图 2-21 所示，谐波齿轮传动由波形发生器 3(H)、刚轮 1 和柔轮 2 组成。波形发生器由一个转臂和几个辊子组成(图 2-21(a))，或者由一个椭圆盘和一个柔性球轴承组成(图 2-21(b))。若刚轮为固定件，波形发生器为主动件，刚轮或柔轮为从动件。刚轮有内齿圈，柔轮有外齿圈，其齿形为渐开线或三角形，周节 t 相同而齿数不同，刚轮的齿数 z_g 比柔轮的齿数 z_r 多几个齿。柔轮是薄圆筒形，由于波形发生器的长径比柔轮内径略大，故装配在一起时就将柔轮撑成椭圆形，迫使柔轮在椭圆的长轴方向与固定的刚轮完全啮合(A、B 处)，在短轴方向的牙齿完全分离(C、D 处)。当波形发生器回转时，柔轮长轴和短轴的位置随之不断变化，从而齿的啮合处和脱开处也随之连续改变，故柔轮的变形在柔轮圆周的展开图上是连续的简谐波形，故称之为谐波传动。工程上最常用的波形发生器是有两个触头的(即双波发生器)，也有三个触头的。刚轮与柔轮的齿数差应等于波的整数倍，通常取其等于波数。具有双波发生器的谐波减速器，其刚轮和柔轮的齿数之差 $z_g - z_r = 2$。当波形发生器逆时针转一圈时，两轮相对位移为两个齿距。当刚轮固定时，柔轮的回转方向与波形发生器的回转方向相反。

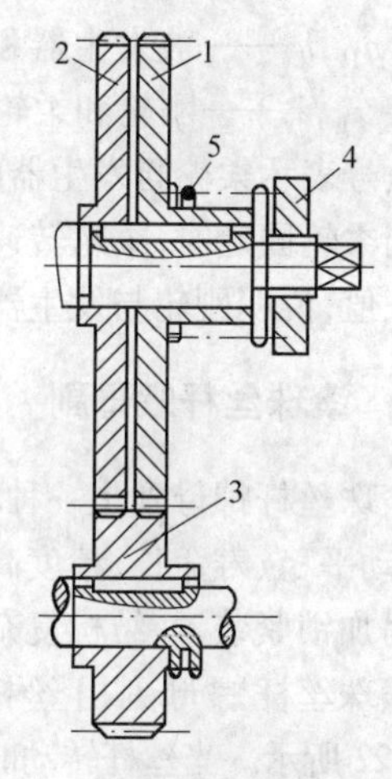

图 2-20　轴向压簧调整法

1,2—薄片齿轮；3—宽齿轮；4—调整螺母；5—弹簧

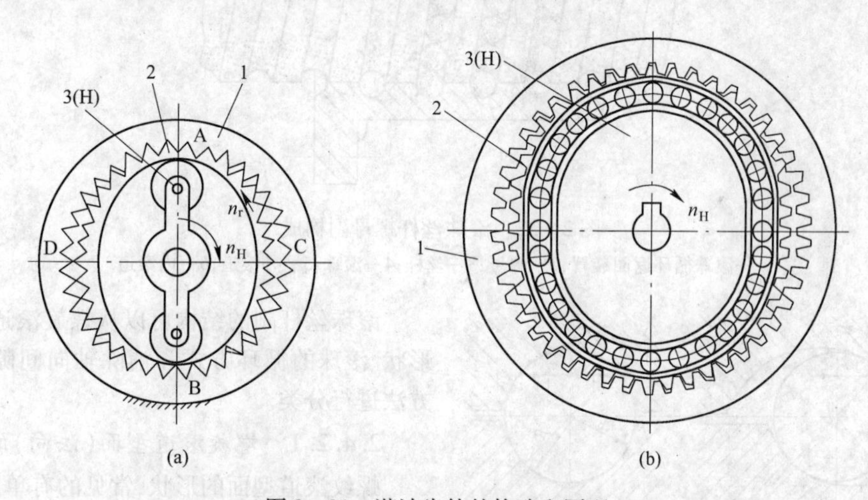

图 2-21　谐波齿轮的构造和原理

(a) 由一个转臂和几个辊子组成波形发生器；(b) 由椭圆盘和柔性球轴承组成波形发生器

1—刚轮；2—柔轮；3—波形发生器

谐波齿轮传动的波形发生器相当于行星轮系的转臂，柔轮相当于行星轮，刚轮则相当于中心轮。故谐波齿轮传动装置(谐波减速器)的传动比可以应用行星轮系求传动比的方式来计算。当波形发生器顺时针回转时，迫使柔轮的齿顺序地与刚轮的齿啮合。由于两轮轮齿周节相等，且柔轮齿数 z_r 比刚轮齿数 z_g 少几个齿，故波发生器顺时针转一周后，柔轮逆时针转了 $(z_g - z_r)$ 个齿，也即反转了 $(z_g - z_r)/z_r$ 周。当刚轮固定时，刚轮转速 $n_g = 0$，波发生器与柔轮的传动比为：

$$i_{Hr} = n_H / n_r = -z_r / (z_g - z_r) \tag{2-7}$$

式中　n_H, n_r——波发生器和柔轮的转速，r/min；

z_g, z_r——刚轮和柔轮的齿数。

负号表示柔轮与发生器的旋转方向相反。

当柔轮固定时，柔轮转速 $n_r = 0$，波发生器与柔轮的传动比 $i_{Hg} = n_H / n_g = -z_g / (z_g - z_r)$。结果为正值，说明刚轮与发生器的旋转方向相同。

2.4.2　滚珠丝杆螺母副

滚珠丝杆螺母副是一种将回转运动转换为直线运动螺旋传动机构，具有磨损小、传动效率高、传动平稳、寿命长、精度高、温升低和便于消除传动间隙等优点，但不能自锁，用于升降传动时需要另加锁紧装置，结构复杂，成本偏高。

滚珠丝杆螺母副由丝杆 3、螺母 2、滚珠 4 和滚珠循环返回装置 1 等四个部分组成，如图 2－22 所示。当丝杆转动时，带动滚珠沿螺纹滚道滚动。为了防止滚珠沿滚道端面排出，在螺母的螺旋槽两端设有滚珠回程引导装置，构成滚珠的循环返回通道，从而形成滚珠流动的闭合通路。

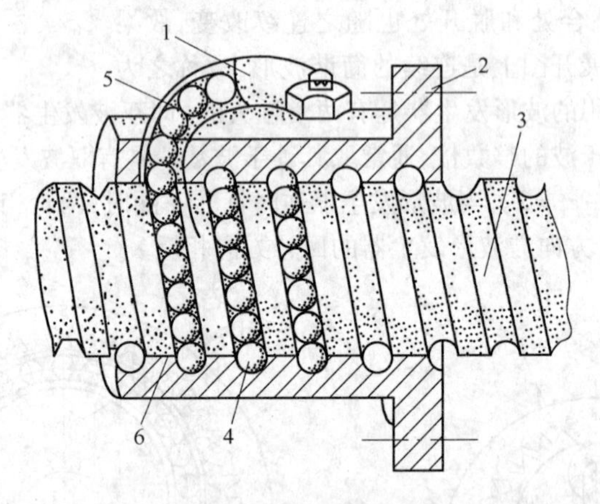

图 2－22　滚珠丝杆螺母副构成

1—滚珠循环返回装置；2—螺母；3—丝杆；4—滚珠；5—外滚道；6—内滚道

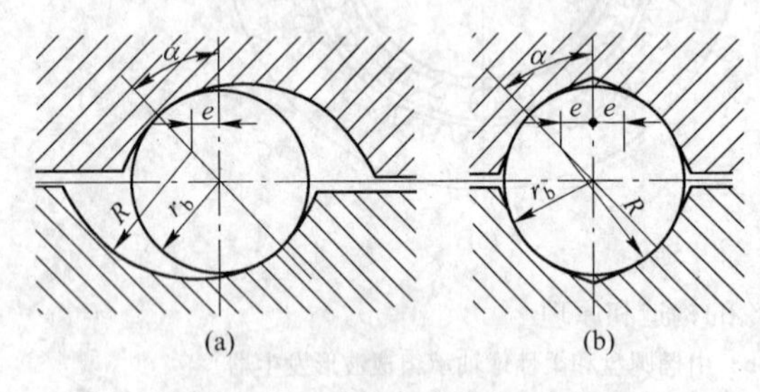

图 2－23　螺旋滚道型面的形状

(a) 单圆弧滚道；(b) 双圆弧滚道

滚珠丝杆副的结构可以从螺旋滚道的截面形状、滚珠的循环方式和消除轴向间隙的调整方法进行分类。

2.4.2.1　螺旋滚道型面(法向)的形状

螺纹滚道型面的形状，常见的有单圆弧(图 2－23(a))和双圆弧(图 2－23(b))两种。在螺旋滚道法向截面内，滚珠与滚道接触点的公法线和丝杆轴线垂直线之间的夹角 α 称为接触角，一般取 $\alpha = 45°$。双圆弧滚道其接触角 α 在工作过程中基本保持不变，故效率、承载能力和轴向刚度比较稳定。滚道底部与滚珠不接触，其空隙可贮存一定的润滑油和脏物，以减小摩擦和磨损。但磨削滚道砂轮修正、加工和检验都比较困难。

2.4.2.2　滚珠的循环方式

滚珠丝杆螺母副中滚珠的循环方式有内循环和外循环两种。

（1）内循环。内循环方式的滚珠在循环过程中始终与丝杆表面保持接触。如图 2－24 所示，在螺母 2 的侧面孔内装有接通相邻滚道的反向器 4，利用反向器引导滚珠 3 越过丝杆 1 的螺旋顶部进入相邻滚道，形成一个循环回路。一般在同一螺母上装有 2～4 个滚珠用反向器（称为 2～4 列），并沿螺母圆周均匀分布。内循环方式的优点是滚珠循环的回路短、流畅性好、效率高、螺母的径向尺寸也较小。其缺点是反向器加工困难，装配、调试也不方便。

浮动式反向器的内循环滚珠丝杆螺母副如图 2－25 所示。其结构特点是反向器 1 与滚珠螺母上的安装孔有 0.01～0.015 mm 的配合间隙，反向器弧面上加工有圆弧槽，槽内安装拱形片簧 4，外有弹簧套 2，借助拱形片簧的弹力，始终给反向器一个径向推力，使位于回珠圆弧槽内的滚珠与丝杆 3 表面保持一定的压力，从而使槽内滚珠代替定位键对反向器起到自定位作用。这种反向器的优点是在高频浮动中达到回珠圆弧槽进出口的自动对接，通道流畅、摩擦特性较好，更适用于高速、高灵敏度、高刚性的精密进给系统。

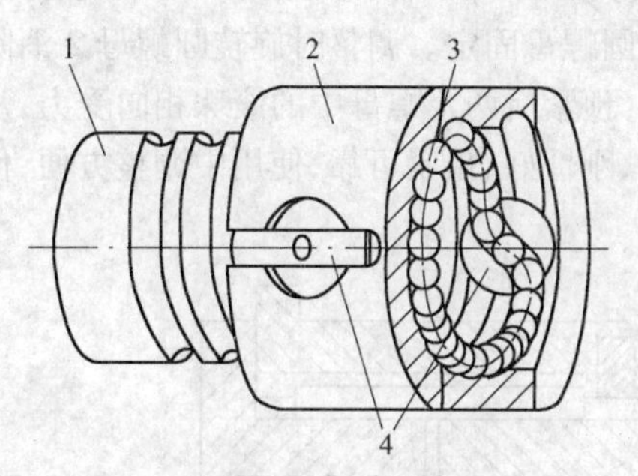

图 2－24　内循环
1—丝杆；2—螺母；3—滚珠；4—反向器

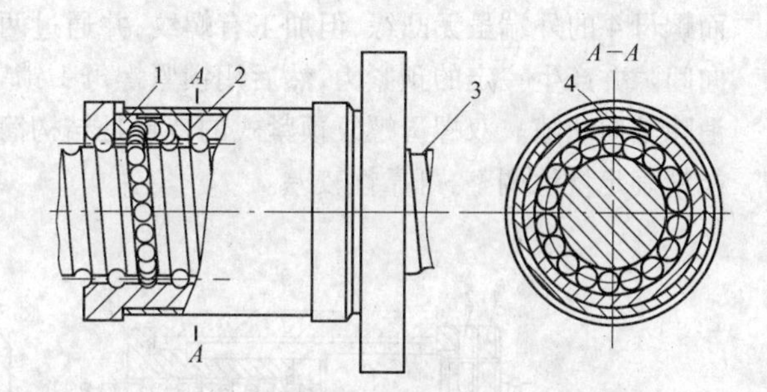

图 2－25　浮动式反向器的内循环
1—反向器；2—弹簧套；3—丝杆；4—拱形片簧

（2）外循环。滚珠在循环反向时，有一段脱离丝杆螺旋滚道，在螺母体内或体外作循环运动。外循环方式按结构形式可分为螺旋槽式、插管式和端盖式三种。

1）螺旋槽式。如图 2－26 所示，在螺母 2 的外圆柱表面上铣出螺旋凹槽，槽的两端钻出两个通孔与螺旋滚道相切，螺旋滚道内装入两个挡珠器 4 引导滚珠 3 通过这两个孔，同时用套筒 1 盖住凹槽，构成滚珠的循环回路。这种结构的特点是工艺简单、径向尺寸小、易于制造，但是挡珠器刚性差、易磨损。

2）插管式。如图 2－27 所示，用一弯管 1 代替螺旋凹槽，弯管的两端插入与螺纹滚道 5 相切的两个内孔，用弯管的端部引导滚珠 4 进入弯管，构成滚珠的循环回路，再用压板 2 和螺钉将弯管固定。插管式结构简单、容易制造，但是径向尺寸较大，弯管端部用作挡珠器比较容易磨损。

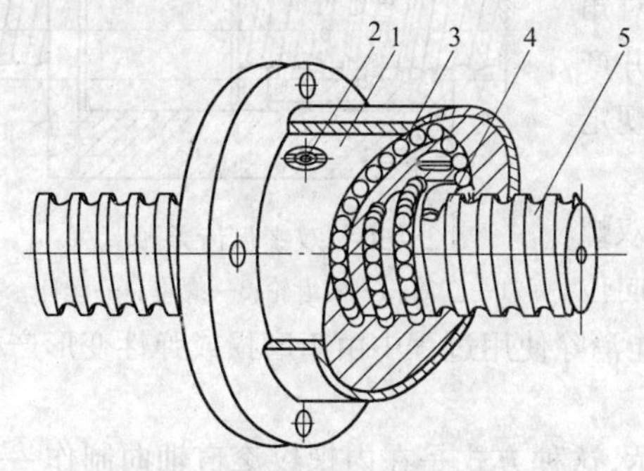

图 2－26　螺旋槽式外循环结构
1—套筒；2—螺母；3—滚珠；4—挡珠器；5—丝杆

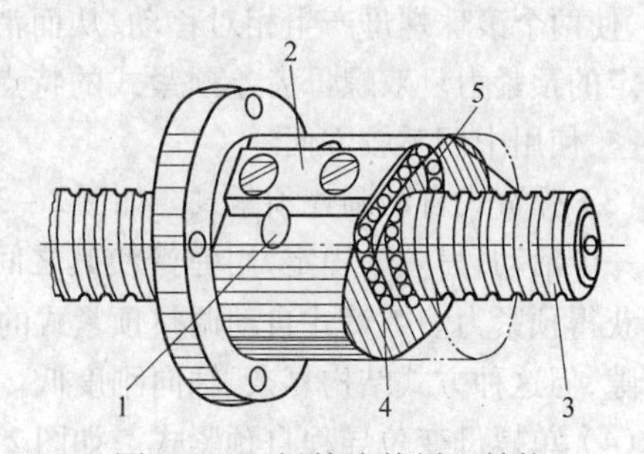

图 2－27　插管式外循环结构
1—弯管；2—压板；3—丝杆；4—滚珠；5—螺纹滚道

3）端盖式。如图2－28所示，在螺母1上钻出纵向孔作为滚子回程滚道，螺母两端装有两块扇形盖板或套筒2，滚珠的回程道口就在盖板上。滚道半径为滚珠直径的1.4～1.6倍。这种方式结构简单、工艺性好，但滚道吻接和弯曲处圆角不易做准确而影响其性能，故应用较少。常以单螺母形式用作升降传动机构。

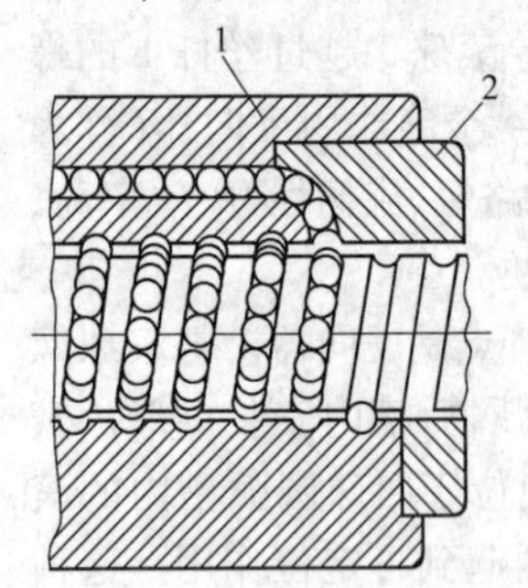

图2－28　端盖式外循环
1—螺母；2—套筒

2.4.2.3　滚珠丝杆螺母副轴向间隙调整与预紧

滚珠丝杆螺母在承受负载时，滚珠与滚道面接触点处产生弹性变形。换向时，其轴向间隙会引起空回。这种空回是非连续的，既影响传动精度，又影响系统的动态性能。单螺母丝杆副的间隙消除相当困难。实际应用中，常采用以下几种调整预紧方法。

（1）双螺母螺纹预紧式。如图2－29所示，螺母3的外端有凸缘，而螺母4的外端虽无凸缘，但加工有螺纹，并通过两个圆螺母固定。调整时旋转圆螺母2消除轴向间隙并产生一定的预紧力，然后用锁紧螺母1锁紧。预紧后两个螺母中的滚珠相向受力，从而消除轴向间隙。双螺母螺纹预紧式的特点是结构简单、刚性好、预紧可靠，使用中调整方便，但不能精确定量地调整，可靠性较差。

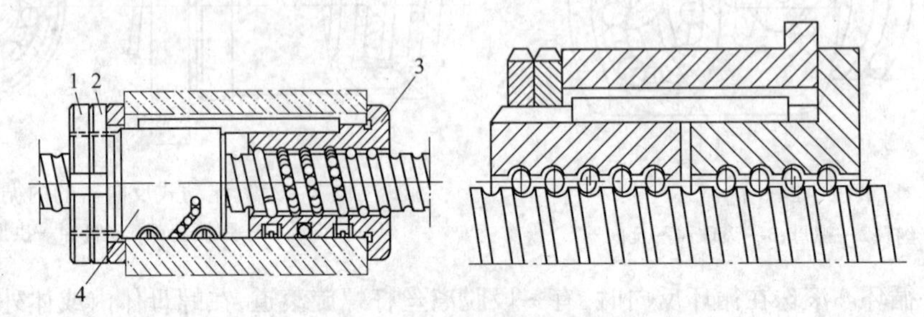

图2－29　双螺母螺纹预紧式
1,2,3,4—螺母

（2）双螺母齿差预紧式。如图2－30所示，在两个螺母3的凸缘上分别加工出只相差一个齿的齿圈，然后装入内齿轮2中，与相应的内齿圈相啮合。由于齿数差的关系，通过两端的两个内齿轮2与圆柱齿轮相啮合并用螺钉和定位销固定在套筒1上。调整时先取下两端的内齿轮2，当两个滚珠螺母相对于套筒同一方向转动一个齿或几个齿的距离后固定，则一个滚珠螺母相对于另一个滚珠螺母产生相对角位移，使两个滚珠螺母产生相对移动，从而消除间隙并产生一定的预紧力。双螺母齿差预紧式的特点是可实现定量调整，使用中调整较方便。

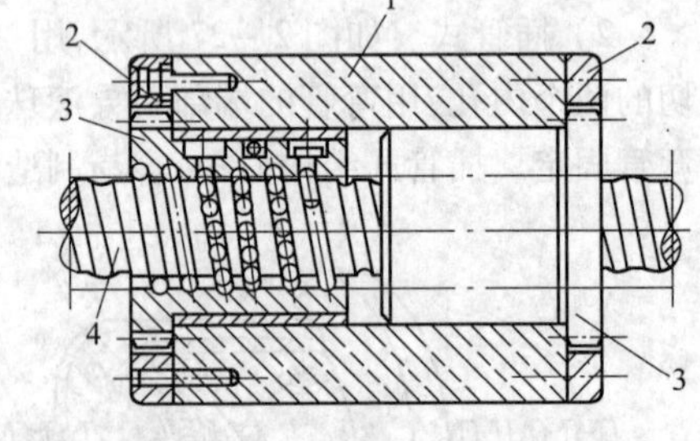

图2－30　双螺母齿差预紧式
1—套筒；2—内齿轮；3—螺母；4—丝杆

（3）弹簧式自动调整预紧式。如图2－31所示，双螺母中一个活动，另一个固定，用弹簧使其之间产生轴向位移并获得预紧力。弹簧式自动调整预紧式的特点是能消除使用过程中由于磨损或弹性变形产生的间隙，但这种方式结构复杂、轴向刚度低。

（4）单螺母变位导程自预紧式。如图2－32所示，这种方式是在内螺纹滚道轴向制作一个ΔL的导程突变量，在滚珠螺母内的两组循环圈之间，借助螺母体内的两列滚珠在轴向错位来消除间隙并预紧，其预紧力的大小由$\pm\Delta L$和单列滚珠径向间隙确定。该方式是以上4种方法中结构最简单、尺寸最紧凑的，且价格低廉，缺点是不便于随时调整。

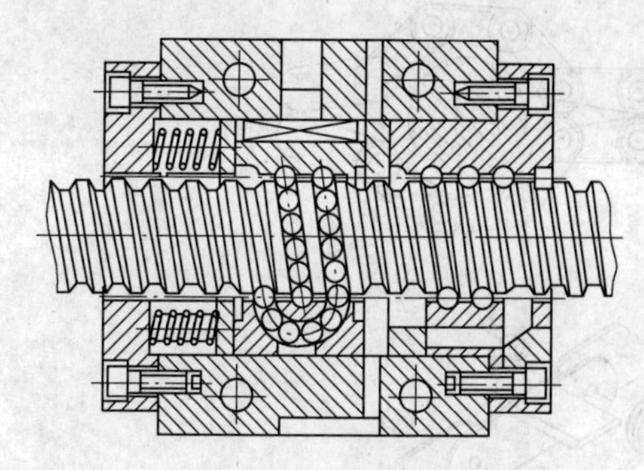

图 2 – 31　弹簧式自动调整预紧式

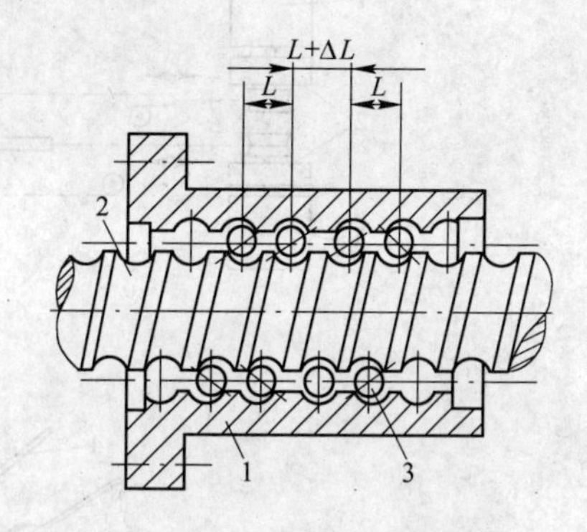

图 2 – 32　单螺母变位导程自预紧式

1—外套；2—丝杆；3—弹簧

2.4.3　挠性传动

挠性传动是一种通过挠性元件传递运动和力矩的传动，特别适合于轴间距较大的运动传递。挠性传动分摩擦传动和啮合传动两种方式。摩擦传动包括平带传动、V 带传动和绳传动，这种传动为保证传递力矩有时需设置张紧装置。啮合传动有链传动和同步齿型带传动等。

（1）平带传动。平带有钢带、帆布带、橡胶输送带等。钢带传动的特点有钢带与带轮之间的接触面积大、无间隙、摩擦传递的驱动力大、结构简单紧凑、运行可靠、噪声低、寿命长、拉伸变形小等，可以应用于高温场合。它不仅可以作为精密机械的传动方式，也可作为食品行业的物料输送的输送带。

图 2 – 33 所示的 Adept One 水平关节机器人中的小臂传动采用的就是钢带传动。小臂电动机通过驱动轴及钢带，将运动 1∶1 地传到被动鼓轮，驱动小臂回转。

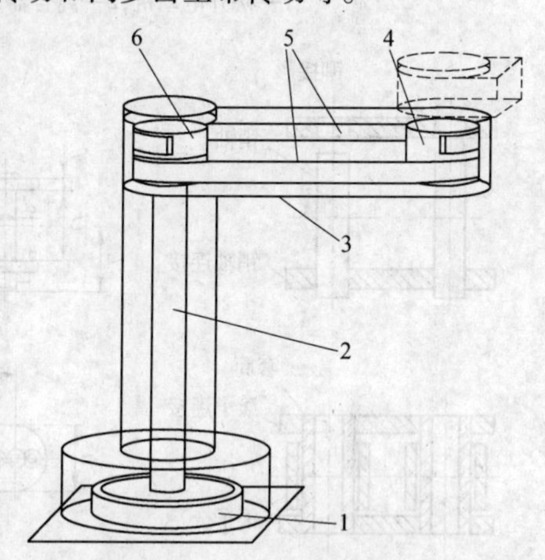

图 2 – 33　Adept One 机器人

1—电动机转子；2—驱动轴；3—小臂；4—被动鼓轮；5—钢带；6—主动鼓轮

（2）绳传动。钢丝绳（尼龙绳）传动具有质量轻、体积小、与齿轮传动和链传动相比价格便宜等特点，适用于在较长的区间内传递力矩。

钢丝绳应用于起重机的起升机构、变幅机构、牵引机构。图 2 – 34 所示为钢丝绳用于机器人手指驱动的结构。使用中，当牵引抓取钢丝绳时，手指合拢，抓取物体；当牵引松开钢丝绳时，手指松开，放下物体。

（3）链传动。链传动的链的链条可分为圆环链、滚子链等。滚子链传动属于比较完善的传动机构，由于噪声小，效率高，因此得到广泛应用。但是，高速运动时滚子和链轮之间的碰撞会产生较大的噪声和振动，只有在低速时才能得到满意的效果。

如图 2 – 35 所示，滚子链是用销轴联结连接板，并装入套筒和滚子制成的。销轴固定在销连接板上，套筒固定在滚子连接板上，滚子可以自由回转。传递大动力时可以用双列、三列或多列滚子链。链轮齿数少摩擦力会增加，要得到平稳运动，链轮的齿数要大于 17，并尽量采用奇数个齿。

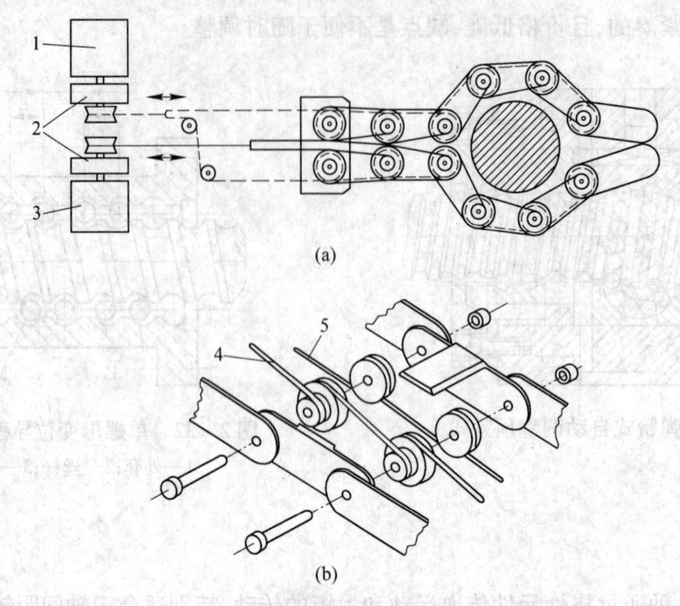

图 2-34　钢丝绳手爪

(a) 钢丝绳驱动手爪机构;(b) 钢丝绳驱动轮局部

1—松开电动机;2—离合器;3—抓紧电动机;4—抓紧钢丝绳;5—松开钢丝绳

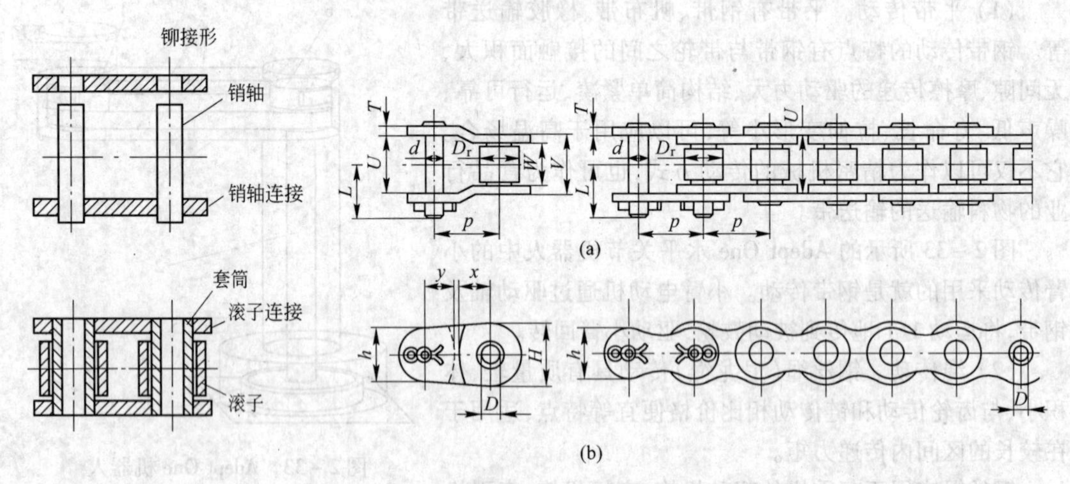

图 2-35　滚子链的连接和结构

(a) 销轴连接;(b) 滚子连接

(4) 同步齿型带传动。同步齿型带是综合了普通带传动和链传动优点的一种新型带传动。它在带的工作面及带轮外周上均制有啮合齿,通过带齿与轮齿作啮合传动来保证带和带轮作无滑差的同步传动。其齿形带采用承载后无弹性变形的高强力材料,以保证带的节距不变。传动比可达到 10,速度可达到 40 m/s,具有传动比准确、传动效率高(可达 0.98)、能吸振、噪声低、传动平稳、能高速传动、维护保养方便等优点,故使用范围较广。它在打印机、扫描仪上都有应用。在机器人中也得到广泛应用,如在 KUKA 机器人中有 8 处采用同步带(见图 2-36)。其主要缺点是安装精度要求高、中心距要求严格,具有一定的蠕变性。图 2-37 是用电动机通过带传动机构驱动滑板,实现直线运动传送机构简图。

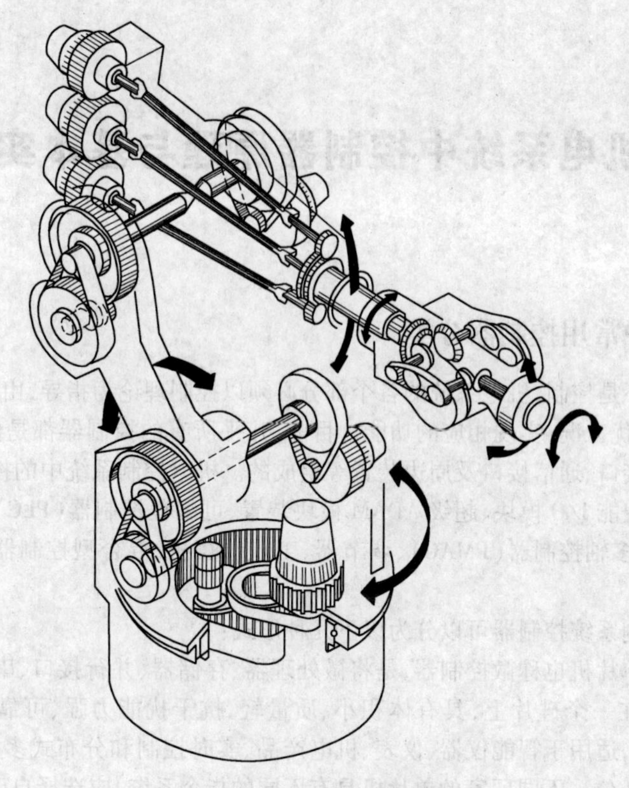

图 2－36　KUKA 机器人

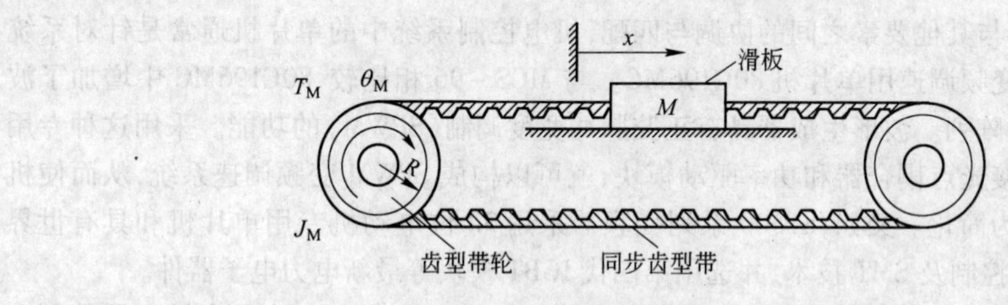

图 2－37　同步齿型带传动机构

3 机电系统中控制器原理与基本实验

3.1 机电系统中常用控制器分类

机电系统的核心是控制,机电系统的各个部分必须以控制理论为指导,由控制器实现协调与匹配,使整体处于最优工况,实现相应的功能。目前,几乎所有的控制器都是由具有微控制器的计算机、输入/输出接口、通信接口及周边装置等组成的。机电控制系统中的控制器有:专用单片机、嵌入式控制器、智能I/O模块、超级ADAM模块装置、可编程控制器(PLC)、可编程计算机控制器(PCC)、可编程多轴控制器(PMAC)、调节器、工业计算机、混合型控制器HC900、现场总线控制系统(FCS)等。

常用的机电控制系统控制器可以分为以下几种形式:

(1)单片机。单片机也称微控制器,是将微处理器、存储器、并行接口、串行接口以及A/D、D/A转换器等集成在一个硅片上,具有体积小、质量轻、抗干扰能力强、可靠性高、环境适应性好、价格低廉等优点,适用于智能仪器、仪表、机电产品、实时控制和分布式多机子系统中。单片机有8位、16位和32位。不同厂家的单片机具有不同的指令系统,应选择自己熟悉、市场有售的产品,以便缩短开发周期。

为了实现控制器与其他要素之间的协调与匹配,机电控制系统中的单片机通常是针对系统功能专门研制的,如变频调速用单片机80C196MC。与MCS-96相比较,80C196MC中增加了波形生成器和信号处理阵列。波形生成器具有正弦脉冲宽度调制(SPWM)的功能。采用这种专用单片机,片外只需连接光点耦合器和功率驱动模块,就可以构成SPWM变频调速系统,从而使机电系统的软、硬件大为简化。又如,SP500系列变频器采用32位电动机专用单片机和具有世界先进水平的SVPWM控制及SMT技术,并选用第四代IGBT模块等最新电力电子器件。

(2)可编程控制器。可编程控制器(Programmable Logic Controller,PLC)是在继电器控制和计算机控制的基础上开发出来的,并逐渐发展成为以微处理器为核心,融自动化技术、计算机技术、通信技术为一体的新型工业自动控制装置。PLC具有程序可变、可靠性高、功能强、编程简单、环境适应性好、抗干扰能力强、体积小、质量轻等特点。目前已被广泛地应用于各种生产机械和生产过程的自动控制中。

作为一种特殊形式的计算机控制装置,PLC具有许多独特之处,其特点归纳如下:

1)模块化结构利于系统组态。为了使PLC适用于顺序控制、定位控制、运动控制和过程控制,各个PLC公司都生产通用I/O模块和各种专用模块。根据机电控制系统的功能,可以选用相应的模块,快速完成系统组态。

2)面向使用者的梯形图语言编程。PLC不要求使用者必须具有一定的计算机软、硬件知识,只要使用者了解通常的继电器-接触器控制电路图,就可以应用类似的“梯形图”语言编程。

3)为了减轻CPU单元的负担、提高响应速度和改善系统动态性能,PLC的一些特殊单元或专用单元一般都具有自己的微处理器和存储器,在完成初始化操作后,这些单元就可以独立工作。

4)模块的智能化。在闭环控制系统中,如果控制器的参数不能在线自动修改,就很难实现系统整体最佳的目标。目前，各个PLC公司都研制出了智能控制模块，在其控制下，系统既响应快又超调小，可使系统处于最佳工况。

5）运行可靠。PLC采用了多种抗干扰措施，如屏蔽、多级滤波、输入/输出光电隔离、监视定时及输入延时滤波等措施，有效地防止了来自场和路的电磁干扰，使机电系统运行可靠。

近年来，随着PLC的国际标准IEC61131的正式颁布，生产PLC的厂家在技术上都有所创新，表现在PLC与PC的融合，多CPU模块和编程语言等方面。

(3) 工业控制计算机。工业控制计算机也称工业计算机（Industrial Personal Computer，IPC）。它是针对工业现场一般具有强烈的震动，灰尘特别多，还有很高的电磁场力干扰等特点而设计的，主要应用于工业过程测量、控制、数据采集等。工业控制机在整个控制系统中占据了主导地位，整个系统的性能指标、系统配置与主机的选型有着极大的关系。

IPC的特点是具有丰富的通用板卡和专业板卡。以研华公司的系列板卡为例，有开关量输入/输出板、脉冲量接口板、模拟量输入/输出板、信号调理板、多功能输入/输出板、通信板、网络板、三轴步进电动机控制板、三轴伺服电动机控制板及三轴编码计数板等88种板卡，能满足各种控制任务。IPC还具有多种工业控制组态软件包，故可快速完成系统集成。

(4) 数字信号处理器。数字信号处理器（Digital Signal Processor，DSP）是以数字信号来处理大量信息的器件。其工作原理是将接收到的模拟信号，转换为0或1的数字信号，再对数字信号进行修改、删除、强化，并在其他系统芯片中把数字数据解译回模拟数据或实际环境格式。除了可编程性，它的强大数据处理能力和高运行速度，是最值得称道的两大特色。其实时运行速度可达每秒数以千万条复杂指令程序，远远超过通用微处理器，是数字化电子世界中日益重要的电脑芯片。根据数字信号处理的要求，DSP芯片一般具有如下主要特点：

1）在一个指令周期内可完成一次乘法和一次加法。

2）程序和数据空间分开，可以同时访问指令和数据。

3）片内具有快速RAM，通常可通过独立的数据总线在两块中同时访问。

4）具有低开销或无开销循环及跳转的硬件支持。

5）快速的中断处理和硬件I/O支持。

6）具有在单周期内操作的多个硬件地址产生器。

7）可以并行执行多个操作。

8）支持流水线操作，使取指、译码和执行等操作可以重叠执行。

当然，与通用微处理器相比，DSP芯片的其他通用功能相对较弱些。

3.2 传感器技术

机电系统中有各种不同的物理量（如位移、压力、速度等）需要控制和监测，如果没有传感器对原始的各种参数进行精确而可靠的监测，那么对机电产品的各种控制都是无法实现的。因此，把各种不同的非电量转换为电量的传感器就成为机电系统中不可缺少的组成部分。

3.2.1 传感器概念及其分类

传感器是按一定规律实现信号检测并将被测量（物理的、化学的和生物的信息）变换为另一种物理量（通常是电量）的器件或仪表。它既能把非电量变换为电量，也能实现电量之间或非电量之间的互相转换。换句话说，一切获取信息的仪表器件都可称为传感器。

传感器是自动控制系统必不可少的关键部分。所有的自动化仪表和装置均需要先经过信息检测才能实现信息的转换、处理和显示，而后达到调节、控制的目的。离开了传感器，自动化仪表和装置就无法实现其功能。

在国际上,传感技术被列为六大核心技术(计算机、激光、通信、半导体、超导和传感)之一,也是现代信息技术的三大基础(传感技术、通信技术、计算机技术)之一。

传感器一般由敏感元件、转换元件、基本转换电路三部分组成,如图3-1所示。

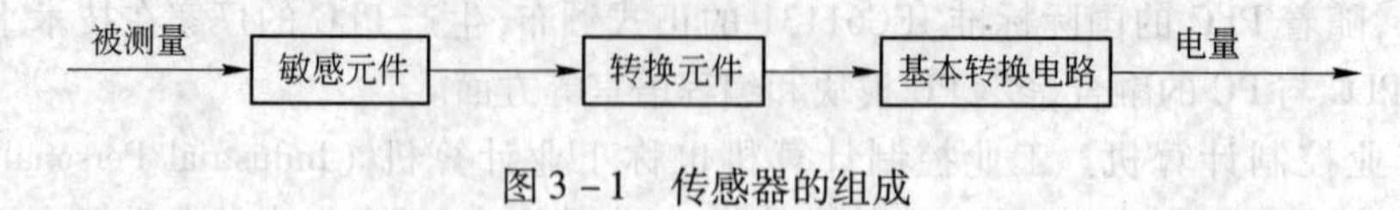

图3-1　传感器的组成

敏感元件是能直接感受被测量,并以确定关系输出某一物理量的元件,例如,弹性敏感元件可将力转换为位移或应变;转换元件可将敏感元件输出的非电物理量转换成电路参数量;基本转换电路将电路参数量转换成便于测量的电信号,如电压、电流、频率等。

传感器种类很多,目前比较常用的分类有以下三种:

(1) 按传感器的工作原理可分为电学式传感器、磁学式传感器、光电式传感器、电动势式传感器、电荷式传感器、半导体式传感器、谐振式传感器、电化学式传感器等。

(2) 按被测物理量可分为温度传感器、湿度传感器、压力传感器、位移传感器、流量传感器、液位传感器、力传感器、加速度传感器、转矩传感器等。

(3) 按输出信号的性质可分为开关型传感器、模拟型传感器、数字型传感器等。

3.2.2　传感器的性能指标

传感器是非电量测量的首要环节和关键部件。传感器质量的好坏,一般通过若干个主要性能指标来表示。传感器的性能指标主要是指传感器的静态特性和动态特性。当传感器的输入量为常量或随时间作缓慢变化时,传感器的输出与输入之间的关系为静态特性;传感器的输出量对随时间变化输入量的响应称为传感器的动态特性。

3.2.2.1　传感器的静态特性

(1) 量程:传感器的输入、输出保持线性关系的最大量限,一般用传感器允许测量的上、下极限值代数差。超范围使用,传感器的灵敏度下降、性能变坏。

(2) 灵敏度:传感器输入变化量与输出变化量的比值,它表示传感器对测量参数变化的反应能力。

(3) 线性度:又称非线性,表示传感器的输出与输入之间的关系曲线与选定工作曲线的靠近(或偏离)程度。线性度的表示形式一般以满量程的百分数表示。

(4) 迟滞:传感器在输入量增加的过程中(正行程)和减少的过程中(反行程),同一输入量时其输出量的差别。

(5) 重复度:传感器在输入量按同一方向作全量程连续多次变动时所得特性曲线不一致的程度。

(6) 分辨率:指传感器能够检测到的最小输入增量。在输入零点附近的分辨率称为阈值。

(7) 稳定性:传感器在较长的时间内保持其性能参数的能力,常采用给出标定的有效期表示其稳定性。

(8) 零漂:传感器在零输入状态下,输出值的变化,一般有时间零漂和温度零漂两种。

(9) 精确度:简称精度,表示测量结果与被测“真值”的接近程度。精度一般用极限误差来表示,或者用极限误差与满量程之比按百分数给出。

3.2.2.2 传感器的动态特性

传感器的动态特性取决于传感器本身和输入信号的形式。

(1) 精确度:简称精度,表示传感器的输出量与被测量的实际值之间的符合程度,包括传感器的测量值精度和重复精度。

(2) 分辨力:是指传感器能检测到的最小的输入增量。

(3) 迟滞:传感器在正、反行程中,输出/输入特性曲线的重合程度。

(4) 稳定性:是指传感器在相同条件下,在相当长时间内,其输出/输入特性不发生变化的性能。

(5) 幅频特性:传感器的灵敏度与输入信号变化率的关系。

(6) 相频特性:被测输入量做正弦变化时,与输出量之间相位差随频率的变化关系。

传感器的动态特性与控制系统的性能指标分析方法相同,可以通过时域、频域以及试验分析的方法确定。有关系统分析的指标都可以作为传感器的动态特性参数,如最大超调量、上升时间、调整时间、稳态误差、频率响应范围、临界频率等。

3.2.2.3 传感器的工作环境

(1) 温度:包括工作温度范围、温度误差、温度漂移、温度系数、热滞后等。

(2) 振动、冲击:包括允许各向抗冲击振动的频率、振幅及加速度、冲击振动所允许引入的误差等。

(3) 可靠性:包括工作寿命、平均无故障时间、保险期、疲劳特性、绝缘电阻、耐压等。

(4) 其他:包括抗潮湿、抗介质腐蚀能力、抗电磁干扰能力等。

对于不同的传感器,应根据实际需要,确定其主要性能参数。有些指标可要求低些或可以不予考虑,使传感器成本低又能达到较高的精度。

3.2.3 机电控制系统中常用的传感器

3.2.3.1 位置传感器

位置传感器是通过检测,确定是否到达某一个位置,它可以用一个开关量来表示。位置传感器可分为接触式和接近式两种。接触式传感器是能获取两个物体是否已接触的信息的一种传感器;接近式传感器是用来判别在某一范围内是否有某一物体的一种传感器。

(1) 接触式位置传感器。微动开关是一类接触式位置传感器,当规定的位移或力作用到可动部分(执行器)时,开关的接点断开或接通而发出相应的信号。图 3-2 所示为执行器形状不同的几种限位开关,为保证传感器的精度,执行机构可在 4~7N 力的作用下产生动作,其中销键按钮式精度最高。

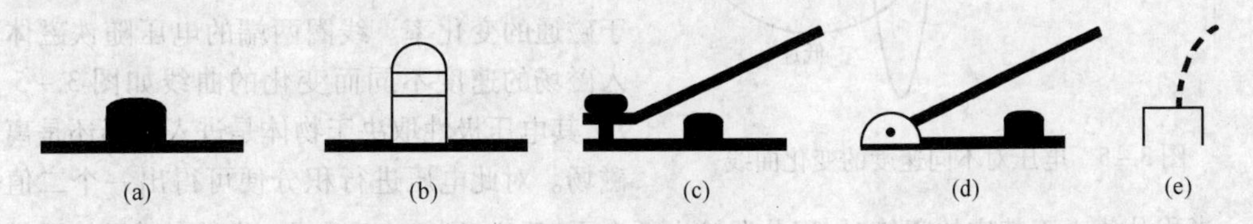

图 3-2 限位开关

(a) 销键按钮式;(b) 压簧按钮式;(c) 片簧按钮式;(d) 铰链杠杆式;(e) 软杆式

微动开关实际上是通过触觉来感知信息。触觉广义上可获取的信息有接触信息、狭小区域上的压力信息、分布压力信息、力和力矩信息、滑觉信息等。这些信息分别用于触觉识别和触觉控制。从检测信息及等级考虑，触觉识别可分为点信息识别、平面信息识别和空间信息识别三种。

二维矩阵式配置的位置传感器一般用于机器人手掌内侧。机器人手掌内侧常安装有多个二维触觉传感器，用以检测自身与某一物体的接触位置、被握物体的中心位置和倾斜度，甚至还可以识别物体的大小和形状，如图 3－3 所示。

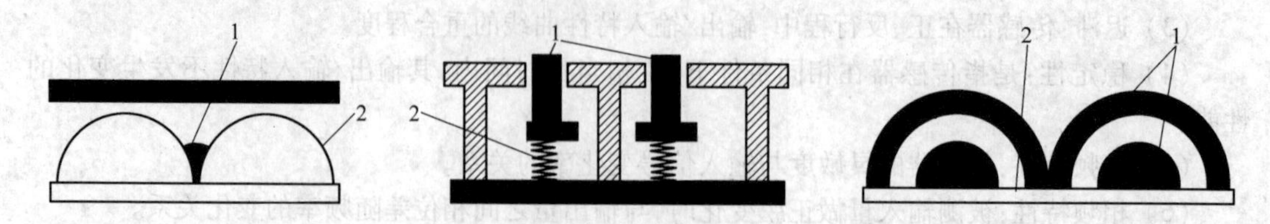

图 3－3　二维矩阵式配置的位置传感器

1—柔软电机；2—柔软绝缘体

(2) 接近式位置传感器。接近式位置传感器按其工作原理分为电磁式、光电式、电容式、气压式、超声波式。工作原理可以表示为图 3－4。

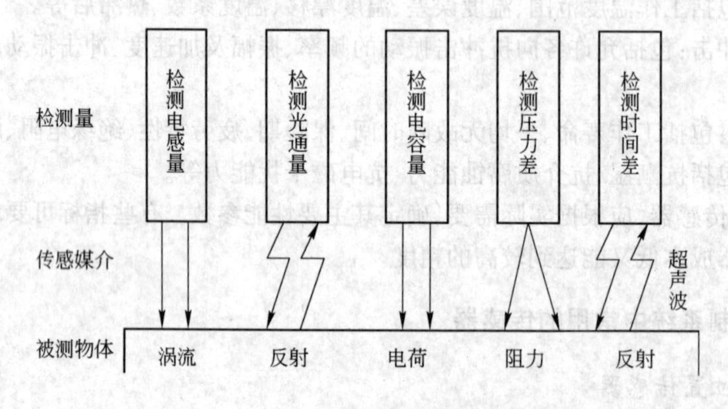

图 3－4　接近式位置传感器的工作原理

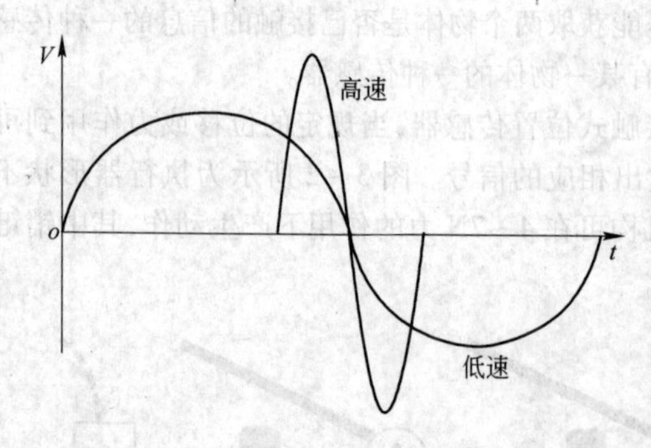

图 3－5　电压对不同速度的变化曲线

1) 电磁式。电磁式传感器的工作原理是，当一个永久磁铁或一个通有高频电流的线圈接近一个铁磁体时，它们的磁力线分布将发生变化。因此，可以用另一组线圈检测这种变化。当铁磁体靠近或远离磁场时，它所引起的磁通量变化将在线圈中感应出一个电流脉冲，其幅值正比于磁通的变化率。线圈两端的电压随铁磁体进入磁场的速度不同而变化的曲线如图 3－5 所示，其电压极性取决于物体是进入磁场还是离开磁场。对此电压进行积分便可得出一个二值信号。当积分值小于特定的阈值时，积分器输出低电平；反之，则输出高电平，此时表示已接近某一物体。

2) 电容式。电容式传感器是根据电容量的变化检测物体接近程度的。其方法有多种，但最简单的方法是将电容器作为振荡电路的一部分，并设计成只有在传感器的电容值超过预定阈值时才产生振荡，然后再经过变换，使其成为输出电压，用以表示物体的出现。电磁感应式传感器只能检测电磁材料，对其他非电磁材料则无能为力。而电容传感器能克服以上缺点，它几乎能检测所有的固体和液体材料。

3）光电式。光电式传感器具有体积小、可靠性高、检测位置精度高、响应速度快、易与 TTL 及 CMOS 电路兼容等优点，分为透光型和反射型两种。

透光型光电传感器的发光器件和受光器件相对放置，中间留有间隙。当被测物体到达这一间隙时，发射光被遮住，从而接收器件便可检测出物体已经到达。透光型光电传感器的接口电路如图 3-6 所示。

反射型光电传感器发出的光经被测物体反射后再落到检测器件上，它的基本情况大致与透射型传感器相似，但由于检测的是反射光，所以得到的输出电流 I_C 较小。另外，对于不同的物体表面，信噪比也不一样，因此，设定限幅电平就非常重要。图 3-7 所示为反射型光电传感器的电路，它的电路和透射型传感器大致相同，只是接收器的发射极电阻用得较大，且为可调。这主要是因为反射型光电传感器的光电流较小且有很大分散性。

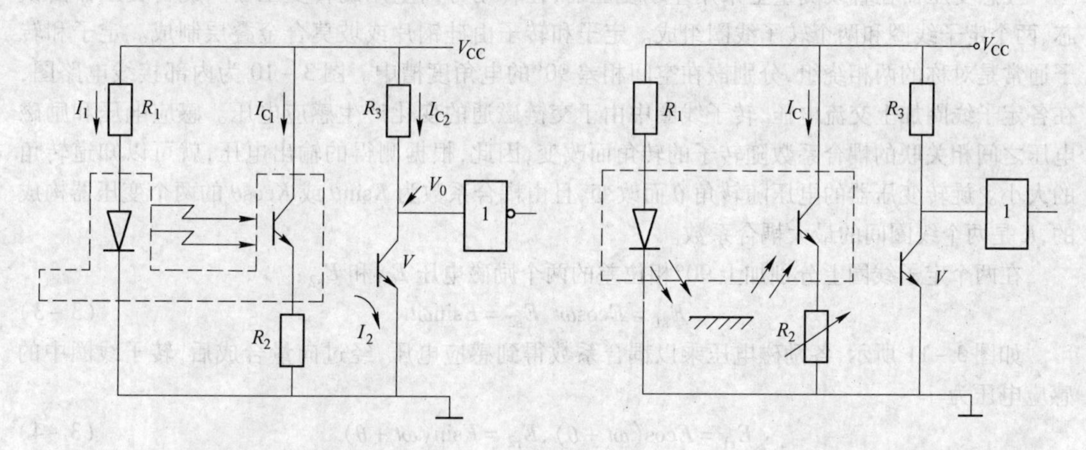

图 3-6 透光型光电传感器的接口电路　　图 3-7 反射型光电传感器的接口电路

3.2.3.2 电位器

电位器分为直线型（测量位移）和旋转型。它由环状或棒状电阻丝和滑动片（或称为电刷）组成，通过滑动片接触或靠近电阻丝获得电信号。电刷与驱动器连成一体，将其线位移或角位移转换成电阻的变化，在电路中以电压或电流的变化形式输出。图 3-8 所示为旋转式电位器的基本结构。在环状电阻两端加上电压 E，若电阻丝的总电阻为 R，当转轴（电刷）转过 θ 角时，通过电刷的滑动部分阻值

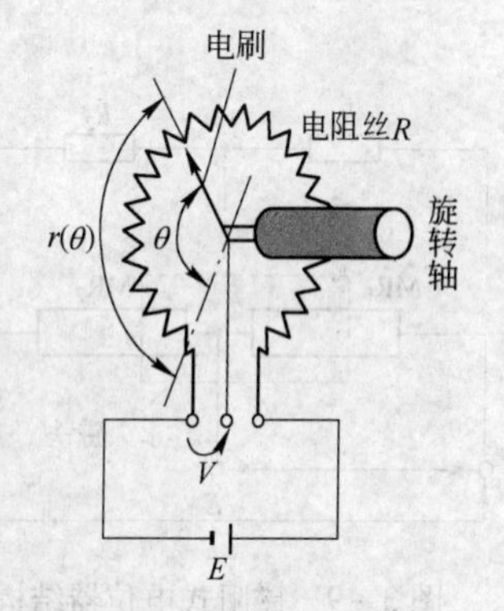

图 3-8 旋转型电位器的基本结构

$$r(\theta)=\frac{\theta}{360}R \tag{3-1}$$

因此，输出电压 V 可以表示为

$$V=\frac{r(\theta)}{R}E=\frac{\theta}{360}E \tag{3-2}$$

因为输出电压与阻值无关，所以，由于温度变化而导致的阻值变化对输出电压没有影响。电位器可分为导电塑料、线绕式、混合式等滑片型和磁阻式、光标式等非接触型。

触点滑动电位器以导电塑料电位器为主流。这种电位器将炭黑粉末和热硬化树脂涂在塑料

的表面上，并和接线端子做成一体。滑动部分加工得像镜面一样光滑，因此几乎没有磨损，寿命很长。由于炭黑颗粒大小为0.01 μm数量级，可以得到极高的分辨率。此外，线绕电位器的线性度和稳定性最好，但输出电压是离散值。

非接触式电位器中，利用磁电阻效应的磁阻式电位器已经实用化。所谓磁阻效应，就是在元件电流的垂直方向上加以外磁场，元件在电流方向上的电阻值发生变化。如图3-9所示，两个锑化铟（InSb）类的磁阻元件MR_1、MR_2串联，两端加上电压，滑动作为电刷的永久磁铁，使磁场方向和磁阻元件的电流方向保持垂直，这时，磁阻元件电阻值的变化等价于磁铁相对于元件位置的变化。非接触式电位器具有寿命长、分辨率高、转矩小、响应速度快等优点。但磁阻元件的电阻温度系数比其他电阻大两个数量级，若直接用在线路中，输出电压的温度漂移很大。为此，一般在磁阻元件上串联或并联固定电阻，通过组合电阻的平衡，实现温度补偿。

3.2.3.3　互感变压器

互感变压器在直线测量上采用差动变压器，在转动方向上用旋转变压器。旋转变压器由铁芯、两个定子线圈和两个转子线圈组成。定子和转子由硅钢片或坡莫合金叠层制成。定子和转子通常是对称的两相绕组，分别嵌在空间相差90°的电角度槽中。图3-10为内部接线电路图，在各定子线圈加上交流电压，转子线圈中由于交链磁通的变化产生感应电压。感应电压和励磁电压之间相关联的耦合系数随转子的转角而改变，因此，根据测得的输出电压，就可以知道转角的大小。旋转变压器的电压随转角θ而改变，且由耦合系数为$K\sin\theta$或$K\cos\theta$的两个变压器构成的，K是两个线圈间的最大耦合系数。

在两个定子线圈上分别加上90°相位差的两个励磁电压E_{s1}和E_{s2}：

$$E_{s1}=E\cos\omega t,E_{s2}=E\sin\omega t \tag{3-3}$$

如图3-11所示，各励磁电压乘以耦合系数得到感应电压，经过向量合成后，转子线圈中的感应电压为

$$E_{r1}=E\cos(\omega t+\theta),E_{r2}=E\sin(\omega t+\theta) \tag{3-4}$$

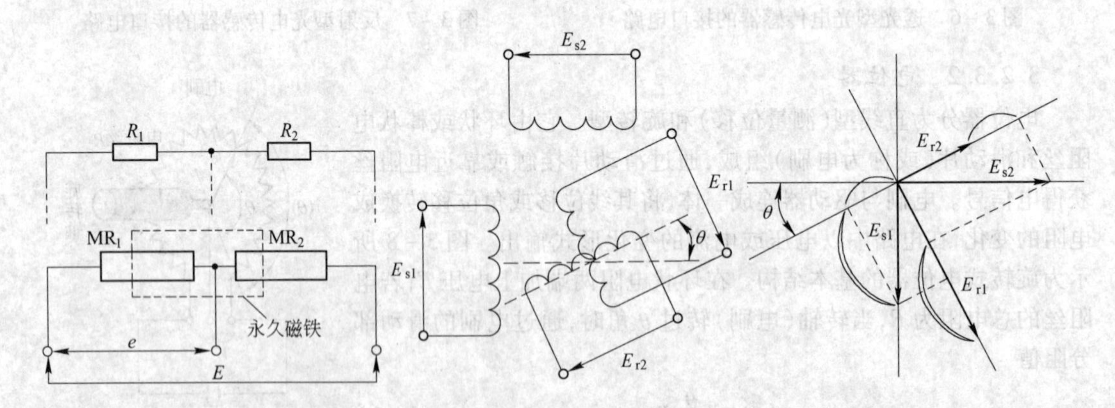

图3-9　磁阻式电位器结构　　图3-10　旋转变压器原理　　图3-11　各线圈电压的向量图

可见，旋转变压器副端输出的是转子线圈相对于定子线圈空间转角θ的相位调制信号。

过去采用电刷或汇流环接触通电方法来取出转子线圈中的感应电压，近来大多采用无电刷旋转变压器。研究表明，用两极旋转变压器和多极旋转变压器相组合，可以得到检测分辨率为每转129600个脉冲的旋转变压器。

此外，具有同样的电机结构的角度传感器称为同步器，它有三相定子和三相转子。

3.2.3.4 编码器

根据刻度的形状编码器分为测量直线位移的直线编码器和测量旋转位移的旋转编码器。将旋转角度转换为数字量的传感器称为旋转编码器。根据信号的输出形式编码器分为增量式编码器和绝对式编码器。增量式编码器对应每个单位直线位移或单位角位移输出一个脉冲;绝对式旋转编码器根据读出的码盘上的编码,检测绝对位置。根据检测原理编码器可分为光学式、磁式、感应式和电容式。下面介绍应用最多的光学编码器的原理。

旋转编码器的结构如图 3-12 所示。发光二极管和光敏二极管之间由旋转码盘隔开,在码盘上刻有栅缝。当旋转码盘转动时,光敏二极管断续地接受发光二极管发出的光,输出信号经整形后输出方波信号。

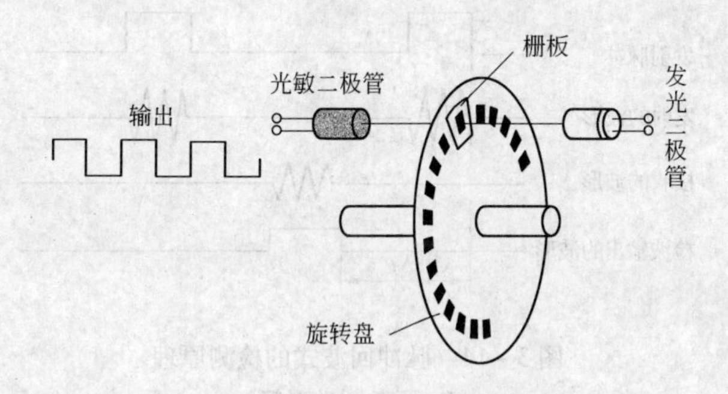

图 3-12 旋转编码器的基本原理

增量编码器如图 3-13 所示,有 A 相、B 相、Z 相三条光栅,A 相与 B 相的相位差为 90°。利用 B 相的上升沿触发检测 A 相的状态,以判断旋转方向。例如按顺时针旋转,则 B 相上升沿对应 A 相的通状态;若逆时针旋转,则 B 相上升沿对应 A 相的断状态。Z 相为原点信号。

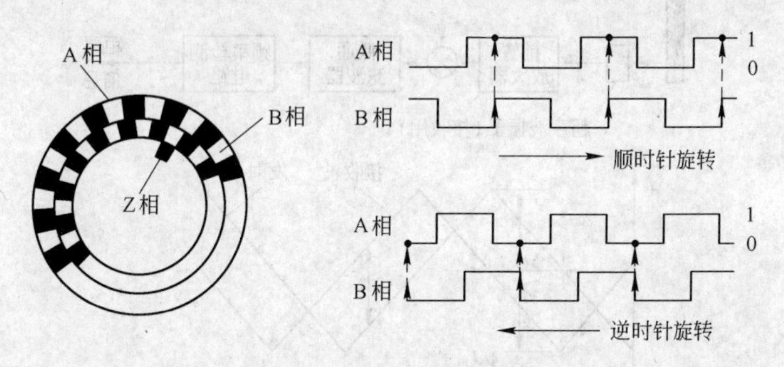

图 3-13 增量编码器的原理

3.2.3.5 超声波距离传感器

超声波距离传感器由发射器和接收器构成。几乎所有超声波式距离传感器的发射器和接收器都是利用压电效应制成的。发射器是利用给压电晶体加一个外加电场时晶片将产生应变(压电逆效应)这一原理制成的。接收器的原理是:当给晶片加一个外力使其变形时,在晶体的两面会产生与应变量相当的电荷(压电正效应),若应变方向相反则产生电荷的极性反向。

超声波距离传感器的检测方式有脉冲回波式(见图 3-14)和 FM-CW 式(频率调制、连续波)(见图 3-15)两种。

在脉冲回波式中,先将超声波用脉冲调制后发射,根据经被测物体反射回来的回波延迟时间 Δt,计算出被测物体的距离 L。设空气中的声速为 v,则被测物体与传感器间的距离

$$L = v \cdot \Delta t/2 \tag{3-5}$$

如果空气温度为 T(℃),则声速

$$v = 331.5 + 0.607T \tag{3-6}$$

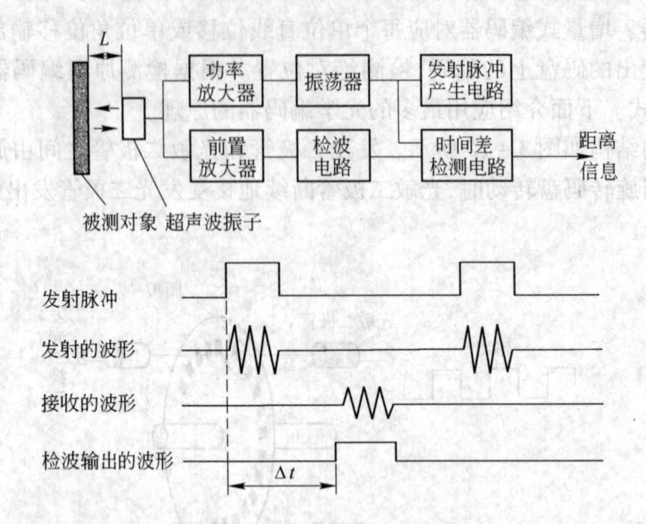

图 3-14　脉冲回波式的检测原理

L—距离;Δt—时间

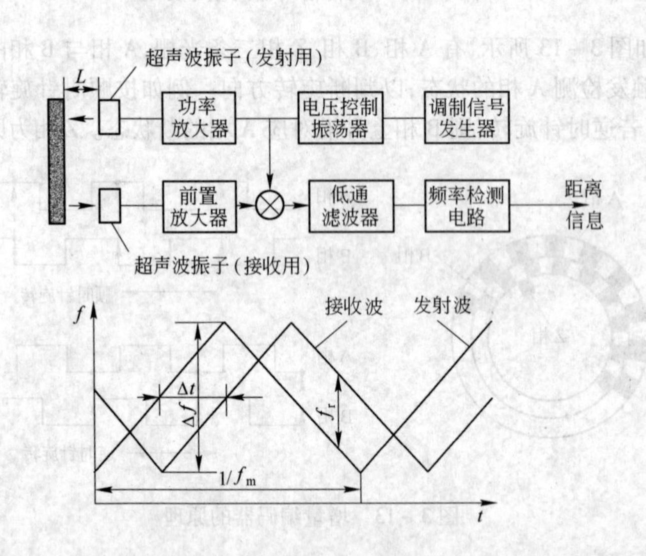

图 3-15　FM-CW 式的测距原理

L—距离;f—频率;f_r—发射波与接收波的频率差;f_m—发射波频率;t—时间

FM-CW 方式是采用连续波对超声波信号进行调制。将由被测物体反射延迟 Δt 时间后得到的接收波信号与发射波信号相乘,仅取出其中的低频信号,就可以得到与距离 L 成正比的差频 f_r 信号。假设调制信号的频率为 f_m,调制频率的带宽为 Δf,被测物体的距离

$$L = \frac{f_r v}{4 f_m \Delta f} \tag{3-7}$$

3.2.3.6 测速发电机

测速发电机是利用发电机原理制成的速度传感器或角速度传感器。恒定磁场中的线圈发生位移，线圈两端的感应电压 E 与线圈内交链磁通 Ψ 的变化速率成正比，输出电压

$$E = -\frac{\mathrm{d}\Psi}{\mathrm{d}t} \tag{3-8}$$

根据这个原理测量角速度的测速发电机，可按其构造分为直流测速发电机、交流测速发电机和感应式交流测速发电机。

直流测速发电机的定子是永久磁铁，转子是线圈绕组。图3-16所示为直流测速发电机的结构。直流测速发电机的原理和永久磁铁的直流发电机相同，转子产生的电压通过换向器和电刷以直流电压的形式输出，可以测量 0~10000 r/min 量级的旋转速度，线性度为0.1%。此外，停机时不易产生残留电压，因此，它最适宜作速度传感器。但是其电刷部分是机械接触，需要注意维修。另外，换向器在切换时会产生脉动电压，使测量精度降低。因此，现在也有用无刷直流测速发电机。

永久磁铁式交流测速发电机的构造和直流测速发电机恰好相反，它的转子上安装多磁极永久磁铁，定子线圈输出与旋转速度成正比的交流电压。

3.2.3.7 应变片加速度传感器

电阻应变片加速度传感器是一个由板簧支承重锤所构成的振动系统。板簧上下两面分别贴两个应变片，如图3-17所示。应变片受振动产生应变，其电阻值的变化通过电桥电路的输出电压被检测出来。除了金属电阻外，Si 或 Ge 半导体压阻元件也可用于加速度传感器。半导体应变片的应变系数比金属电阻应变片高50~100倍，灵敏度很高，但温度特性差，需要加补偿电路。

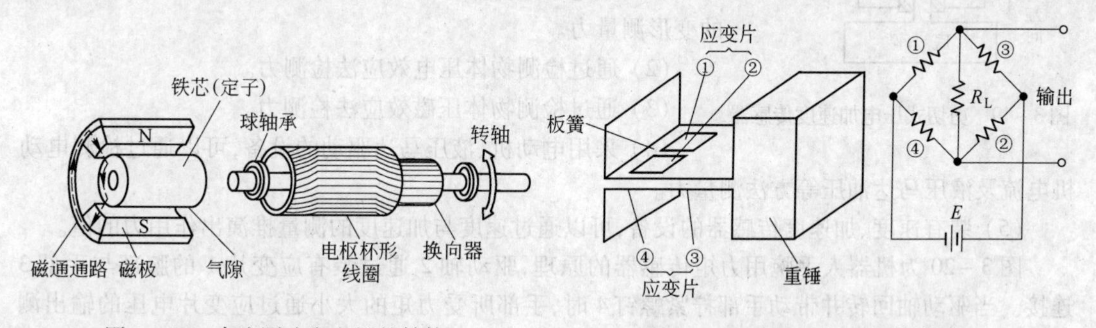

图3-16 直流测速发电机的结构 图3-17 应变片加速度传感器

3.2.3.8 伺服加速度传感器

伺服加速度传感器检测出与图3-17中振动系统重锤位移成比例的电流，把电流反馈到恒定磁场中的线圈，使重锤返回到原来的零位移状态。由于重锤没有几何位移，因此这种传感器与前一种相比，更适用于振动（加速度）大的系统。

被测对象产生与加速度 a 成比例的惯性力 F'，它和电流 i 产生的复原力 F 保持平衡。根据弗莱明左手定则，F 和 i 成正比（比例系数为 K），关系式为 $F=ma=Ki$

这样，根据检测的电流。可以求出加速度。这个测量原理也适用于伺服倾斜角传感器。伺服加速度传感器的测量范围为 $10^{-5} \sim 10^{2}\ \mathrm{m/s^2}$，测量精度较高。

3.2.3.9 压电加速度传感器

压电加速度传感器利用具有压电效应的物质，将产生加速度的力转换为电压。这种具有压电效应的物质受到外力发生机械形变时，能产生电压（反之，外加电压时，也能产生机械形变）。

压电元件大多由具有高介电系数的材料制成。

压电元件的形变有三种基本模式:压缩形变、剪切形变和弯曲形变,如图 3-18 所示。图 3-19所示为利用剪切方式的加速度传感器的结构。传感器中一对平板形或圆筒形压电元件在轴对称位置上垂直固定着,压电元件的剪切压电常数大于压缩压电常数,而且不受横向加速度影响,在一定的高温下仍能保持稳定的输出。压电加速度传感器的电荷灵敏度很宽,可达0.01 ~ 1000 $\mathrm{pC/m \cdot s^{-2}}$。

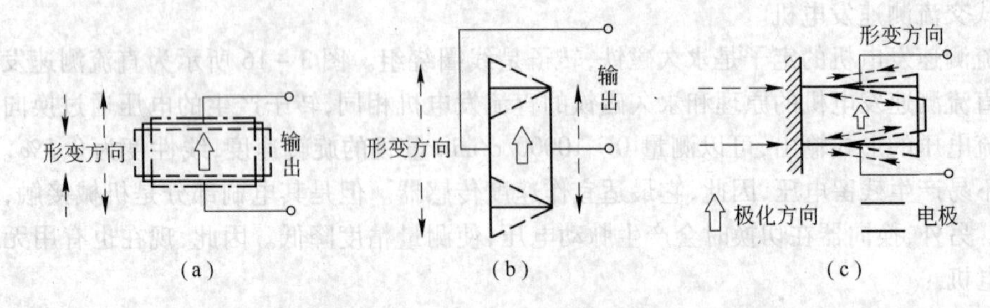

图 3-18　压电元件的变形模式

(a) 压缩;(b) 剪切;(c) 弯曲

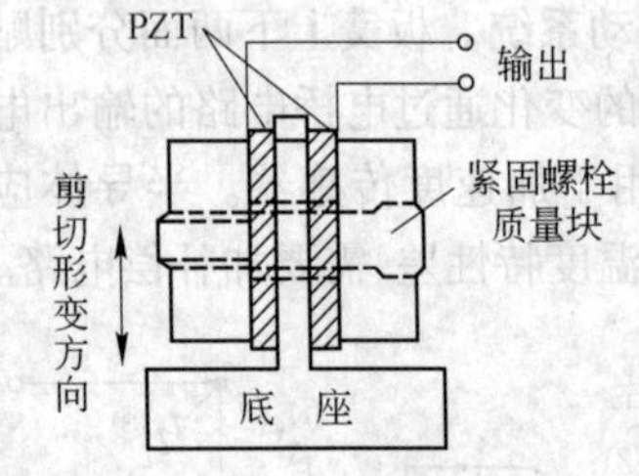

图 3-19　剪切式压电加速度传感器

3.2.3.10　六轴力觉传感器

力和力矩传感器是用以检测设备内部力或与外界环境相互作用力为目的的。力不是直接可测量的物理量,而是通过其他物理量间接测量出的。其测试方法有:

(1) 通过检测物体弹性变形法测量力,如采用应变片、弹簧的变形测量力。

(2) 通过检测物体压电效应法检测力。

(3) 通过检测物体压磁效应法检测力。

(4) 采用电动机、液压马达驱动的设备,可以通过检测电动机电流及液压马达油压等方法测量力。

(5) 装有速度、加速度传感器的设备,可以通过速度与加速度的测量推演出作用力的值。

图 3-20 为机器人手腕用力矩传感器的原理,驱动轴 2 通过装有应变片 1 的腕部与手部 3 连接。当驱动轴回转并带动手部拧紧螺钉 4 时,手部所受力矩的大小通过应变片电压的输出测得。图 3-21 为无触点检测力矩的方法,传动轴的两端安装上磁分度圆盘 1,分别用磁头 2 检测两圆盘之间的转角差,用转角差和负载 M 之间的比例,可测量出负载力矩大小。

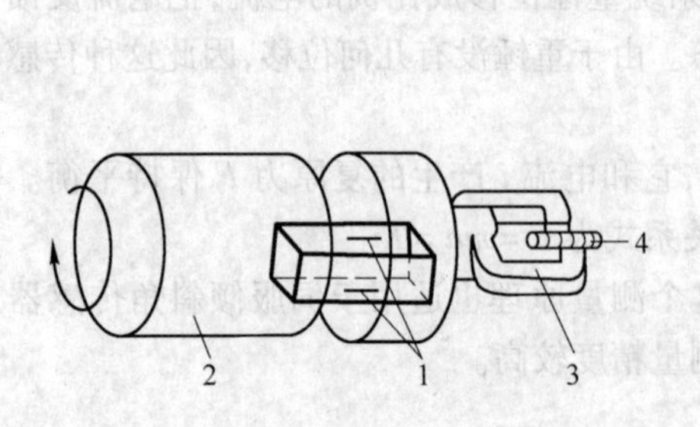

图 3-20　机器人手腕用力矩传感器原理

1—应变片;2—驱动轴;3—手;4—螺钉

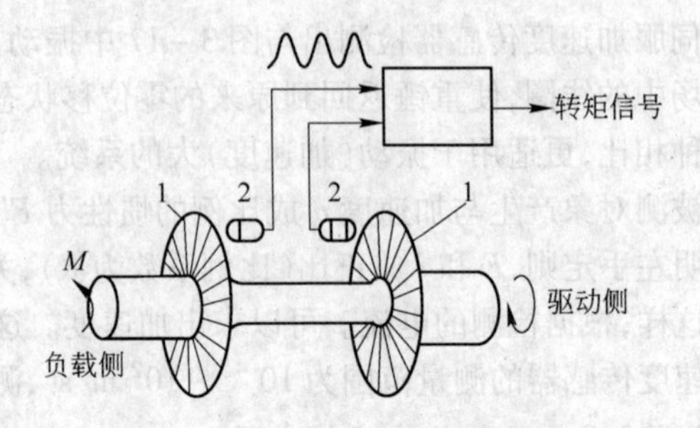

图 3-21　无触点力矩检测原理

1—磁分度圆盘;2—磁头

作用在一点的负载,包含力的三个分量和力矩的三个分量。六轴力觉传感器能够同时测出力的六个分量。机器人的力控制主要控制机器人手爪的任意方向的负载分量,因此需要六轴力觉传感器。六轴传感器一般安装在机器人手腕上,因此也称为腕力传感器。

图3-22所示为斯坦福研究院提出的二层重叠并联结构型六轴力觉传感器。它由上下两层圆筒组合而成。上层由四根竖直梁组成,而下层则由四根水平梁组成。在八根梁的相应位置上粘贴应变片作为提取力信号敏感点,每个敏感点的位置是根据直角坐标系要求及各梁应变特性所确定的。传感器两端可以通过法兰连接装于机器人腕部。当机械手受力时,弹性体的八根梁将会产生不同性质的变形,每个敏感点将产生应变,通过应变片将应变转换为电信号。若每个敏感点(均粘贴 R_1、R_2 应变片)被认为是个力的信息单元,并按坐标定为 P_x^-、P_x^+、P_y^-、P_y^+、Q_x^-、Q_x^+、Q_y^-、Q_y^+。这样,可由下列表达式解算出在 x、y、z 三个坐标轴上力与力矩的分量。

$$F_x \propto P_y^+ + P_y^-$$
$$F_y \propto P_x^+ + P_x^-$$
$$F_z \propto Q_x^+ + Q_x^- + Q_y^+ + Q_y^-$$
$$M_x \propto Q_y^+ - Q_y^-$$
$$M_y \propto Q_x^+ - Q_x^-$$
$$M_z \propto P_x^+ - P_x^- - P_y^+ + P_y^-$$

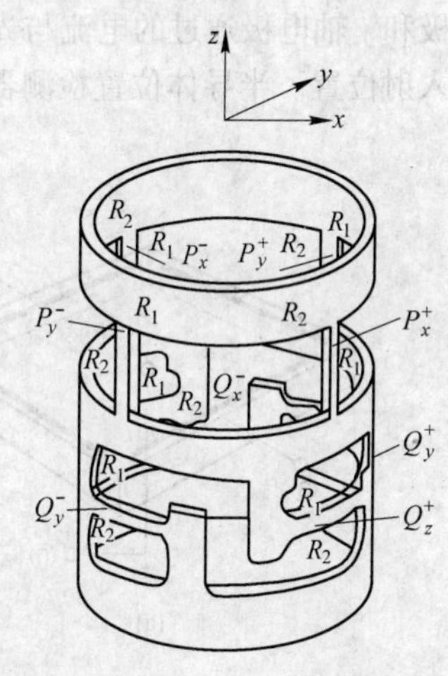

图3-22 腕力传感器原理

这种结构形式的特点是各梁均以弯曲应变为主而设计的,所以具有一定程度的规格化,合理的结构设计使各梁灵敏度均匀并得到有效的提高,缺点是结构比较复杂,并且上下层坐标很难通过设计来统一。

3.2.3.11 视觉传感器

视觉传感器在机电系统中的作用有:确定对象物的位置和姿态;图像识别——确定对象物的特征(识别符号、读出文字、识别物体);形状、尺寸检验——检查零件形状和尺寸方面的缺陷。

视觉信息的输入方法及输入信息的性质,对于决定随后的处理方式及识别结果有重要的作用。视觉识别系统通常将来自摄像器件的图像信号变换为计算机易于处理的数字图像作为输入,然后进行前处理,识别对象物,并且抽取所需的空间信息。图3-23所示为机器人视觉输入装置的一般结构。

视觉传感器(或景物和距离传感器)主要包括:黑白或彩色摄像机、CCD像感器、激光雷达、超声波传感器和半导体位置检测器件(Position Sensitive Device,PSD)。

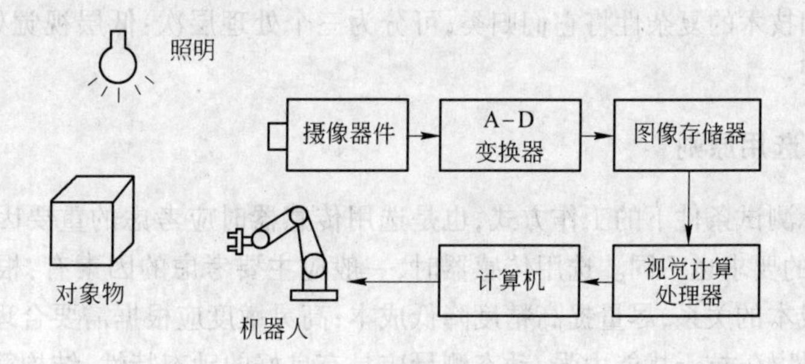

图3-23 视觉输入装置的组成

目前,彩色摄像机虽然已经很普遍,价格也不太高,但是在工业视觉系统中还常采用黑白电视摄像机,主要原因是系统只需要具有一定灰度的图像,经过处理后变成二值图像,再进行匹配和识别。它的优点是处理数据量小,处理速度快。

长期以来,人们一直使用摄像管式摄像机。自从1963年发明半导体摄像器件以及1969年发明CCD以来,随着半导体工艺技术的进步,这些器件已经进入了真正的实用时期。半导体摄像器件的特点是各像素有正确的地址,工作电压和功率低,便于小型化,没有残像。现在已有68万像素以上的实用化NTSC制式摄像机器件,代表性的半导体摄像器件有CCD型和MOS型。CCD器件中,隔行扫描方式(IT)和帧传送方式(FT)都已实用化。

半导体位置检测器件因不进行扫描,无法得到输入图像的灰度信息,可用于获得发光体目标等的位置信息。图3-24所示为PSD的电极配置和等价电路。当有入射光时,成对配置的x轴电极和y轴电极通过的电流与光源到电极的距离成反比,检测出电流值并进行运算,就能测得二维入射位置。半导体位置检测器件也用于聚光束扫描,输入距离信息的场合。

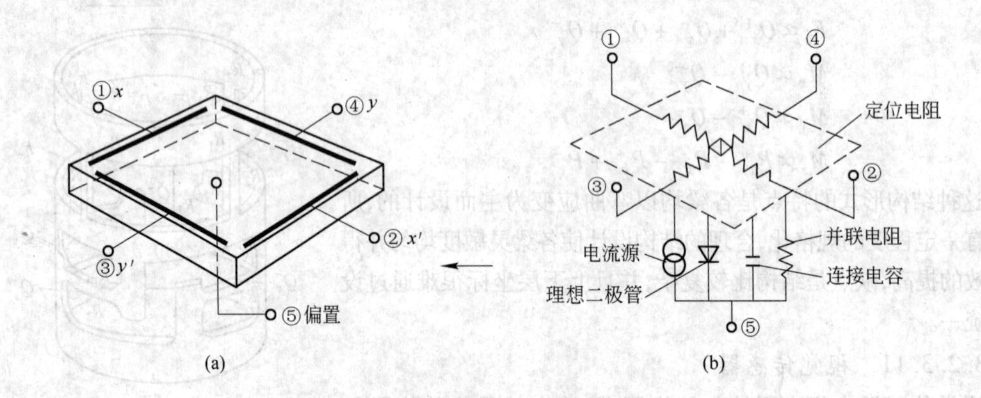

图3-24　半导体位置检测器件
(a) 电极的配置;(b) 等价电路

A-D变换器是将图像的模拟信号经过量化后得到数字图像信号的装置。图像的灰度信息一般采用8位二进制数描述。目前采样频率超过高质量电视采样频率74 MHz的A-D变换器已实用化。通常的DRAM因存取时间过长不适用于作图像存储器,被广泛采用的图像存储器在输入侧和输出侧都设置有高速串行输入输出端口。市场中已有一兆位容量的实用化芯片,因此用两个芯片就可以存储512×512×8位的图像信息。

视觉信息的处理可以划分为六个主要部分:感觉、处理、分割、描述、识别、解释。根据上述过程所涉及的方法和技术的复杂性将它们归类,可分为三个处理层次:低层视觉处理、中层视觉处理和高层视觉处理。

3.2.4　传感器的选用原则

传感器在实际测试条件下的工作方式,也是选用传感器时应考虑的重要因素。因为测量条件不同,对传感器的要求也不同。选用传感器时,一般应主要考虑的因素有:根据实际要求合理确定静态精度和成本的关系,尽量提高精度降低成本;高灵敏度应根据需要合理确定;工作可靠;稳定性好;抗腐蚀性好;抗干扰能力强;动态测量应具有良好的动态特性;结构简单、小巧;使用维护方便,通用性强;功耗低;等等。

传感器的选用原则可以归纳为以下几点:

(1) 传感器的灵敏度。传感器的灵敏度越高,可以感知的变化量越小,即被测量稍有微小变化时,传感器即有较大的输出。但灵敏度越高,与测量信号无关的外界噪声也越容易混入,并且噪声也会被放大。因此,对传感器往往要求有较大的信噪比。

传感器的量程范围是和灵敏度紧密相关的一个参数。当输入量增大时,除非有专门的非线性校正措施,传感器不应在非线性区域工作,更不能在饱和区域内工作。有些需在较强的噪声干扰下进行的测试工作,被测信号叠加干扰信号后也不应进入非线性区。因此,过高的灵敏度反而会影响其适用的测量范围。如果被测量是一个向量时,则传感器在被测量方向的灵敏度愈高愈好,而横向灵敏度愈小愈好;如果被测量是二维或三维向量,那么对传感器还应要求交叉灵敏度愈小愈好。

(2) 传感器的线性范围。任何传感器都有一定的线性范围,在线性范围内,输出与输入成比例关系。线性范围愈宽,则表明传感器的工作量程愈大。为了保证测量的精确度,传感器必须在线性区域内工作。例如,机械式传感器的弹性元件,其材料的弹性极限是决定测量量程的基本因素。当超过弹性极限时,将会产生非线性误差。

任何传感器都不容易保证其绝对线性,在某些情况下,在许可限度内,也可以在其近似线性区域应用。例如,变极距型电容、电感传感器,均采用在初始间隙附近的近似线性区内工作。选用时必须考虑被测物理量的变化范围,令其非线性误差在允许范围以内。

(3) 传感器的响应特性。传感器的响应特性必须在所测频率范围内尽量保持不失真。实际传感器的响应总有一些迟延,因此迟延时间越短越好。一般光电效应、压电效应等物性型传感器,响应时间小,可工作频率范围宽。而结构型,如电感、电容、磁电式传感器等,由于受到结构特性的影响,机械系统惯性的限制,其固有频率低。

在动态测量中,传感器的响应特性对测试结果有直接影响,在选用时,应充分考虑到被测物理量的变化特点(如稳态、瞬变、随机等)。

(4) 传感器的稳定性。传感器的稳定性是指经过长期使用以后,其输出特性不发生变化的性能。影响传感器稳定性的因素是时间与环境。为了保证稳定性,在选用传感器之前,应对使用环境进行调查,以选择合适的传感器类型。例如,对电阻应变式传感器,湿度会影响其绝缘性,温度会影响其零漂,长期使用会产生蠕变现象。对变极距型电容传感器,环境湿度高或有油剂浸入间隙时,会改变电容器介质的性质。光电传感器的感光表面有灰尘或水泡时,会改变感光性质。对磁电式传感器或霍尔效应元件等,当在电场、磁场中工作时,亦会带来测量误差。滑线电阻式传感器表面有灰尘时,将会引入噪声。

在有些机械自动化系统中或自动检测装置中,所用的传感器是在比较恶劣的环境下工作的,其受灰尘、油剂、温度、振动等的干扰是很严重的。这时传感器的选用,必须优先考虑稳定性因素。

(5) 传感器的精确度。传感器的精确度表示传感器的输出与被测量的对应程度。因为传感器处于测试系统的输入端,因此,传感器能否真实地反映被测量,对整个测试系统具有直接影响。

传感器的精确度也并非愈高愈好,因为还要考虑到经济性。传感器精确度愈高,价格也越昂贵,因此应从实际出发来选择。首先应了解测试目的,是定性分析还是定量分析。如果属于相对比较性的试验研究,只需获得相对比较值即可,那么对传感器的精确度要求可低些。但是对于定量分析,必须获得精确量值,因而要求传感器应有足够高的精确度。

3.3 基于 PROTEUS 的单片机系统仿真

3.3.1 概述

PROTEUS 系统包括 ISIS. EXE(电路原理图设计、电路原理仿真)、ARES. EXE(印刷电路板设计）两个主要程序，有三大基本功能。其中最为人称道的是电路原理仿真功能。它除了有普通分离器件、小规模集成器件的仿真功能以外，还具有多种带有 CPU 的可编程器件的仿真功能，如 51 系列、68 系列、PIC 系列等；具有多种总线、存储器、RS232 终端仿真功能；具有电动机、液晶显示器等特殊器件的仿真功能；对可编程器件可以灵活地外挂各种编译、编辑工具，使用非常方便；具有多种虚拟仪器帮助完成实时仿真调试，用于课堂教学也是一个非常好的演示工具；具有传输特性、频率特性、电压波动分析、噪声分析等多种图形分析工具，可以完成电路参数和可靠性分析。

PROTEUS 系统具有程序短小、安装快捷等特点，可以在电路图上用箭头显示电流方向、用颜色显示电流的大小等信息，大量的快捷图标和单独的仿真按钮使操作直观方便。

3.3.1.1 屏幕外观

整个屏幕被分成三个区域——编辑窗口、预览窗口和工具箱，如图 3－25 所示。

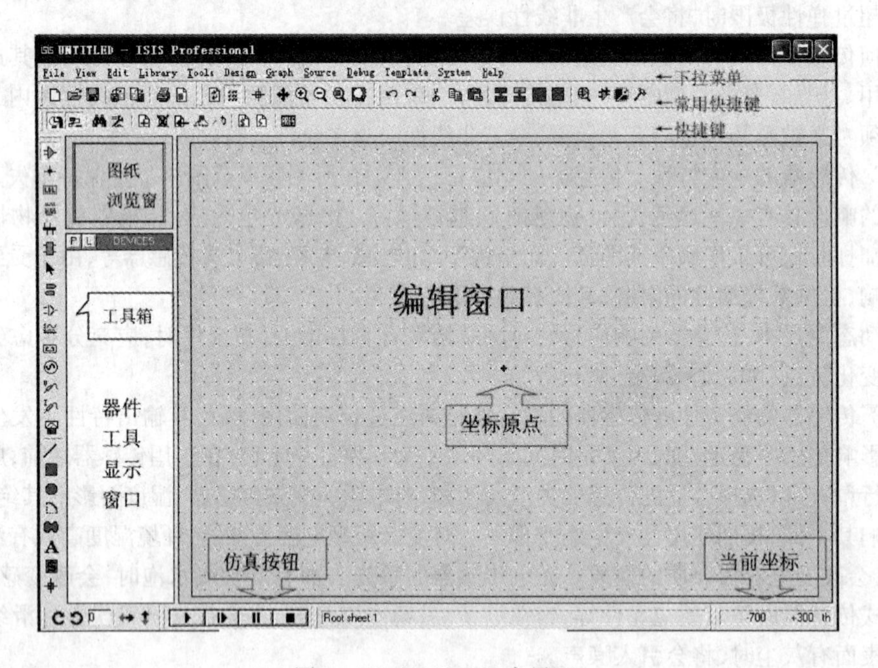

图 3－25 PROTEUS 主界面

编辑窗口显示正在编辑的原理图，预览窗口显示整个图纸布局和要放置的器件及其方向，工具箱显示选择的工具子类型或器件名称。此外，屏幕上还有工具选择按钮、虚拟仪器按钮、仿真执行按钮、器件旋转按钮、状态指示按钮、主菜单与快捷按钮图标等。

ISIS 中坐标系统和 ARES 系统坐标原点位于工作区的中间，坐标位置指示器位于屏幕的右下角，ARES 系统分辨率为 0.001 in。

3.3.1.2 文件格式

ISIS 使用了下列的文件类型：

设计文件 Design Files（＊.DSN），备份文件 Backup Files（＊.DBK），部分电路存盘文件 Section Files（＊.SEC），器件仿真模型文件 Module Files（＊.MOD），器件库文件 Library Files（＊.LIB），网络列表文件 Netlist Files（.SDF）。

3.3.1.3 主菜单

ISIS 系统的操作主菜单如图 3－26 所示，共有 12 个选项。

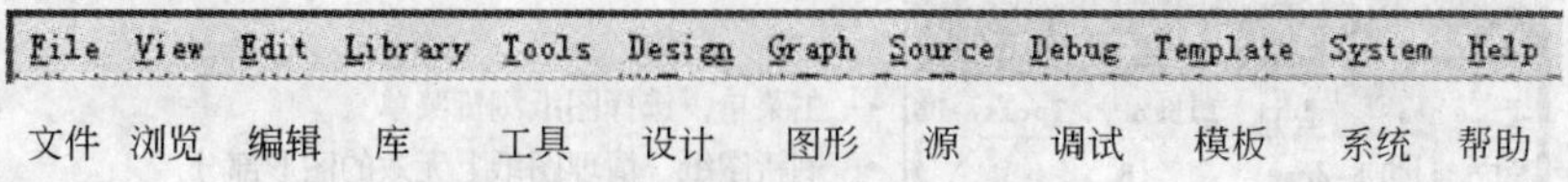

File	View	Edit	Library	Tools	Design	Graph	Source	Debug	Template	System	Help
文件	浏览	编辑	库	工具	设计	图形	源	调试	模板	系统	帮助

图 3－26 PROTEUS 界面主菜单

(1) 文件菜单。文件菜单如图 3－27 所示,包括新建、载入、保存、打印等操作。

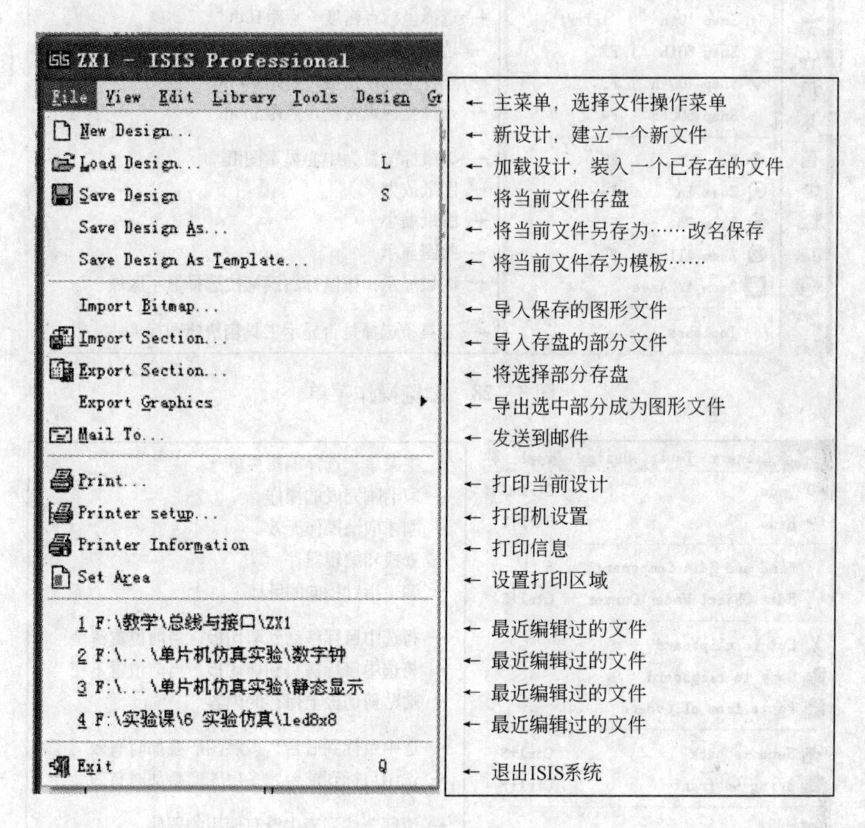

图 3－27 文件操作菜单

(2) 图纸浏览菜单。图形浏览如图 3－28 所示,包括图纸网格设置、图形刷新、坐标选择、图纸的缩放等操作。

(3) 编辑操作菜单。编辑操作菜单如图 3－29 所示,包括取消、剪切、拷贝、粘贴、器件清理等内容。

(4) 器件库操作菜单。器件库操作菜单如图 3－30 所示,提供器件封装、库编译、库管理器件的编辑功能等。

(5) 工具操作菜单。工具操作菜单如图 3－31 所示,提供自动功能,如自动添加器件的标号、自动标注器件、生成图纸的材料清单、生成网格表、电气规则检查等。

(6) 设计操作菜单。设计操作菜单的内容如图 3－32 所示,主要包括属性编辑、添加和删除图纸、电源配置等操作。

(7) 图形操作菜单。图形操作菜单如图 3－33 所示,包括传输特性、频率特性分析菜单、编辑图形、添加曲线、分析运行等操作。

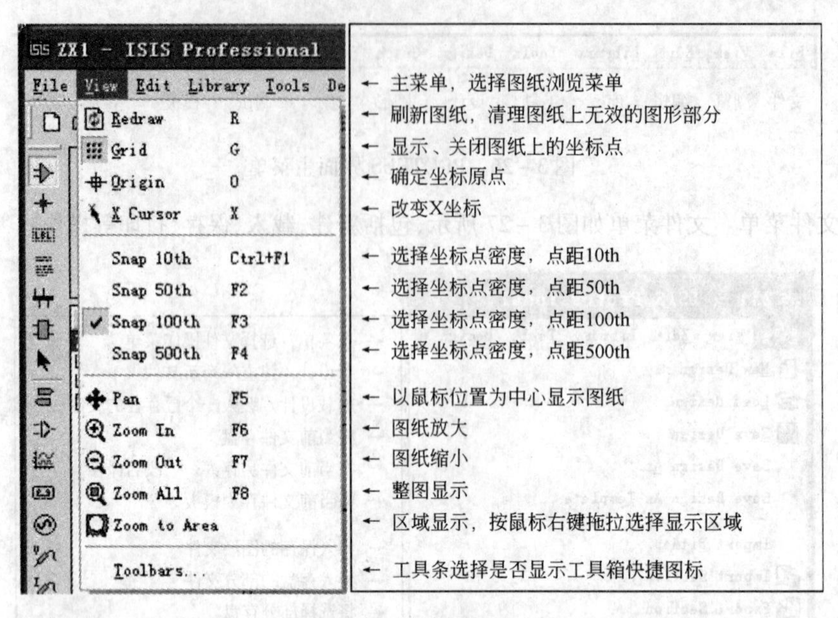

图 3 – 28　浏览操作菜单

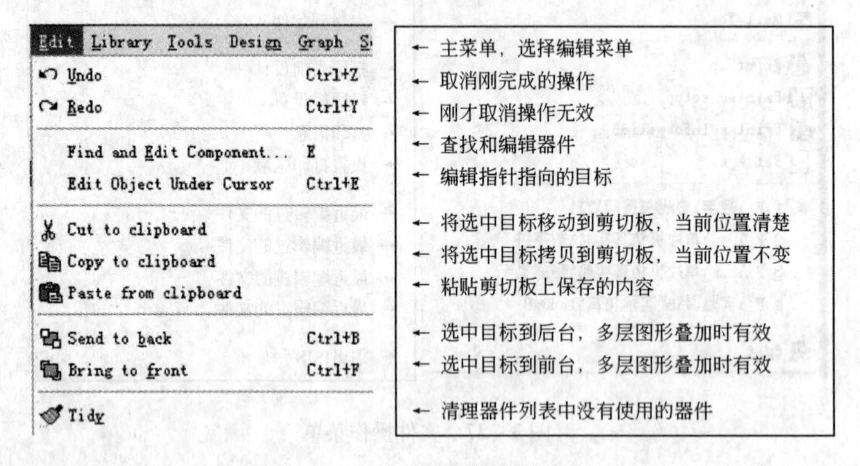

图 3 – 29　编辑操作菜单

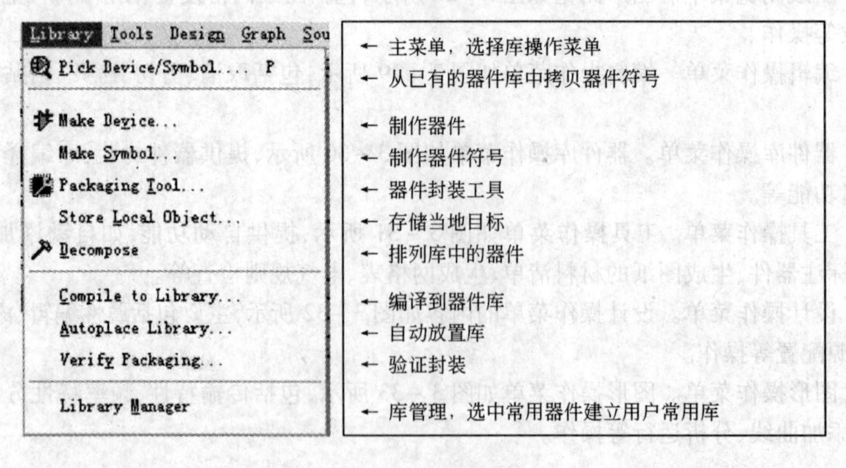

图 3 – 30　库操作菜单

Tools Design Graph Source Debug Templa		← 主菜单，选择工具菜单
Real Time Annotation	Ctrl+N	← 实时标注，当放置器件时自动产生标号
Real Time Snap	Ctrl+S	← 图纸实时移动
Wire Auto Router	W	← 自动放线，鼠标移动到引脚点击连线
Search and Tag...	T	← 搜索目标
Property Assignment Tool...	A	← 属性编辑工具
Global Annotator...		← 全程标注，多张图纸统一编号
ASCII Data Import...		← ASCII 数据导入
Bill of Materials	▸	← 材料清单
Electrical Rule Check...		← 电气规则检查
Netlist Compiler...		← 生成网络表
Model Compiler...		← 模式编辑
Netlist to ARES	Alt+A	← 网络表到电路板图
Backannotate from ARES		← 从电路板返回标注

图 3-31 工具操作菜单

Design Graph Source Debug Template S		← 主菜单，选择设计菜单
Edit Design Properties...		← 编辑设计属性
Edit Sheet Properties...		← 编辑图纸属性
Edit Design Notes...		← 编辑设计说明
Configure Power Rails...		← 配置电源隐含值
New Sheet		← 添加一张新图纸
Remove Sheet		← 删除当前图纸
Goto Sheet...		← 转到选择图纸
Previous Sheet	Page-Up	← 转到前一张图纸
Next Sheet	Page-Down	← 转到下一张图纸
Zoom to Child	Ctrl+C	← 进入子图纸
Exit to Parent	Ctrl+X	← 返回父图纸
1. Root sheet 1	1	← 图纸列表
2. Root sheet 2	2	

图 3-32 设计操作菜单

Graph Source Debug Template System Help		← 主菜单，仿真图形选择菜单
Edit Graph...		← 编辑图形
Add Trace...	Ctrl+A	← 添加曲线
Simulate Graph	Space	← 获取模拟曲线
View Log	Ctrl+V	← 浏览进程
Export Data		← 导出数据
Restore	Esc	← 恢复
Conformance Analysis (All Graphs)		← 图形分析
Batch Mode Conformance Analysis...		← 批模式图形分析

图 3-33 图形操作菜单

（8）可编程器件源文件操作菜单。可编程器件源文件操作菜单如图 3－34 所示，主要包括选择可编程器件的源文件、编译工具、外部编辑器、建立目标文件等。

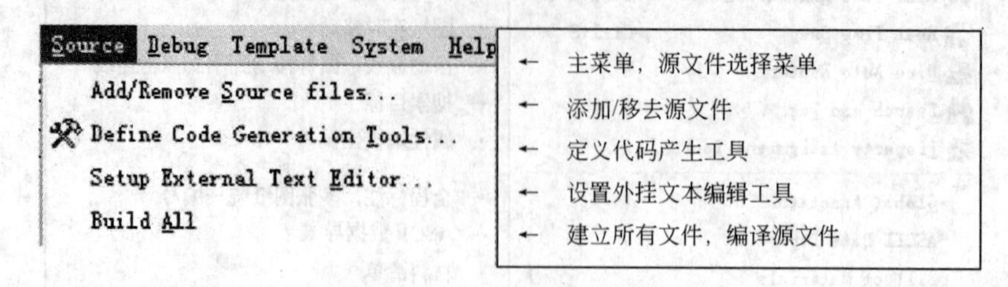

图 3－34　可编程器件源文件操作菜单

（9）调试操作菜单。调试操作菜单如图 3－35 所示，主要包括启动调试、复位显示窗口等。

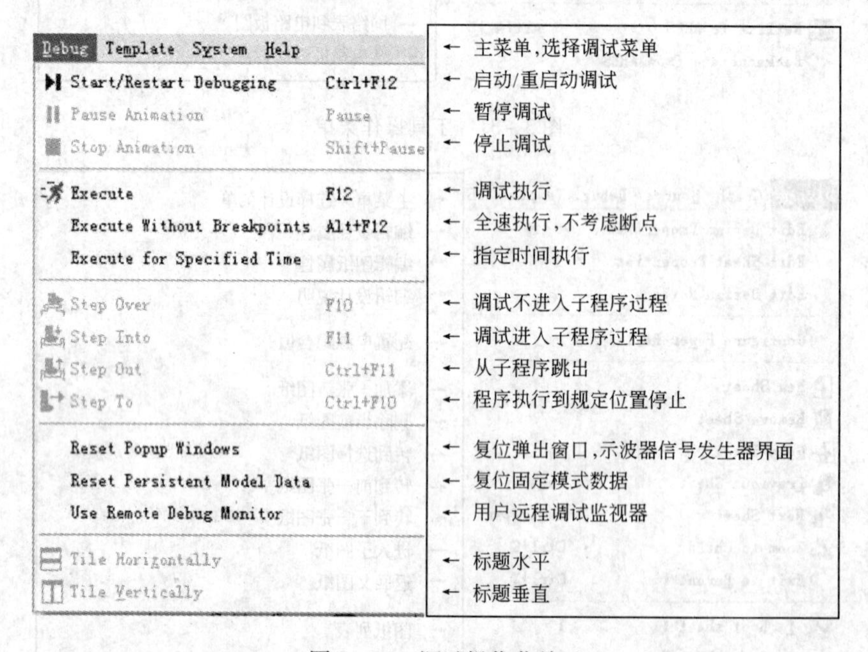

图 3－35　调试操作菜单

（10）模板操作菜单。模板操作菜单如图 3－36 所示，主要包括设置模板格式、加载模板等。

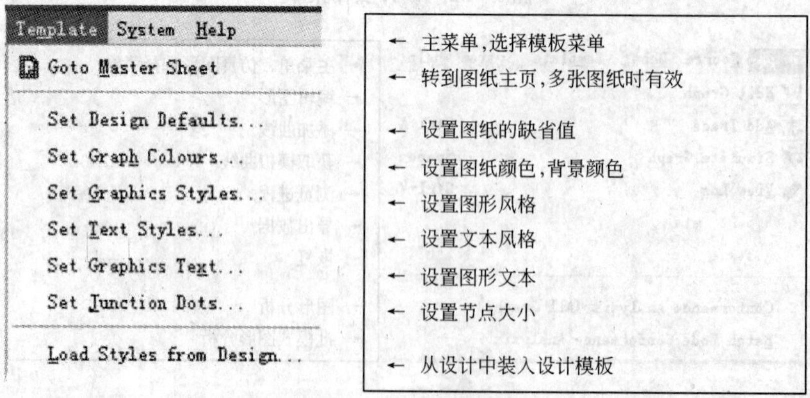

图 3－36　模板操作菜单

(11) 系统信息操作菜单。系统信息操作菜单如图 3 - 37 所示,包括设置运行环境、系统信息、文件路径等。

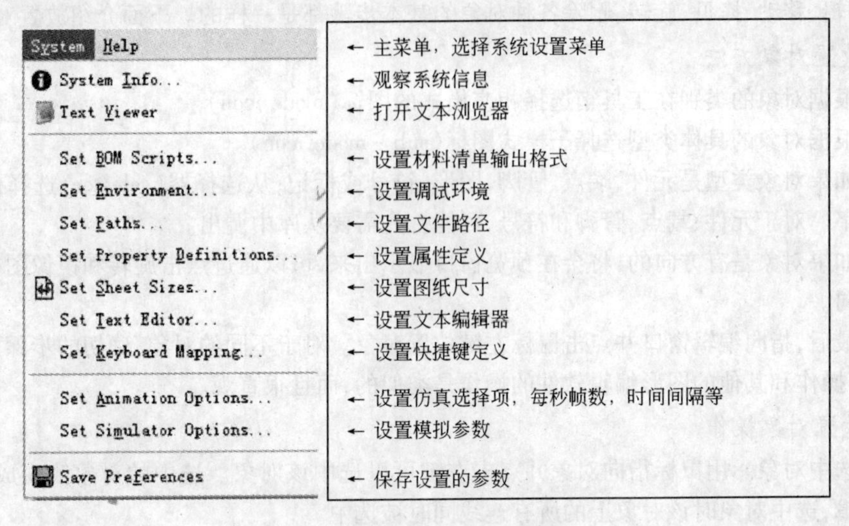

图 3 - 37 系统信息操作菜单

(12) 帮助操作菜单。帮助操作菜单如图 3 - 38 所示,包括打开帮助文件、设计实例、版本信息等。

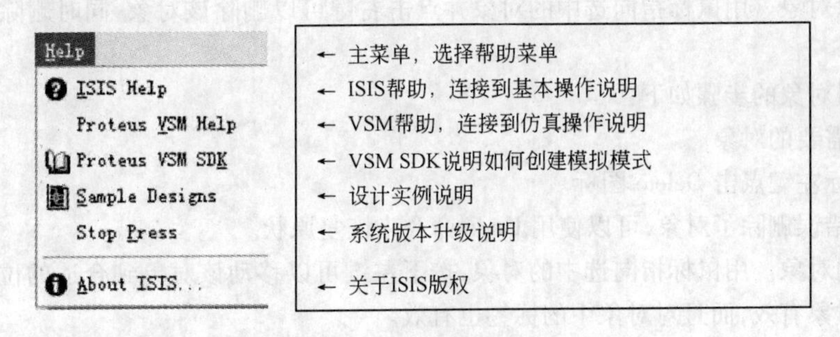

图 3 - 38 帮助操作菜单

3.3.2 电路原理图设计

电路原理图是由电子器件符号和连接导线组成的图形,图中器件有编号、名称、参数等属性,连接导线有名称、连接的器件引脚等属性。电路原理图的设计就是放置器件并把相应的器件引脚用导线连接起来,并修改器件和导线的属性。

3.3.2.1 建立设计文件

打开 ISIS 系统,选择文件菜单中的新建,打开图纸选择窗口,选择合适的图纸类型,确认后自动建立一个缺省标题(UNTITLED)的文件,再选择文件菜单的另存为,建立自己名称的设计文档。

当创建新的一页时,无论是使用缺省的首页,还是用 Design 菜单中的 New Sheet 命令,页面的大小总是由 System 菜单的 Set Sheet Sizes 的设置决定。页面的扩展部分不会在实际单独打印输出纸张上显示出来。

3.3.2.2　放置对象

ISIS 支持多种类型的对象。器件、电源、仪表等在设计过程中都是操作对象,虽然类型不同,但放置、编辑、移动、拷贝、旋转、删除各种对象的基本步骤都是一样的。下面介绍放置对象方法。

A　放置对象方法

(1) 根据对象的类别在工具箱选择相应模式的图标(mode icon)。

(2) 根据对象的具体类型选择子模式图标(sub - mode icon)。

(3) 如果对象类型是元件、端点、管脚、图形、符号或标记,从选择器(selector)选择你想要的对象的名字。对于元件、端点、管脚和符号,可能首先需要从库中调出。

(4) 如果对象是有方向的,将会在预览窗口显示出来,可以通过点击旋转和镜像图标来调整对象的朝向。

(5) 最后,指向编辑窗口并点击鼠标左键放置对象。对于不同的对象,确切的步骤可能略有不同,但其操作和其他的图形编辑软件的操作是类似的,而且很直观。

B　放置对象操作

(1) 选中对象。用鼠标指向对象并点击右键可以选中该对象。选中的对象改变成红色,可以进行编辑,选中对象时该对象上的所有连线同时被选中。

要选中一组对象,可以通过依次在每个对象右击,也可以通过右键拖一个选择框,但只有完全位于选择框内的对象才可以被选中。

在空白处点击鼠标右键取消所有对象的选择。

(2) 删除对象。用鼠标指向选中的对象并点击右键可以删除该对象,同时删除该对象的所有连线。

删除一组对象的步骤如下:

1) 选中需要的对象。

2) 用鼠标左键点击 Delete 图标。

3) 如果错误删除了对象,可以使用 Undo 命令来恢复原状。

(3) 移动对象。用鼠标指向选中的对象,按下左键可以移动该对象到合适的位置。该方式不仅对整个对象有效,而且对对象中的标签也有效。

如果自动画线功能被打开,移动对象时所有的连线将会重新排布。如果误移动一个对象,所有的连线都变成了一团糟,可以使用 Undo 命令撤销操作,恢复原来的状态。

移动一组对象的步骤如下:

1) 选中需要的对象。

2) 把轮廓移到需要的位置,点击鼠标左键放置。

可以使用块移动的方式来移动一组导线,而不移动任何对象。

(4) 移动对象标签

许多类型的对象有一个或多个属性标签。例如,每个元件有一个"reference"标签和一个"value"标签,可以很容易地移动这些标签,使电路看起来更美观。

移动标签的步骤如下:

1) 选中要改变的对象。

2) 用鼠标指向标签,按下鼠标左键。

3) 移动标签到需要的位置。如果想要定位的更精确的话,可以在移动时改变捕捉的精度(使用 F4、F2、Ctrl + F1 键)。

4）释放鼠标。

5）调整对象大小。子电路(Sub - circuits)、图表、线、框和圆的大小可以调整。当选中这些对象时,对象周围会出现被称为“手柄”的白色小方块,可以通过拖动这些“手柄”来调整对象的大小。在拖动过程中手柄会消失以便不和对象的显示混叠。

(5) 调整对象的朝向。许多类型的对象可以调整朝向为 0°、90°、270°、360°或通过 X 轴、Y 轴镜像。当该类型的对象被选中后,转动和镜像图标(在界面的左下角)会从蓝色变为红色,此时就可以改变对象的朝向。

调整对象朝向的步骤如下:

1）选中对象。

2）用鼠标左键点击 Rotation 图标可以使用对象逆时针旋转,用鼠标右键点击 Rotation 图标可以使对象顺时针旋转。

3）用鼠标左键点击 Mirror 图标可以使对象按 X 轴镜像,用鼠标右键点击 Mirror 图标可以使对象按 Y 轴镜像。

(6) 编辑对象。许多对象具有图形或文本属性,这些属性可以通过一个对话框进行编辑,这是一种很常见的操作,有多种实现方式。

1）编辑单个对象的步骤如下:

① 选中对象。

② 用鼠标左键点击对象。

2）编辑连续多个对象的步骤如下:

① 选择属性分配工具图标。

② 设置属性值。

③ 用“#”可以替代数字并自动按增量增加。

④ 依次用鼠标左键点击各个对象。

3）以特定的编辑模式编辑对象的步骤如下:

① 指向对象。

② 使用键盘 Ctrl + E。对于文本脚本来说,这将启动外部的文本编辑器。如果鼠标没有指向任何对象的话,该命令对当前的图进行编辑。

4）通过元件的名称编辑元件的步骤如下:

① 键入 E。

② 在弹出的对话框中输入元件的名称(part ID)。

确定后将会弹出该项目中所有元件的编辑对话框,并非只限于当前 sheet 的元件。编辑完后,画面将会以该元件为中心重新显示。你可以通过该方式来定位一个元件,即使不对其进行编辑。

(7) 编辑对象标签。元件、端点、线和总线标签都可以像元件一样编辑。

编辑单个对象标签的步骤如下:

1）选中对象标签。

2）用鼠标左键点击对象。

(8) 拷贝。拷贝整块电路的步骤如下:

1）选中需要的对象。

2）用鼠标左键点击 Copy 图标。

3）把拷贝的轮廓拖到需要的位置,点击鼠标左键放置拷贝。

4）重复步骤3放置多个拷贝。

5）点击鼠标右键结束。

当一组元件被拷贝后，它们的标注自动重置为随机态，为下一步的自动标注做准备，防止出现重复的元件标注。

3.3.2.3　放置器件对象

器件是电路设计的主体，是对象的一种。点击工具箱左上角的“P”按钮，弹出“Pick Devices”界面。在Keyword窗口填上器件名称，可以自动搜索到所要的器件；或者在种类窗口（Category）选择器件类型库，在子种类窗口（Sub－Category）选择器件系列，再从Results窗口选择具体器件。双击器件名称将进入工具箱中。表3－1为主要器件类型库的中英文对照表。

注意右边的两个Preview窗口可以看到选择器件的原理图符号和PCB封装形式，如原理图窗显示No Simulator Model的器件，就不能仿真调试。

表3－1　器件类型库名称

英文名称	中文名称	英文名称	中文名称
Analog ICs	模拟集成电路库	Modeling Primitives	简单模型库
Capacitors	电容库	Operational Amplifiers	运算放大器库
CMOS 4000 Series	CMOS 4000系列库	Optoelectronics	光电器件
Connectors	连接器 插头插座库	PLDs & FPGA	可编程逻辑器件
DataConverters	数据转换库	Resistors	电阻
Debugging Tools	调试工具库	Simularor Primitives	简单模拟器件
Diodes	二极管库	Speakers & Sounders	扬声器和音响器件
ECL 10000 Series	ECL 10000系列库	Switches & Relays	开关和继电器
Electromechanical	电动机库	Switching & Devices	开关器件
Inductors	电感库	Thermionic Valves	热电子器件
Laplace Primitives	拉普拉斯变换库	Transistors	晶体管
Memory ICs	存储器库	TTL 74 Series	TTL 74系列器件
Microprocessor ICs	微处理器库	TTL 74LS Series	TTL 74LS系列器件
Miscellaneous	其他混合类型库		

3.3.2.4　放置连线

（1）画线。由于ISIS智能化的原因，将会在画线的时候进行自动检测，所以这里没有画线的按钮图标。

在两个对象间连线的步骤为：

1）左击第一个对象连接点。

2）如果想让ISIS自动定出走线路径，只需左击另一个连接点。如果想自己决定走线路径，只需在想要的拐点处点击鼠标左键。

(2) 重复布线。当连接了一条线后，将鼠标移动到另一个器件引脚，双击就可以画出同样的一条线。

(3) 拖线。如果拖动线的一角，那该角就随着鼠标指针移动。当鼠标指向一个线段的中间或两端时，会出现一个角，此时可以拖动。也可使用块移动命令来移动线段或线段组。

3.3.2.5 对象类型选择图标

选择原理图对象的放置类型，如图3－39所示。

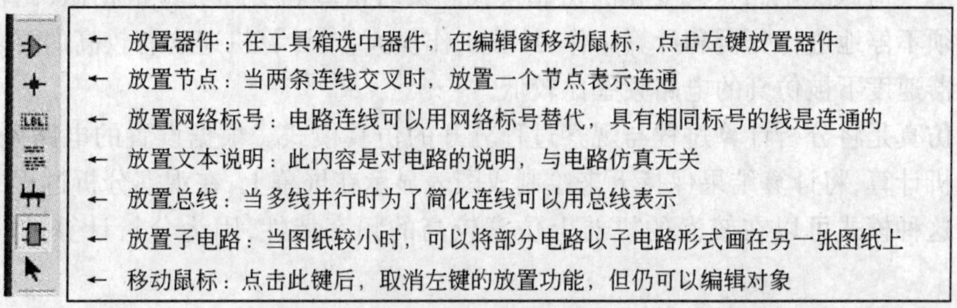

← 放置器件：在工具箱选中器件，在编辑窗移动鼠标，点击左键放置器件
← 放置节点：当两条连线交叉时，放置一个节点表示连通
← 放置网络标号：电路连线可以用网络标号替代，具有相同标号的线是连通的
← 放置文本说明：此内容是对电路的说明，与电路仿真无关
← 放置总线：当多线并行时为了简化连线可以用总线表示
← 放置子电路：当图纸较小时，可以将部分电路以子电路形式画在另一张图纸上
← 移动鼠标：点击此键后，取消左键的放置功能，但仍可以编辑对象

图3－39 放置对象类型选择图标

3.3.2.6 调试工具选择图标

选择放置仿真调试工具，如图3－40所示。

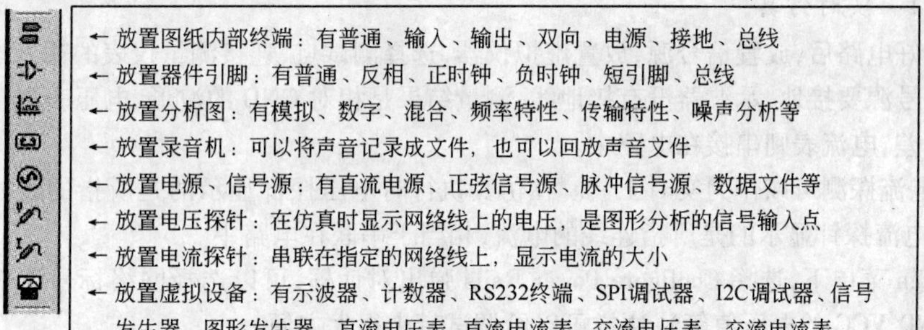

← 放置图纸内部终端：有普通、输入、输出、双向、电源、接地、总线
← 放置器件引脚：有普通、反相、正时钟、负时钟、短引脚、总线
← 放置分析图：有模拟、数字、混合、频率特性、传输特性、噪声分析等
← 放置录音机：可以将声音记录成文件，也可以回放声音文件
← 放置电源、信号源：有直流电源、正弦信号源、脉冲信号源、数据文件等
← 放置电压探针：在仿真时显示网络线上的电压，是图形分析的信号输入点
← 放置电流探针：串联在指定的网络线上，显示电流的大小
← 放置虚拟设备：有示波器、计数器、RS232终端、SPI调试器、I2C调试器、信号发生器、图形发生器、直流电压表、直流电流表、交流电压表、交流电流表

图3－40 调试工具选择图标

3.3.2.7 图形工具选择图标

图形放置对象类型如图3－41所示。选择原理图图形对象的放置类型，此项放置的对象无电器特性，在仿真时不考虑。

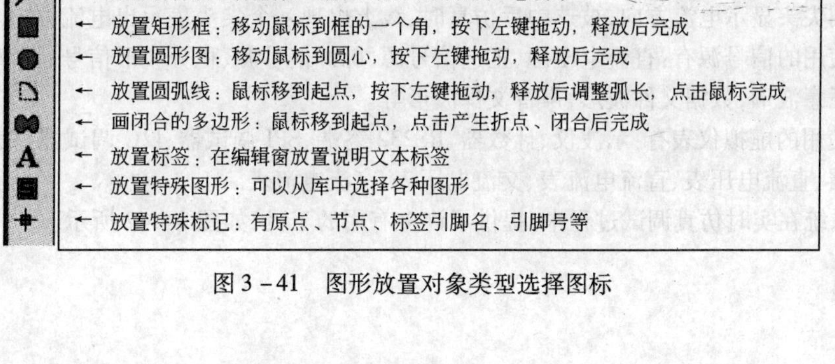

← 放置各种线：有器件、引脚、端口、图形线、总线等
← 放置矩形框：移动鼠标到框的一个角，按下左键拖动，释放后完成
← 放置圆形图：移动鼠标到圆心，按下左键拖动，释放后完成
← 放置圆弧线：鼠标移到起点，按下左键拖动，释放后调整弧长，点击鼠标完成
← 画闭合的多边形：鼠标移到起点，点击产生折点、闭合后完成
← 放置标签：在编辑窗放置说明文本标签

← 放置特殊图形：可以从库中选择各种图形
← 放置特殊标记：有原点、节点、标签引脚名、引脚号等

图3－41 图形放置对象类型选择图标

3.3.3　电路仿真实验

仿真是利用电子器件的数学模型,通过计算和分析来表现电路工作状态的一种手段。它具有成本低、设计调试周期短、避免器件浪费等优点,特别适合于实验教学,可以在较短的时间内让学生掌握更多的知识。

仿真的真实程度取决于器件模拟的逼真程度,一个好的仿真系统虽不能完全替代实际器件的实验,但对实际电路的设计调试是很有帮助的。

仿真分为实时仿真和非实时仿真。实时仿真是利用虚拟仪器(如信号发生器、示波器、电压表、电流表等)实时跟踪电路状态变化的仿真模式。实时仿真和实际实验很相似,比较真实。但这种模式必须不停地进行分析和计算工作,计算工作量大,对计算机速度有较高的要求,或者说,在同样的机器速度下被仿真的电路频率比较低。

非实时仿真是将分析计算过程与观察过程分开的仿真模式。根据设置的电路条件,首先对电路进行分析计算,将计算结果保持下来绘制成图表显示在屏幕上,在观察分析过程中不再进行计算工作。这种模式可以在较慢的机器上仿真较高的频率特性,因为分析计算的时间可以被拉长。

数字电路的仿真和模拟电路的仿真有很大的不同。数字逻辑电路仿真只在时钟变换时捕捉电路的状态,对信号过冲、信号变形可忽略不考虑,计算工作量大大减少。模拟电路在每个信号周期内都要进行很多次的计算和分析,所以计算工作量很大。每个周期的计算点数是可以设置的,不要设置得太多。

3.3.3.1　实时仿真

在设计好电路后,放置信号源,放置虚拟仪器,选择测试点,连接测量仪表的输入端到被测点上。注意信号源要接地,示波器没有接地线,测量结果是相对 GND 的波形,电压表测量的是两条线之间电位差,电流表则串接在电路中。

电压、电流探测可以作为实时工具。在仿真执行时电压探针显示的是所指的线相对于地线 GND 的值,电流探针显示的是所指连线的电流,相当于串联在电路中。

在 Design 菜单下,选择 Configure Power Rails 弹出对话框,可以选择网络标号所对应的电压(如设置 GND VCC 的电压值等),这样可以给调试带来很大方便。

在 System 菜单下,选择 Set Animation Options 弹出对话框,在 Animation 栏中有四个选项:

(1) 在探针上显示电压和电流。

(2) 显示引脚逻辑状态,被选中后在仿真时数字电路引脚上会出现一个小方块,表示当前的逻辑状态,蓝色表示低电平“0”,红色表示高电平“1”。

(3) 用颜色显示电压值,被选中后仿真时用线颜色表示出电压的高低,浅绿色表示低电压,深红色表示高电压。

(4) 用尖头显示电流方向,被选中后仿真时,线上出现一个尖头表示出电流方向。

可以使用的信号源有:直流电压源、正选信号源、脉冲信号源、积分波形信号、频率调制信号、手工勾画任意波形,数据文件波形,声音文件波形等。

可以使用的虚拟仪表有:示波仪、计数器、RS232 终端、SPI 调试器、I2C 调试器、信号发生器、图形发生器、直流电压表、直流电流表、交流电压表、交流电流表。

ISIS 系统在实时仿真调试过程中,提供了许多有用的工具,如图 3-42 所示。

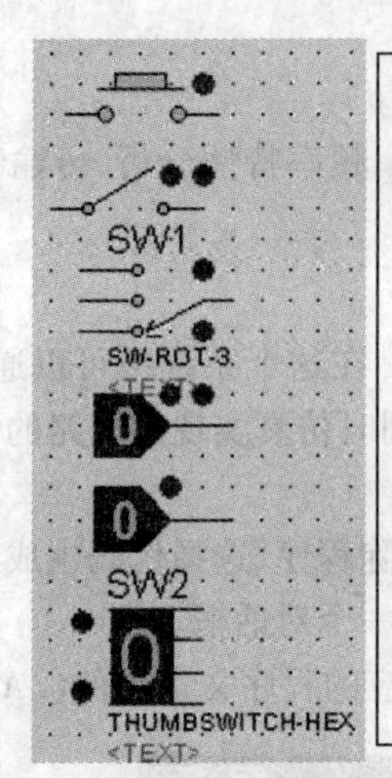

←复位开关，鼠标点击接通，放开鼠标开关断开
在开关和继电器 (Switching & Relays)库中
←乒乓开关，点击接通，再点击断开
在开关和继电器 (Switching & Relays)库中
←多状态开关，点击一次改变一个状态
在开关和继电器 (Switching & Relays)库中
←逻辑数据，点击一次改变状态，启动前可设置常态
在调试工具(Debugging tools)库中
←逻辑脉冲，点击一次输出一个脉冲，启动前可设置常态
在调试工具(Debugging tools)库中
←逻辑数据产生器，有 BCD 码和HEX 两种
在调试工具(Debugging tools)库中

图 3-42 仿真工具

状态检测与断点工具的功能如图 3-43 所示。

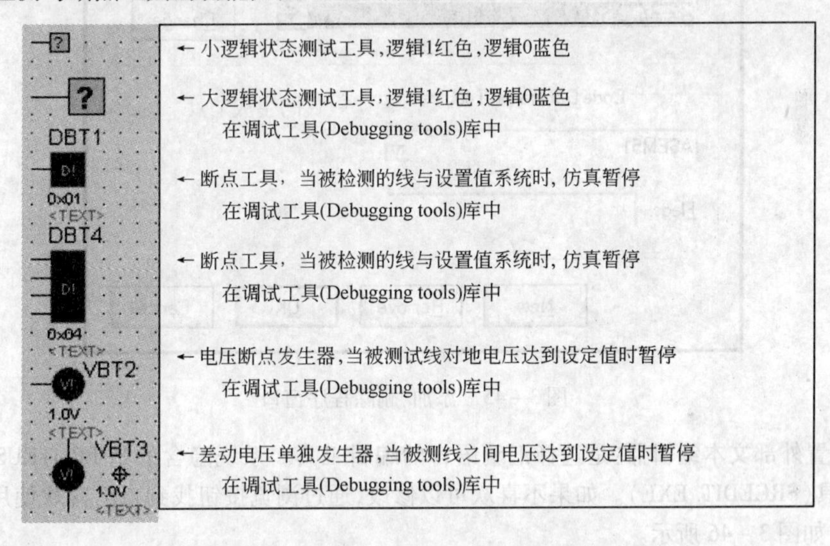

图 3-43 状态检测工具与断点工具

阵列式键盘如图 3-44 所示,用来和单片机等可编程器件的连接,通过行或列扫描,获得键的位置数据,数据值与键盘上的数字无关。

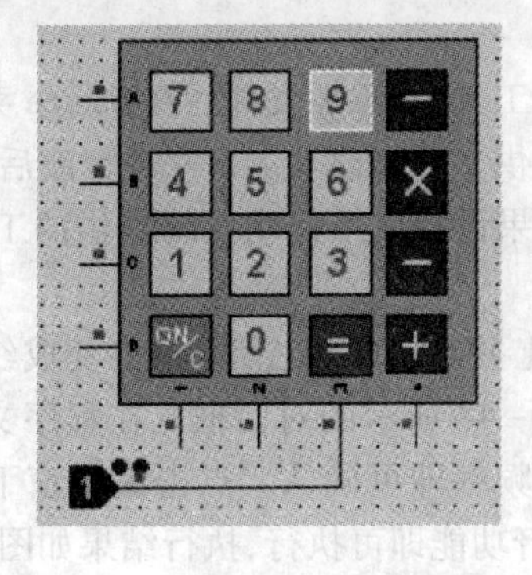
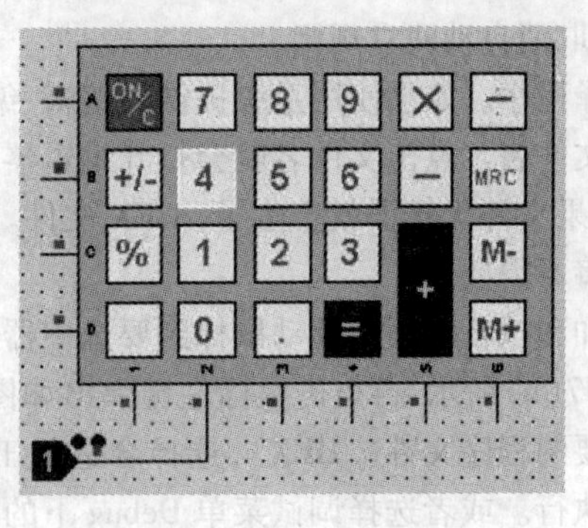

图 3-44 阵列式键盘

3.3.3.2　非实时仿真

非实时仿真有模拟波形分析、数字波形分析、混合波形分析、频率特性分析、传输特性分析、噪声分析、失真分析、傅里叶分析、音频分析等。

3.3.3.3　微处理器仿真

能够对微处理器进行仿真是 PROTEUS 系统最突出的特点。在这个系统中可以通过仿真方式在计算机上执行各种微处理器的指令，与所连接的接口电路同时仿真实现对电路的快速调试。对微处理器程序的处理分以下几个步骤。

（1）添加程序。打开主菜单的 Source 菜单，其中有添加/删除程序、选择代码生成工具、设置外部文本编辑器、建立所有文件四个选项，其中前三项都会弹出一个对话框。

1）添加/删除程序：如图 3－45 所示，选择与被调试电路对应的程序文本文件（. ASM）。

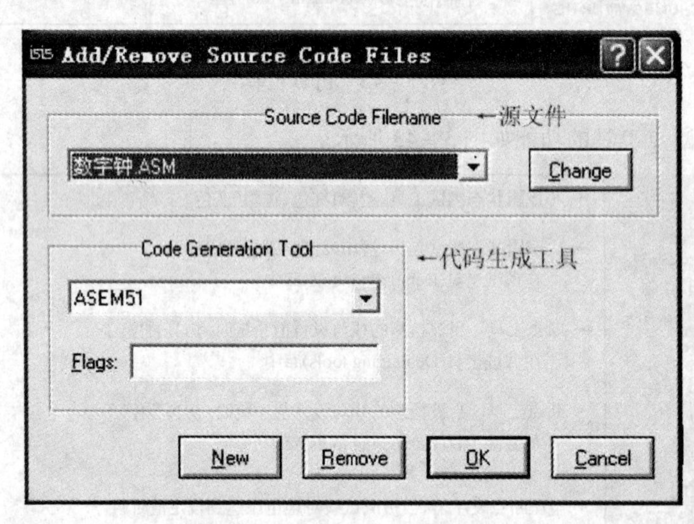

图 3－45　添加/删除程序窗口

2）设置外部文本编辑器：是选择汇编语言的编辑工具。系统隐含的是 PROTEUS 系统自带的一个工具（SRCEDIT. EXE）。如果不喜欢可以修改，通过浏览按钮找到自己喜欢使用的文本编辑器工具，如图 3－46 所示。

3）定义代码编译工具：根据微处理器的语言类型不同选择合适的编译系统，当按下建立所有的选项后，利用这个工具将汇编语言文本文件翻译成机器代码（. HEX）文件，如图 3－47（a）所示。如果不使用该系统提供的编译、编辑工具，可以在定义代码编译工具的对话窗口中将左下角的选项选中，取消自动建立规则。

（2）编译程序。如果使用系统提供的编辑、编译工具，当添加文件后在 Source 菜单下就会出现所选择的文件名。点击文件名就会打开编辑器，提供文件修改功能。完成修改后，选择建立所有的选项，如果文件无错误就产生了 . HEX 文件。如果设置成不使用系统提供的工具，Source 下的所有功能将不需要。

（3）添加和执行程序。移动鼠标到要选中器件上并点击鼠标左键，器件变成红色表示被选中，如图 3－47（b）所示，再点击鼠标左键弹出如图 3－48 所示的对话框。在程序文件下选择微处理器所需要的程序文件（. HEX），选择合适的工作频率即可确认。点击编辑窗下边的仿真按钮程序便可执行。或者选择调试菜单 Debug 下的执行功能即可执行，执行结果如图 3－49 所示。

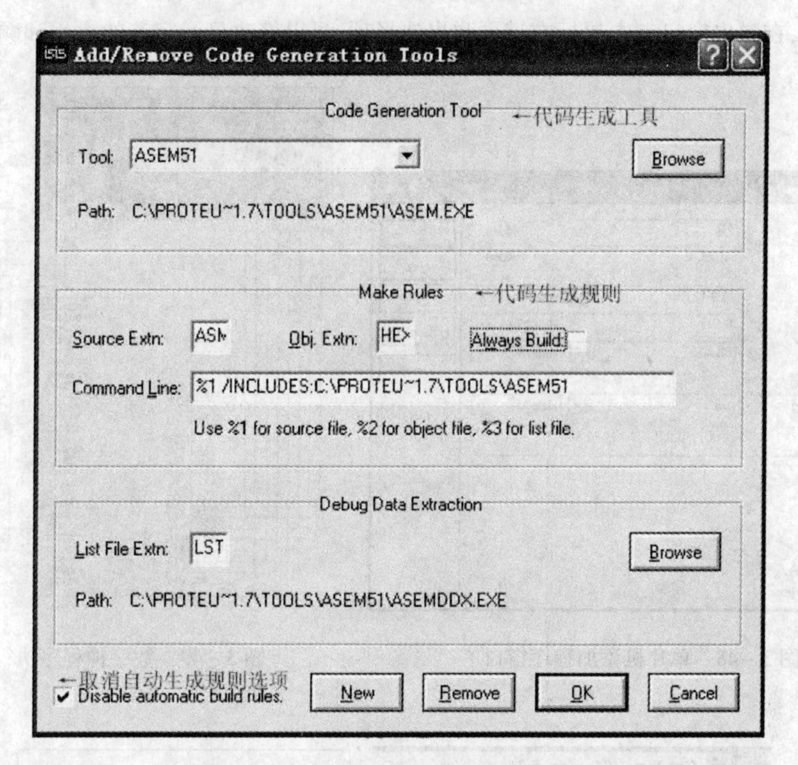

图 3－46　设置外部文本编辑器窗口

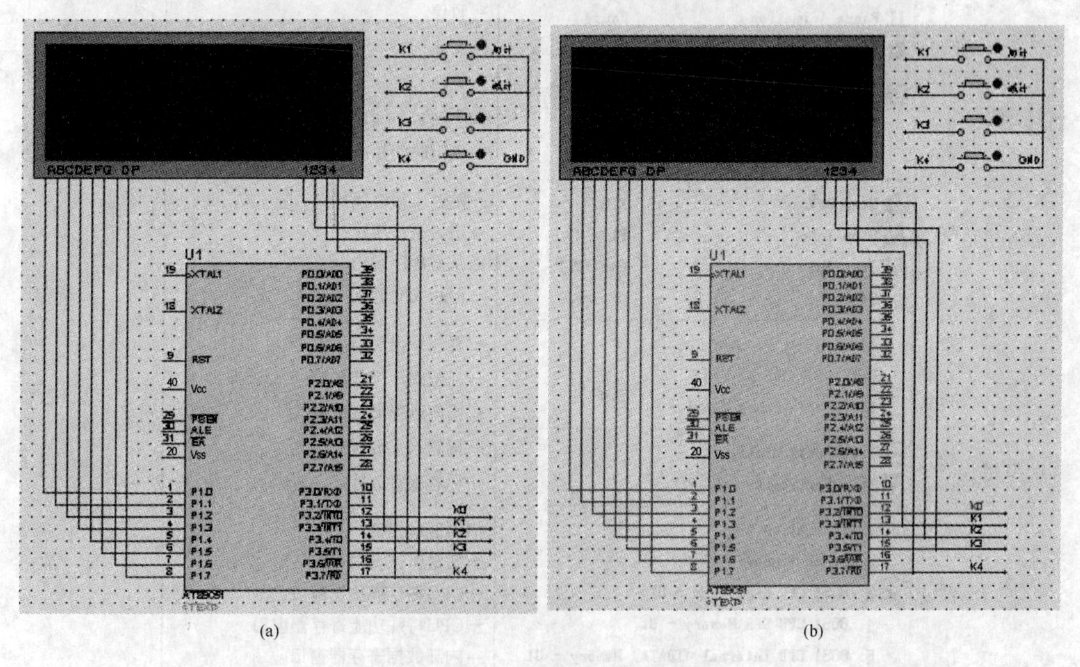

图 3－47　单片机数字钟电路

（4）观察 MCU 内部状态。在程序执行后，点击暂停按钮，打开 Debug 菜单，出现几个窗口选项，如图 3－50 所示。在对应项前点击鼠标左键即可弹出相应窗口，方便程序的调试。在调试菜单下的指定执行时间，可以弹出窗口设置每次单步执行的时间。弹出的监视窗口的字体比较小，如果不喜欢,在弹出窗口点击鼠标右键再弹出选择项,可以修改显示字符的大小和颜色。

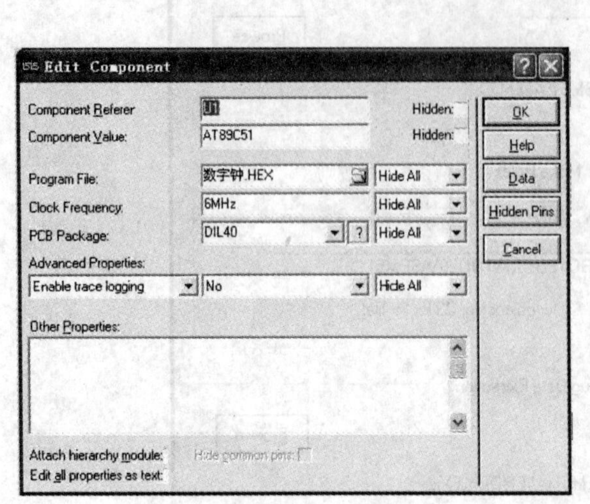

图 3－48　单片机添加程序窗口

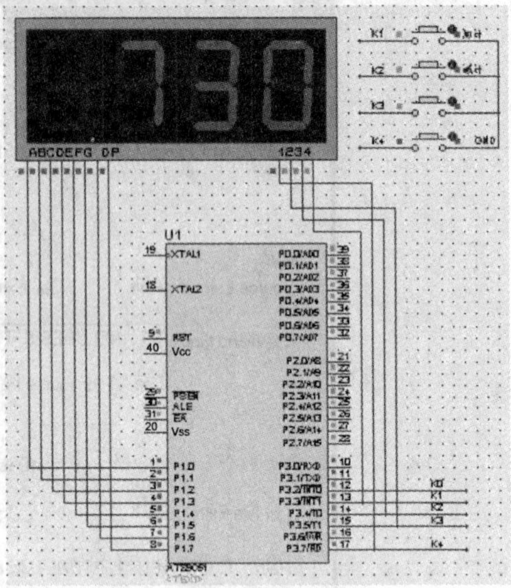

图 3－49　数字钟程序执行结果

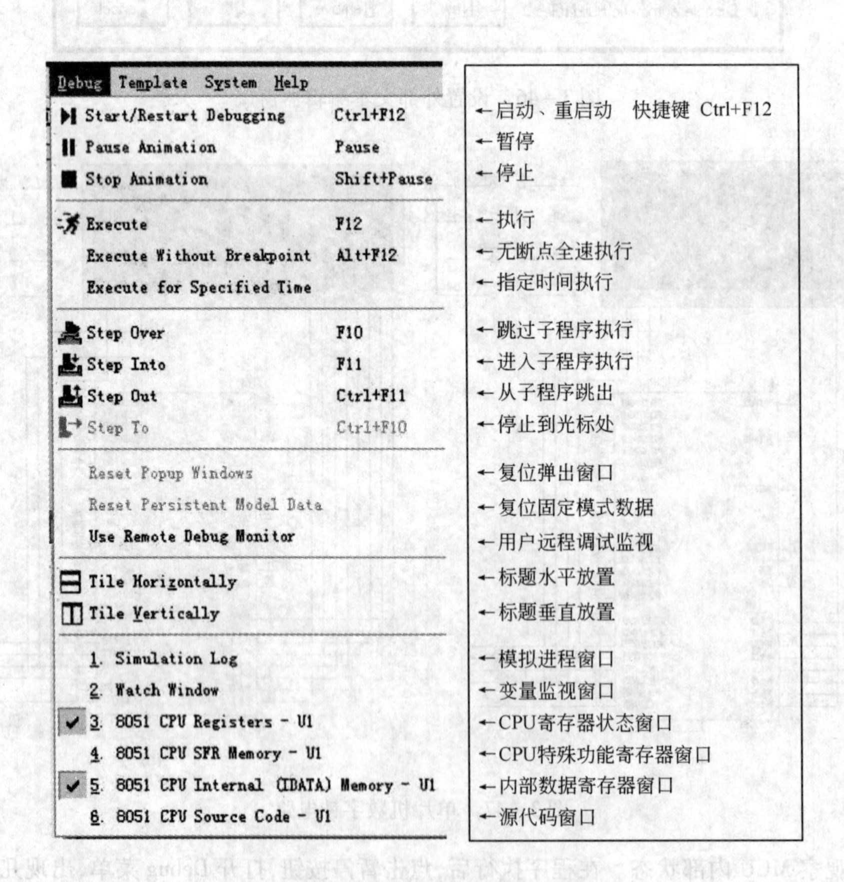

图 3－50　Debug 调试菜单选项

3.4　可编程序控制器

3.4.1　CPU224XP 及编程软件认识实验

（1）实验目的：

1）熟悉 S7－200 系列 CPU224XP 模块。

2）练习并掌握编程软件的使用。

3）练习 PLC 外部输入输出接线方法。

（2）认识 CPU224XP 模块：

S7－200 系列的 CPU 模块外形结构如图 3－51 所示。CPU 模块内部集成了电源、数字量输入输出、模拟量输入输出等多种接口。上部端子排包括输出和电源接口。下部端子排为输入接口，在面板上有 I/O 指示灯显示数字 I/O 的接通或断开状态。右部可掀起的盖子下是模式选择开关（RUN/TERM/STOP）、模拟电位器、扩展接口。如果用户将拨码开关拨至 TERM 位置，则可由编程软件来控制 PLC 工作在运行或编程状态。两个模拟电位器分别与内部特殊存储器 SMB28 和 SMB29 相对应，电位器的旋转可改变内部特殊存储器的值。扩展接口用于扩展模块的连接，1 个 CPU224XP 最多可以扩展 7 个模块。

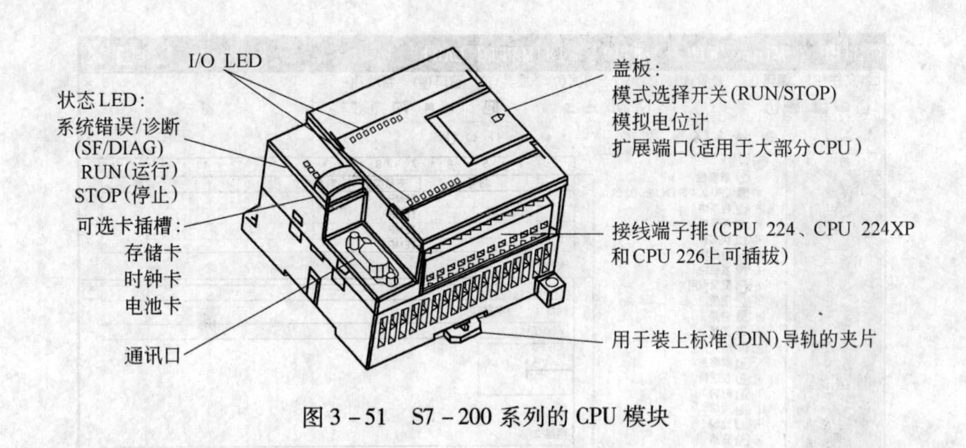

图 3－51　S7－200 系列的 CPU 模块

（3）连接 CPU224XP：

1）给 CPU 供电。CPU224XP 根据电源、数字量输入输出不同分为两种，即 DC/DC/DC 和 AC/DC/Relay，如图 3－52 所示。第一种 CPU 供电电压为直流 20.4～28.8 V，数字量输出为 24 V 晶体管型；第二种 CPU 供电电压为交流 85～264 V，数字量输出为继电器类型。两种 CPU 的数字量输入均为 24 V 漏型输入。

2）连接 PLC 与计算机。将 CPU 与计算机相连需要用到 RS232/PPI 多主站电缆或者 USB/PPI 多主站电缆。当使用 RS232/PPI 多主站电缆时需要按照如图 3－53 所示的进行设置拨码开关。如果使用 USB/PPI 电缆则可以免去上述配置。

3）设置 STEP 7－MicroWIN 通信参数。打开 S7－200 编程软件 STEP 7－MicroWIN，首先进行界面语言设置。在工具—选项菜单下，选择“常规”设置，将软件界面语言修改为中文，如图 3－54所示。然后点击软件界面左侧浏览条中的“通信”进行通信设置。

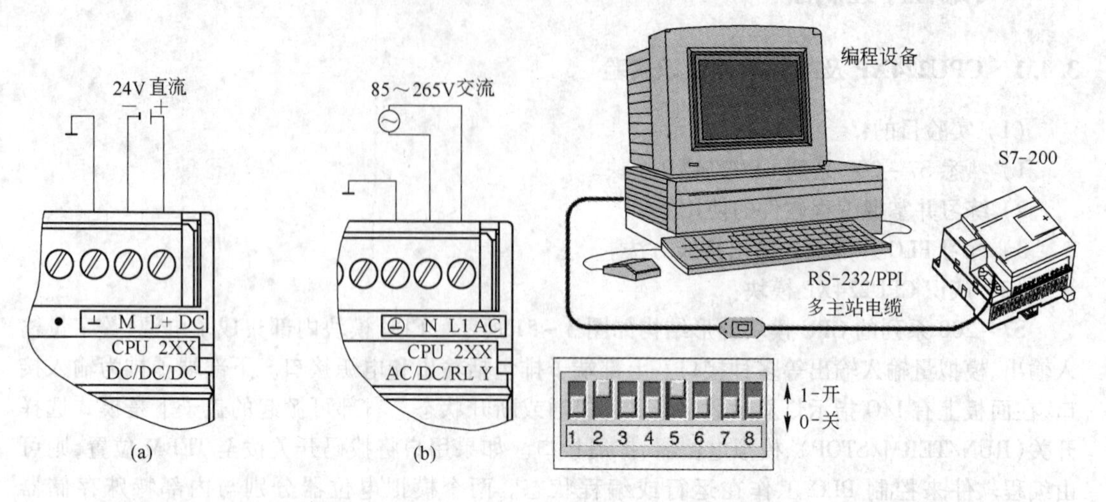

图 3 - 52　CPU224XP 供电方式

(a) 直流供电；(b) 交流供电

图 3 - 53　连接 RS232/PPI 多主站电缆

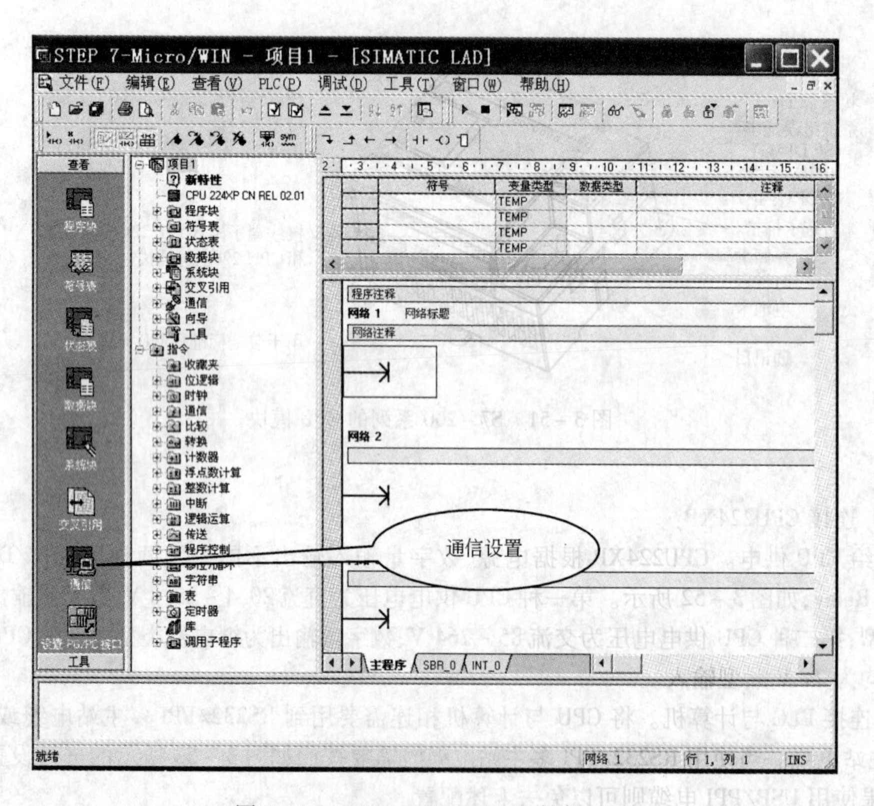

图 3 - 54　STEP 7 - MicroWIN 软件界面

进入“通信”设置页面后，双击“双击刷新”图标，系统自动搜寻所连接的 S7 - 200CPU，并显示其地址，如图 3 - 55 所示。

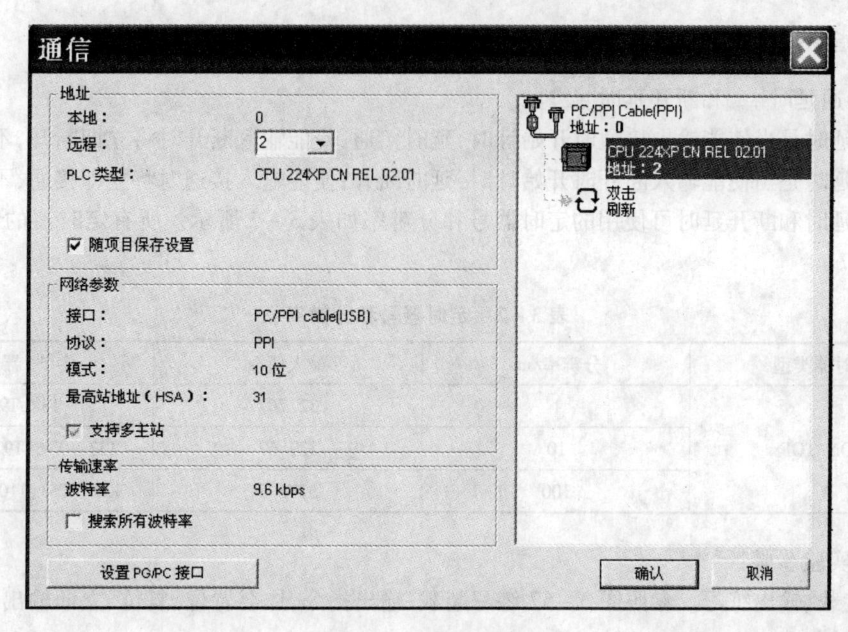

图 3－55　设置通信参数

（4）创建第一个 PLC 程序：

当建立了 CPU224XP 与计算机之间的通信之后，即可以编写第一个 PLC 程序，并进行下载、执行实验，体会 PLC 程序调试的过程。

如图 3－56 所示，拖曳梯形图基本模块，编写一个 PLC 程序。点击工具栏图标进行下载，并点击图标将 PLC 设置为 RUN 模式。CPU224XP 的输出 Q0.0 和 Q0.1 状态 LED 将会开始闪烁。Q0.0 的闪烁周期为 1 min，Q0.1 的闪烁周期为 1 s。

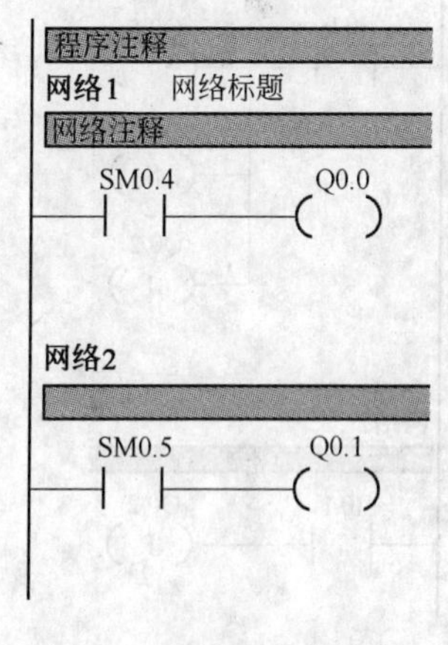

图 3－56　PLC 程序实例

3.4.2　S7－200 基本指令实验

（1）实验目的：

1）熟悉装载/非装载、线圈驱动、置位/复位、接通延时/断开延时等基本指令。

2）熟悉数字量输入输出接线方式。

3）熟悉程序调试、下载方法。

（2）实验原理：

1）装载指令和非装载指令。

装载指令是当 bit＝1 时通过，当 bit＝0 时取反。非装载指令是将 bit 位的值取反后装载。

2）输出、立即输出、置位、复位指令。

输出指令将当前值写入输出过程映像寄存器，在程序扫描结束后输出。

立即输出指令将当前值立即输出并写入输出过程映像寄存器。

置位指令是将从指定地址开始的 N 个“位”置位，一次可置位 1～255 个“位”。置位后输出保持，而不管输入为何种状态。置位后必须由复位指令将其复位。

复位指令是将从指定地址开始的 N 个点复位，一次可复位 1～255 个“位”。

3）接通延时和断开延时。

接通延时是当使能输入接通时开始计时，延时接通；使能输入断开时将立即断开，不延时。

断开延时是当使能输入断开时开始计时，延时断开；使能输入接通时将立即接通，不延时。

接通延时和断开延时可使用的定时器号和分辨率如表 3－2 所示。所有定时器的计数最大值是 32767。

表 3－2　定时器号和分辨率

定时器类型	分辨率/ms	最大值/s	定 时 器 号
TON. TOF	1	32. 767	T32，T96
	10	327. 67	T33－T36，T97－T100
	100	3276. 7	T37－T63，T101－T255

（3）实验步骤：

1）装载、输出练习。参照图 3－57 练习装载、输出指令，体会置位、复位、立即输出等指令的不同。

2）定时器练习。参照图 3－58、图 3－59 练习接通延时、断开延时的使用。

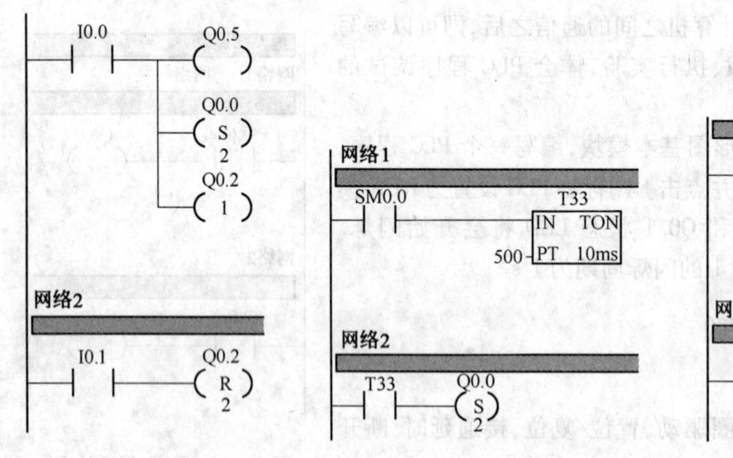

图 3－57　装载、输出练习参考程序　　图 3－58　接通延时参考程序

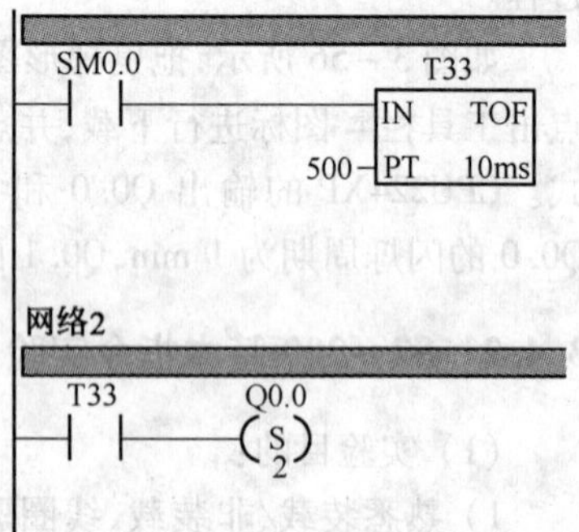

图 3－59　断开延时参考程序

（4）练习：

1）自学正向跳变指令 P、负向跳变指令 N 和取反指令 NOT。

2）自学掉电保护型接通延时定时器和掉电保护型断开延时定时器。

3. 4. 3　子程序、中断程序练习指令

（1）实验目的：

1）熟悉 S7－200 子程序编写方法。

2）熟悉 S7－200 中断以及程序编写方法。

（2）实验原理：

S7－200可以通过子程序调用指令将程序控制权交给子程序(SBR_N),调用子程序时可以带参数也可以不带参数,子程序执行完成后,控制权返回到调用子程序的指令的下一条指令。在主程序中,可以嵌套调用子程序(在子程序中调用子程序),最多嵌套8层。在中断服务程序中,不能嵌套调用子程序。在被中断服务程序调用的子程序中不能再出现子程序调用。不禁止递归调用(子程序调用自己),但是当使用带子程序的递归调用时应慎重。

1)建立子程序。可以选择编程软件“编辑”菜单中的“插入”子菜单下的“子程序”命令来建立一个新的子程序。系统默认建立了一个名为“SBR_0”的子程序,新建的子程序名称为“SBR_N”,N从0开始按顺序递增,也可以通过重命名为子程序改名。用户可以为子程序任意命名,编程软件还是按照SBR_N进行处理,编号N的范围为0～63。每个子程序在程序编辑区内都具有一个单独页面。

2)带参数的子程序调用。S7－200子程序中最多可带16个参数。编写一个带参数的子程序,首先应该在子程序编辑区顶部的局部变量表中定义参数,子程序局部变量表如表3－3所示。参数定义包括变量名、变量类型和数据类型,另外,可以在局部变量表内为参数添加注释。

表3－3　子程序局部变量表

	符　号	变量类型	数据类型	注　释
	EN	IN	BOOL	
LW0	input1	IN	INT	输入参数1
LW2	input2	IN	INT	输入参数2
		IN		
		IN_OUT		
LW4	output1	OUT	INT	输出参数1
		OUT		

① 变量名:S7－200要求变量名最多由8个字符组成,而且第一个字符不能为数字。

② 变量类型:变量类型表明了参数是子程序的输入变量还是输出变量等。变量类型共有4种:

IN类型:子程序的输入变量,这将在子程序对应的梯形图模块的左边增加一个相应的输入接口。

OUT类型:子程序的输出变量,这将在子程序对应的梯形图模块的右边增加一个相应的输出接口。

IN_OUT类型:输入输出变量,所指定的参数值传给子程序,子程序运行完毕其结果被返回相同地址。

TEMP类型:临时变量,这种变量只能在程序内部暂时存储数据,不能用于和主程序传递参数。

③ 数据类型:局部变量表中必须对每个参数进行数据类型声明,S7－200共有8种数据类型。

布尔型:用于单独位的输入输出。

字节、字、双字型:分别声明1个字节、2个字节和4个字节的无符号输入和输出参数。

整数、双整数:分别声明2字节或4字节的有符号输入输出参数。

实型:声明一个32位浮点参数。

字符型:表示一个ASCⅡ码。

3)中断函数。S7－200最多具有34个中断,系统为每个中断源都分配了一个编号用以识别,称为中断事件号。不同CPU模块可用中断源有所不同。S7－200的34个中断源主要分为3个大类,即通信中断、I/O中断和定时器中断,如表3－4所示。

通信中断:是提供给CPU的通信口0或1在自由口通信模式下进行工作时需要的接收、发送所需要定时用途的。可以设置通信的波特率、每个字符位数、起始位、停止位及奇偶校验位。

表 3－4　S7－200 中断源

事件号	中断描述		CPU221，CPU222	CPU224	CPU224XP，CPU226
0	上升沿，I0.0		Y	Y	Y
1	下降沿，I0.0		Y	Y	Y
2	上升沿，I0.1		Y	Y	Y
3	下降沿，I0.1		Y	Y	Y
4	上升沿，I0.2		Y	Y	Y
5	下降沿，I0.2		Y	Y	Y
6	上升沿，I0.3		Y	Y	Y
7	下降沿，I0.3		Y	Y	Y
8	端口 0：接收字符		Y	Y	Y
9	端口 0：发送完成		Y	Y	Y
10	定时中断 0	SMB34	Y	Y	Y
11	定时中断 1	SMB35	Y	Y	Y
12	HSC0	CV = PV（当前值 = 预置值）	Y	Y	Y
13	HSC1	CV = PV（当前值 = 预置值）		Y	Y
14	HSC1 输入方向改变			Y	Y
15	HSC1 外部复位			Y	Y
16	HSC2	CV = PV（当前值 = 预置值）		Y	Y
17	HSC2 输入方向改变			Y	Y
18	HSC2 外部复位			Y	Y
19	PTO 0 完成中断		Y	Y	Y
20	PTO 1 完成中断		Y	Y	Y
21	定时器 T32 CT = PT 中断		Y	Y	Y
22	定时器 T96 CT = PT 中断		Y	Y	Y
23	端口 0：接收信息完成		Y	Y	Y
24	端口 1：接收信息完成				Y
25	端口 1：接收字符				Y
26	端口 1：发送完成				Y
27	HSC0 输入方向改变		Y	Y	Y
28	HSC0 外部复位		Y	Y	Y
29	HSC4		CV = PV（当前值 = 预置值）	Y	Y
30	HSC4 输入方向改变		Y	Y	Y
31	HSC4 外部复位		Y	Y	Y
32	HSC3		CV = PV（当前值 = 预置值）	Y	Y
33	HSC5		CV = PV（当前值 = 预置值）	Y	Y

I/O 中断：包括 I0.0～I0.3 的上升沿和下降沿中断、高速计数器 HSC0～5 中断、高速脉冲 PTO0～1 输出中断。

定时器中断：包括分别由 SMB34 和 SMB35 控制的 2 个定时中断以及 T32 和 T96 中断。

4）中断函数指令。S7－200 有关中断的指令有 4 个。

① 中断连接指令 ATCH 和中断分离指令 DTCH。

中断连接指令：当 EN 端口执行条件存在时，将一个中断源和一个中断程序建立连接，并允许该中断事件。INT 端口指定中断程序名称，即中断程序入口。当建立中断源和中断程序的连接后，改变程序名，INT 端口指定名称也随之改变。

中断分离指令：当 EN 端口执行条件存在时，单独截断一个中断源和所有中断程序的联系，并禁止该中断事件。

② 中断允许指令 ENI 和中断禁止指令 DISI。

中断允许指令：在其逻辑条件成立时，全局地允许所有已被连接的中断事件。

中断禁止指令：在其逻辑条件成立时，全局地禁止所有中断事件。

(3) 实验步骤：

1) 子程序练习：

要求：利用 CPU224XP 模块自带的模拟电位器 1 作为输入，将模拟电位器的值乘以 10 再加 50，结果大于 200 则输出警报，警报必须通过按键复位才能解除。

主程序完成比较、报警、通过复位输入(I0.1)解除报警以及调用子程序的任务。子程序完成数学计算部分任务。程序代码如图 3－60 和图 3－61 所示。

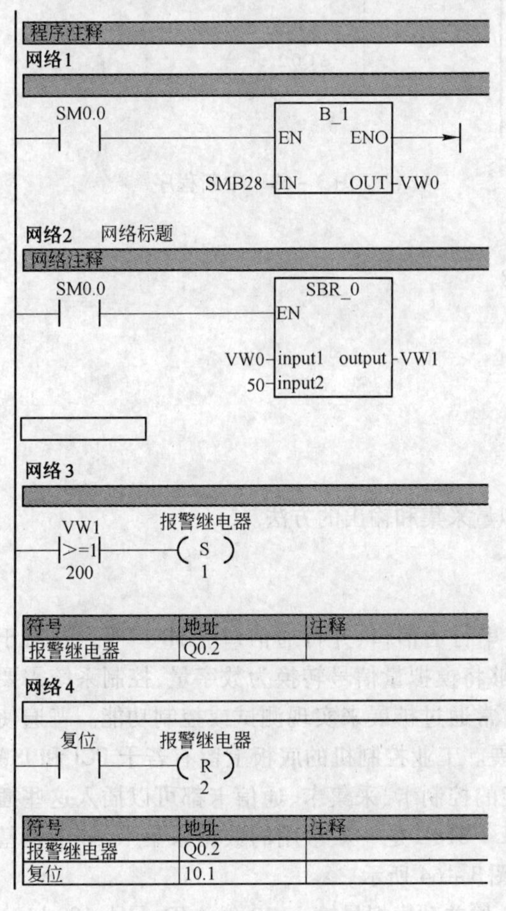

图 3－60 主程序

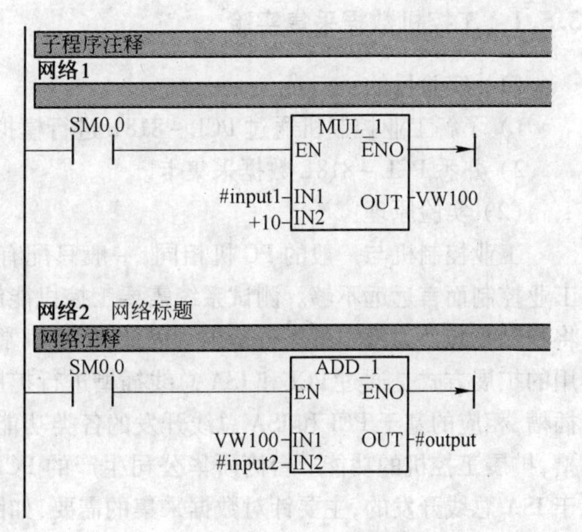

图 3－61 子程序

2）中断程序练习。

要求：PLC 每 10 s 通过 Q0.2 向外发送脉冲一次，脉冲持续一个扫描周期。

步骤：参考图 3－62、图 3－63 编写程序，通过改变比较指令的设定值可以改变脉冲发送周期。

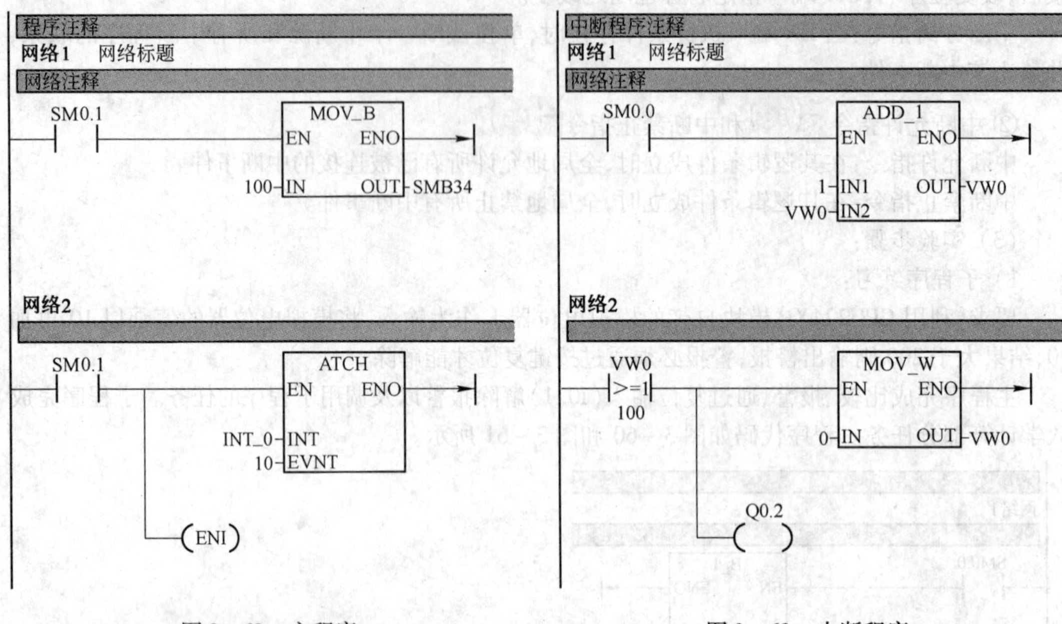

图 3－62　主程序　　　　图 3－63　中断程序

（4）思考题：

如何通过中断实现行程限制的小车运行程序？

3.5　工业控制机

3.5.1　工控机数据采集实验

（1）实验目的：

1）了解工业控制机通过 PCL－818L 进行模拟量采集和输出的方法。

2）熟悉 PCL－818L 数据采集卡。

（2）实验原理：

工业控制机与一般的 PC 机相同，一般只配有串行通信口、并行通信口、USB 口等。这对于工业控制而言远远不够。测试系统需要工控机能够将模拟量信号转换为数字量，控制系统需要将控制量转换为模拟量进行输出。因此，工控机常常通过扩展来实现测试或控制功能。普遍使用的扩展方式是通过 PCI 和 ISA 总线插槽进行扩展。工业控制机的底板上留有若干 PCI 和 ISA 插槽，相应的基于 PCI 和 ISA 总线开发的各类功能的控制卡、采集卡、通信卡都可以插入这些插槽，扩展工控机的功能。台湾研华公司生产的 PCL－818L 是一款常用的数据采集卡，该卡是基于 ISA 总线开发的，主要针对数据采集的需要，如图 3－64 所示。

该卡具有以下功能：16 路单端模拟量输入或 8 位差动模拟量输入；12 位 A/D，最大 100 kHz；16 路数字量输入；16 路数字量输出。

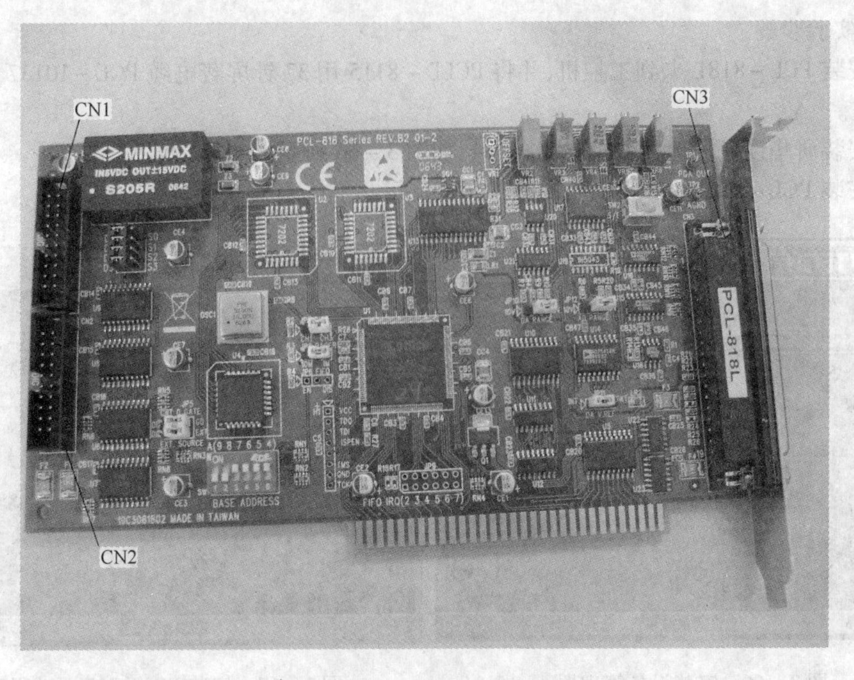

图 3 – 64　研华 PCL – 818L

PCL – 818L 数据采集卡使用时插入工业控制机的 ISA 插槽内，所有的信号连接都需要通过电缆与接口板相连。PCL – 818L 共有 3 个接线端口，即 CN1、CN2、CN3。CN1 和 CN2 分别是数字量输出和输入接口，CN3 主要是模拟量输入输出接口。研华公司提供了一系列不同特点的接口板。其中PCLD – 8115是一款适用于 PCL – 818L 的接口板，如图 3 – 65 所示。PCLD – 8115 同样有 3 个接口，通过与 PCL – 818L 的不同输出口连接可以作为数字量输入输出或模拟量输入输出接口板。

图 3 – 65　PCLD – 8115

（3）实验步骤：

1）安装 PCL－818L 卡到工控机，并将 PCLD－8115 用 37 针屏蔽电缆 PCL－10137 与 PCL－818L 相连。

2）安装研华设备管理器 Device Manager，如图 3－66 所示。

3）安装 PCL－818L 驱动程序，如图 3－67 所示。

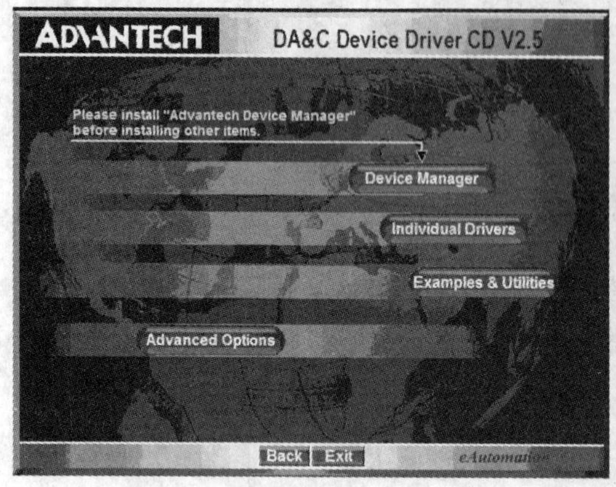

图 3－66　安装设备管理器

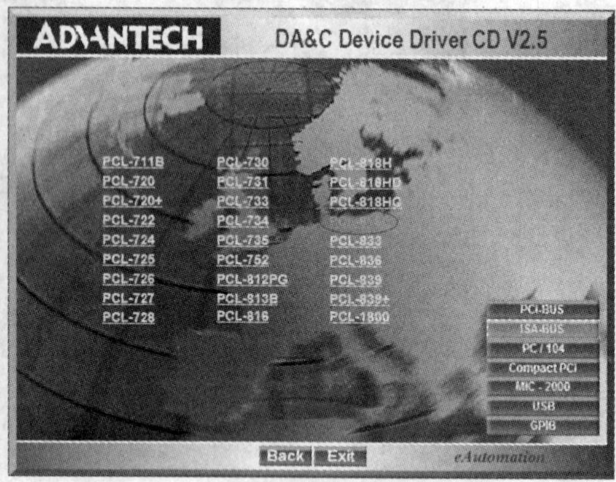

图 3－67　安装 PCL－818 驱动程序

4）运行研华设备管理器 Advantech Device Manager，在已安装设备中选中 PCL－818L，如图 3－68所示。并且设置扩展卡接口板为 PCLD－8115，如图 3－69 所示。

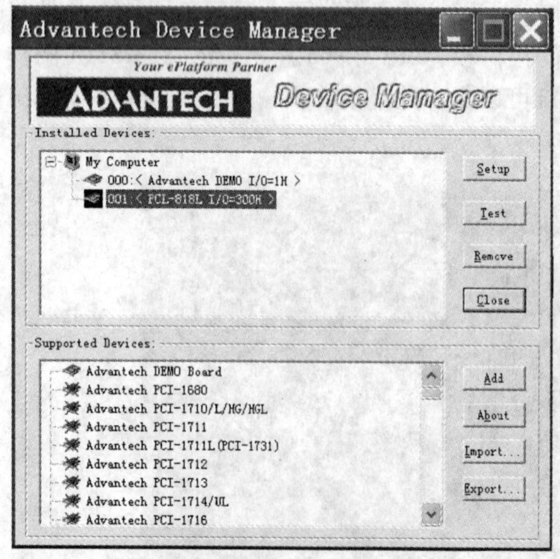

图 3－68　安装 PCL－818L

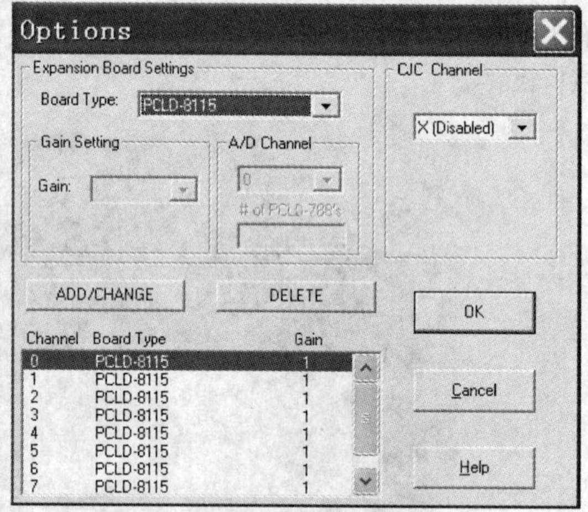

图 3－69　设置扩展接口

5）正确连接线路，利用模拟量输入输出测试 PCL－818L，如图 3－70 所示。

6）利用 VB 编写 DA 转换程序。打开 PCL818L\DAsoft 文件夹下的工程，参考以下程序补充工程，实现 DA 转换，并用万用表在 PCLD－8115 端子处测量输出电压。工程中的 DA 转换核心程序空缺，需要自己补充。

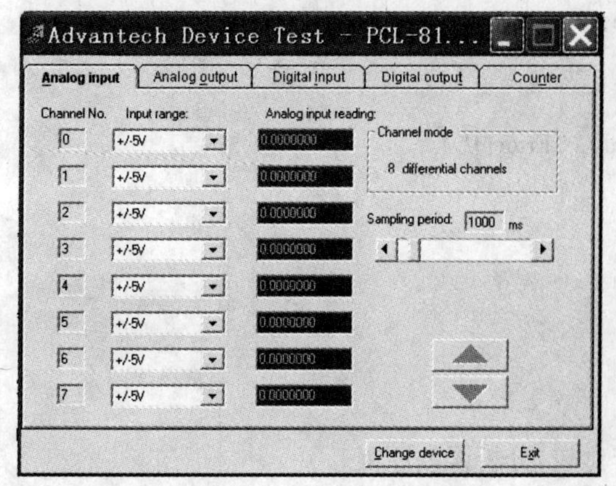

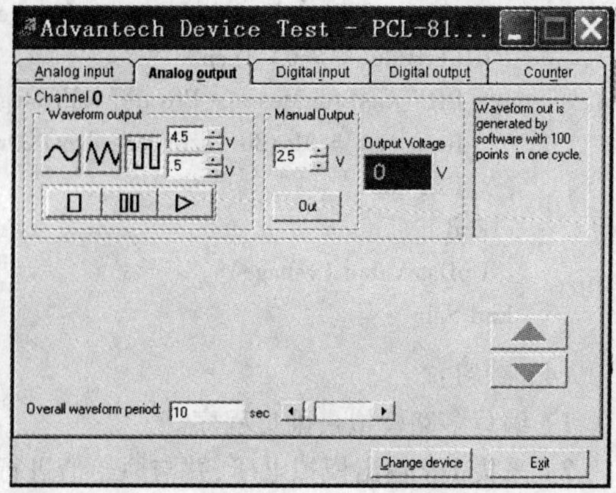

图 3-70 模拟量输入输出测试

```
Private Sub vsclVoltage_Change()
  Dim AoVoltage As PT_AOVoltageOut
  Dim VsclRange As Long
  Dim VolRange As Integer
  Dim VsclOffset As Long
  VolRange = lpAOConfig.MaxValue - lpAOConfig.MinValue
  VsclRange = vsclVoltage.Min - vsclVoltage.Max
  VsclOffset = vsclVoltage.value - vsclVoltage.Max
  AoVoltage.chan = lpAOConfig.chan
  AoVoltage.OutputValue = VsclOffset / VsclRange * VolRange + lpAOConfig.MinValue
  ErrCde = DRV_AOVoltageOut(DeviceHandle, AoVoltage)
  If (ErrCde < > 0) Then
      DRV_GetErrorMessage ErrCde, szErrMsg
      Response = MsgBox(szErrMsg, vbOKOnly, "Error!!")
      Exit Sub
  End If
labVoltage.Caption = Format((VsclOffset / VsclRange * VolRange + lpAOConfig.MinValue), "##0.00")
End sub
```

7）利用 VB 编写 AD 转换程序。打开\PCL818L\AD_Soft 文件夹下工程,参考以下程序编写 AD 转换程序,并通过稳压电源调节模拟量的大小进行测试。

```
Private Sub tmrRead_Timer()
  Dim voltage As Single
  shapLed.FillColor = QBColor(12)
  AiVolIn.chan = lpAIConfig.DasChan
  AiVolIn.gain = lpAIConfig.DasGain
  'AiVolIn.TrigMode = AiCtrMode
  'internal triger
  AiVolIn.TrigMode = 0
  AiVolIn.voltage = DRV_GetAddress(voltage)
```

```
    ErrCde = DRV_AIVoltageIn( DeviceHandle, AiVolIn)
    If (ErrCde < > 0) Then
        DRV_GetErrorMessage ErrCde, szErrMsg
        Response = MsgBox( szErrMsg, vbOKOnly, "Error!!")
        Exit Sub
    End If
    UpDateValue (voltage)
End Sub
```

(4) 练习:

1) 编写多路模拟量采集程序。

2) 采集 DA 输出模拟电压,并与原始值进行比较,分析误差原因。

3.5.2　基于工控机的 CAN 总线控制认识实验

(1) 实验目的:

1) 了解 CAN 总线的特点及应用领域。

2) 熟悉 VB 控制 CAN 接口模块的方法。

(2) 实验原理:

1) CAN 总线介绍。控制器局域网(CAN)为串行通信协议,能有效地支持具有很高安全等级的分布实时控制。CAN 的应用范围很广,从高速的网络到低价位的多路接线都可以使用 CAN。在汽车电子行业里,使用 CAN 连接发动机控制单元、传感器、防刹车系统等,其传输速度可达 1 Mbit/s。同时,可以将 CAN 安装在卡车本体的电子控制系统里,如车灯组、电子车窗等,用以代替接线配线装置。

2) CAN 总线通信。CAN 总线通信是通过 5 种类型的帧进行的,即数据帧、遥控帧、错误帧、过载帧、帧间隔。其中,数据帧和遥控帧有标准格式和扩展格式两类。标准格式有 11 个位的 ID 位,扩展帧有 29 位 ID 位。标准帧的格式如表 3-5 所示。

表 3-5　CAN 协议标准帧格式

	7	6	5	4	3	2	1	0
Byte1	FF	RTR	X	X	DLC(datalength)			
Byte2	(messageID) ID. 10 ~ ID. 3							
Byte3	ID. 2 ~ ID. 0			X	X	X	X	X
Byte4	Data1							
Byte5	Data2							
Byte6	Data3							
Byte7	Data4							
Byte8	Data5							
Byte9	Data6							
Byte10	Data7							
Byte11	Data8							

3）GY8507 介绍。GY8507 USB－CAN 总线适配器是带有 USB2.0 接口和 1 路 CAN 接口的 CAN 总线适配器。通过 GY8507，拥有 USB 接口的 PC 机都可以作为一个 CAN 节点。采用该接口适配器，PC 机可以通过 USB 接口连接一个标准 CAN 网络，应用于构建现场总线测试实验室、工业控制、智能楼宇、汽车电子等领域中，进行数据处理、数据采集和数据通信，GY8507 的外观如图 3－71 所示。

GY8507 安装后首先需要安装驱动程序。另外，GY8507 提供 VC、VB、Delphi、Labview 等高级语言进行应用程序开发必须的库文件。利用 VB 进行应用程序开发只需要在项目文件中包含 VCI_can.bas 类文件即可。

4）利用 VB 进行 CAN 总线通信。GY8507 提供了几个有用的函数供 VB 调用进行 CAN 总线的通信，用户不必对底层操作进行编程，只需要对 GY8507 的一些参数进行设置，并将要发送的数据和 ID 信息按照格式保存在 PVCI_CAN_OBJ 结构体里。该结构体的定义如下：

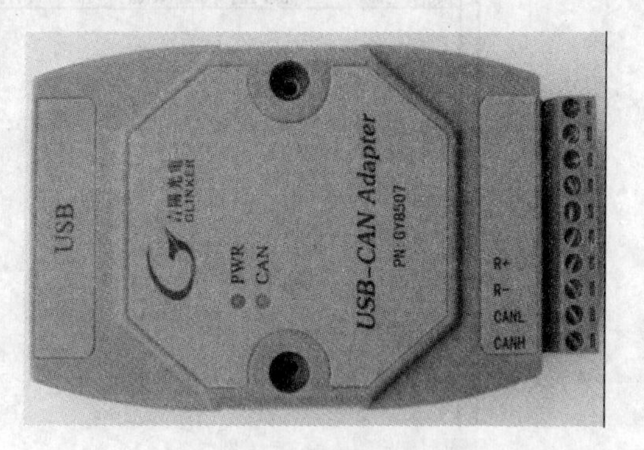

图 3－71　GY8507 外观

```
Public Type PVCI_CAN_OBJ
    ID (0 To 3) As Byte
      TimeStamp As Long
      TimeFlag As Byte
      SendType As Byte
      RemoteFlag As Byte
      ExternFlag As Byte
      DataLen As Byte
      Data(0 To 7) As Byte
      Reserved(0 To 3) As Byte
End Type
```

（3）实验步骤：

1）硬件连接。

① 通过 USB 对接线将 2 个 GY8507 与 2 台 PC 机相连。安装 GY8507 的驱动程序。

② 用导线连接 2 台 GY8507 的 CANH 和 CANL。

③ 用导线短接每台 GY8507 的 R＋和 R－。

2）CANtools 软件测试。如图 3－72 所示，CANtools 软件可以方便地进行 CAN 总线的收发测试。选择 Device 菜单下的 USB－CAN，并且打开 CAN 设备。USB－CAN 适配器内部具有 EEPROM，所有的 CAN 参数设置将会被保存，下次上电工作将以 EEPROM 的最新内容进行 CAN 接口初始化。工作模式分“正常发送”和“自发自收”两种。用户可以将其设置成自发自收进行测试。该模式下，发送的信息将被自己接收，当然其他 ID 发过来的信息也是可以接收的。

在 PVCI_CAN_OBJ 里采用 4 个字节保存 ID 信息，但是 CAN 总线的标准帧的 ID 为 11 位，如表 3－5 所示。因此，需要将真实 ID 的值向左移 32－11＝21 位。移位后的格式就是所谓的 sja1000 格式，对应的移位前真实地址又叫做直接地址。

例如，直接地址为 1，记为 ID＝0x00 00 00 01

　　左移 21 位后得到 ID＝0x00 20 00 00

　　直接地址为 1，记为 ID＝0x00 00 00 02

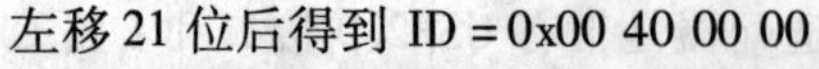
左移 21 位后得到 ID = 0x00 40 00 00

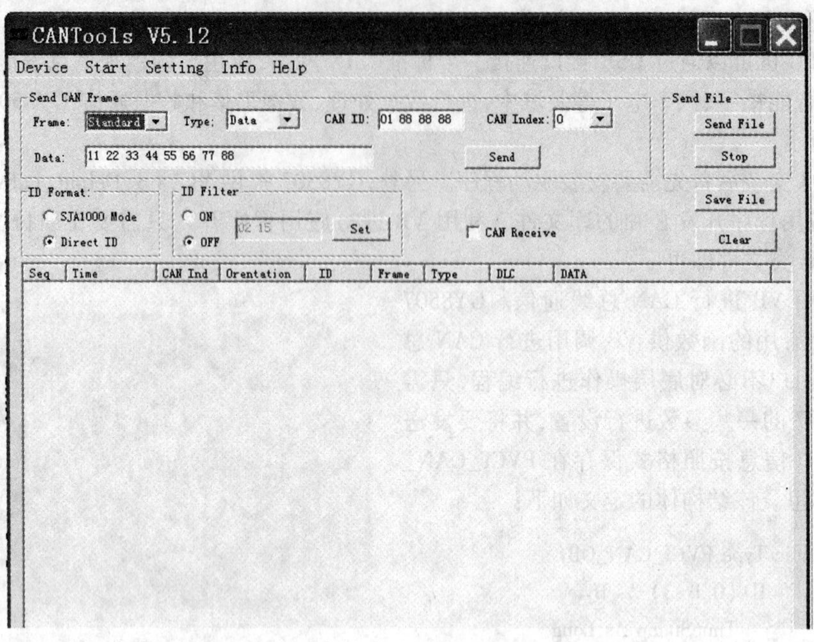

图 3 – 72　CANtools 软件

3）VB 编写发送程序。打开实验文件夹下的 VBCAN 文件夹下的工程文件，该程序已经完成了 GY8507 的初始化和打开程序。请完成发送程序，并修改 ID 和数据，在另一台计算机上用 CANtools 进行接收。

参考程序如下：

```
Private Sub CAN_SEND_Click( )
Dim SendBuff As PVCI_CAN_OBJ
Dim temp as Long
SendBuff. Data(0) = &H1
SendBuff. Data(1) = &H2
SendBuff. Data(2) = &H2
SendBuff. Data(3) = &H6
SendBuff. Data(4) = &H46
SendBuff. Data(5) = &H56
SendBuff. Data(6) = &H66
SendBuff. Data(7) = &H76
SendBuff. DataLen = 8
SendBuff. ExternFlag = 0
SendBuff. RemoteFlag = 0
SendBuff. ID(0) = &H0
SendBuff. ID(1) = &H40
SendBuff. ID(2) = &H0
SendBuff. ID(3) = &H0
temp = VCI_Transmit(2, 0, 0, SendBuff)
```

```
End Sub
```

（4）练习：

分别在两台计算机上编写发送和接受程序进行测试。

3.6 闭环控制系统的基本组成与控制原理

自动控制系统按系统有无反馈可分为开环控制系统和闭环控制系统。在控制系统的输出端与输入端之间没有反馈通道，则称此系统为开环控制系统；若检测系统检测输出量，并有能将检验结果反馈到比较元件的反馈通道，控制信号沿着从给定值到被控量方向传递信号的向前通道和反馈信号循环传递，则称此系统为闭环控制系统。

开环控制系统的控制作用不受系统输出的影响，如果系统受到干扰，使输出偏离了正常值，系统不能自动改变控制作用，而使输出返回到预定值，所以一般开环控制系统很难实现高精度控制。

在闭环控制中，被控量时时刻刻被检测，它通过反馈通道送回到比较元件和给定值进行比较，比较后得到的偏差信号经放大元件放大后送入执行元件，执行元件根据所接受的信号，对受控对象进行调节，减小偏差。显然，只要闭环控制系统出现偏差，不论此偏差是由干扰造成，还是由于系统元件或受控对象工作特性变化所引起，系统都能自行调节以减小偏差，因此闭环系统抗干扰能力强。闭环控制在原理上提供了实现高精度控制的可能性，它在控制元件的要求上比开环控制低，但系统设计、结构和调试技术都比较复杂，成本较高。

3.6.1 控制元件

为表明闭环控制系统的组成以及信号的传递情况，以框图表示系统的各个环节，用箭头标明各作用量的传递情况，如图 3－73 所示。控制系统中除控制对象之外的元件称为控制元件。根据控制元件在系统中的功能和作用，可将控制元件分成以下几大类。

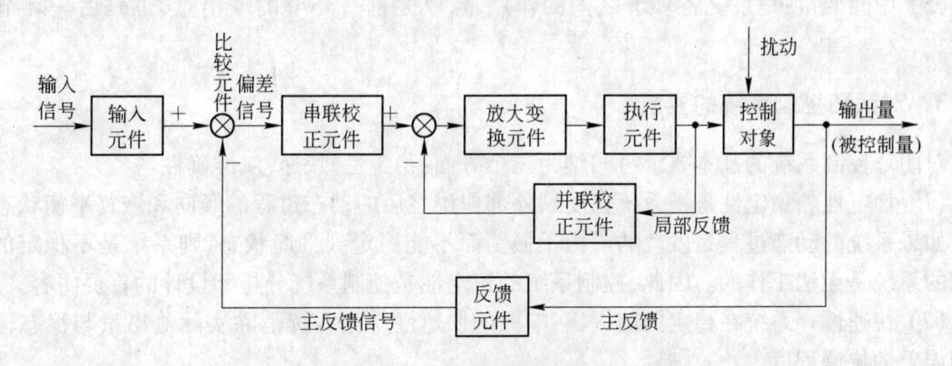

图 3－73 典型控制系统框图

（1）执行元件。执行元件的功能是直接带动控制对象，直接改变被控变量，如机电控制系统中的各种电动机、液态控制系统中的液压马达、温度控制系统中的加热器等都属于执行元件。执行元件有时也被归入控制对象中。

（2）放大元件。放大元件的功能是将微弱信号放大，使信号具有足够大的幅值或功率。放大元件分为前置放大器和功率放大器两类。前置放大器能放大一个信号的数值，但功率并不放大，它靠近系统的输入端。例如，由运算放大器构成的前置放大器只能放大电压信号，而输出的电流却很小。功率放大器输出的功率大，它输出的信号可直接带动执行元件运转和动作。

(3) 测量元件。测量元件的功能是将一种物理量检测出来,并且按照某种规律转换成容易处理和使用的另一种物理量输出。测量元件一般称为传感器。热敏电阻、热电偶、温度变送器、流量变送器、测速发电机、电位器、光电码盘、旋转变压器、感应同步器等元件(包括它们的信号处理电路)都属于测量元件。测量元件的精度直接影响到系统的精度,所以高精度的系统必须采用高精度的测量元件。

(4) 补偿元件。由上述三大类元件与控制对象组成的系统往往不能满足技术要求,为保证系统能正常工作并提高系统的性能,控制系统中还要另外补充一些元件,这些元件统称为补偿元件。常见的补偿方法有串联补偿、反馈补偿,常用的补偿元件有模拟电子线路、计算机、部分测量元件等。

从系统工作原理和框图看,控制系统中还有比较元件,它把两个信号相减,比较它们的大小,产生偏差信号。但比较元件一般不是一个单独的实际元件,电子放大器就具有比较元件的功能,有些测量元件也包含比较元件的功能。

3.6.2 作用量和被控量

另外,系统还包括各种作用量和被控制量。

(1) 输入量:又称控制量或调节量,常由给定信号电压构成,或通过检测元件将非点输入量转换成信号电压。

(2) 输出量:又称被控制量或被调量,它是被控制对象的输出,是自动控制的目标。

(3) 反馈量:通过检测元件将输出量转变成与给定信号性质相同、数量级相同、数值相近的信号电压。

(4) 扰动量:又称干扰或噪声,它通常指引起输出量发生变化的各种因素。来自系统外部的称为外扰动,如电动机负载转矩的变化、电网电压的波动、环境温度的变化等。来自系统内部的扰动称为内扰动,如系统元件参数的变化、运放器的零点漂移等。

(5) 中间变量:是系统各环节之间的作用量,既是前一环节的输出量,也是后一环节的输入量。

3.6.3 对闭环控制系统的要求

对闭环控制系统的基本要求可归纳为三个方面:稳定性、快速性、准确性。

(1) 稳定性。稳定性是指系统在受到外部作用之后的动态过程的倾向和恢复平衡状态的能力。如果系统的动态过程是发散的或由于振荡而不能稳定到平衡状态,则系统是不稳定的。不稳定的系统是无法工作的。因此,控制系统的稳定性是控制系统分析和设计的首要内容。

(2) 快速性。系统在稳定的前提下,响应的快速性是指系统消除实际输出量与稳态输出量之间误差的快慢程度。

(3) 准确性。准确性是指在系统达到稳定状态后,系统实际输出量与给定的希望输出量之间的误差大小,它又称为稳态精度。系统的稳态精度不但与系统有关,而且与输入信号的类型有关。

对于一个自动化系统来说,最重要的是系统的稳定性,这是自动控制系统能正常工作的首要条件。要使一个自动控制系统满足稳定性、精确性和响应快速性要求,除了要求组成此系统的所有元器件的性能都是稳定、精确和响应快速外,更重要的是应用自动控制理论对整个系统进行分析和校正,以保证系统整体性能指标的实现。一个性能优良的机械工程自动控制系统绝不是机械和电器的简单组合,而是对整个系统进行仔细分析和精心设计的结果。自动控制理论为机械工程自动控制系统分析和设计提供理论依据与方法。

4 综合性、设计性、创新性实验

4.1 单片机实验

4.1.1 8251 串口实验

（1）实验目的：

1）掌握可编程串口芯片 8251 的接口原理及使用方法。

2）熟悉芯片 8251 的性能及初始化编程和设计方法。

（2）8251 简介：

8251 是可编程的串口芯片，能够用于单片机的串行口扩展。其引脚分布与内部结构如图 4 - 1 所示。

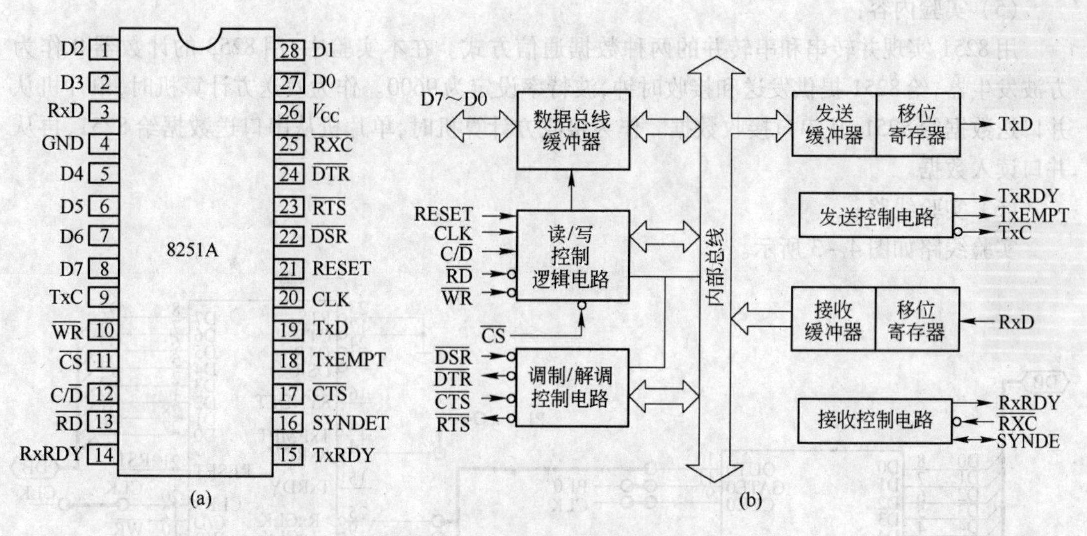

图 4 - 1　8251 的引脚与结构

(a) 引脚分布；(b) 内部结构

单片机与 8251 的接口电路如图 4 - 2 所示。

（3）实验器材：

1）PⅣ主机/128 内存/60G 硬盘 1 块。

2）仿真器 1 台。

3）GOS - 620 示波器 1 台。

（4）实验原理：

本实验设计的是一个半双工方式的串行异步通信系统。通过接口与系统总线相连，构成实验系统的发送方或接收方。发送方采用查询的方式发送数据（数据由实验者通过键盘给定），数据发送的同时显示在发送机显示器上。发送的并行数据由发送方的 8251 芯片转换成为串行数据,传送给接收方。接收方接收数据也采用查询的方式,接收方的 8251 芯片将串行数据转换成为并行数据送给接收方,最后数据在接收方的显示器上显示。

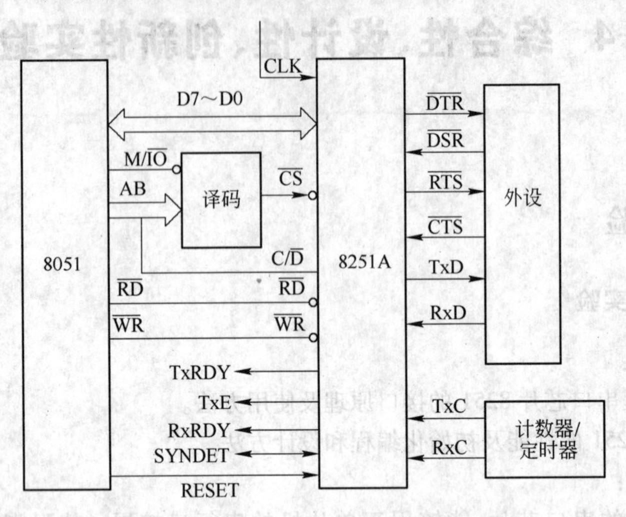

图 4-2　单片机与 8251 的接口电路

(5) 实验内容:

用 8251 实现并转串和串转并的两种数据通信方式。在本实验中,用 8253 的计数器 0 作为方波发生器,给 8251 提供发送和接收时钟,波特率设定为 9600。作为发送方计算机时,单片机从并口送数据给 8251,从串口接收数据。作为接收方计算机时,单片机从串口送数据给 8251,再从并口读入数据。

(6) 实验线路:

实验线路如图 4-3 所示。

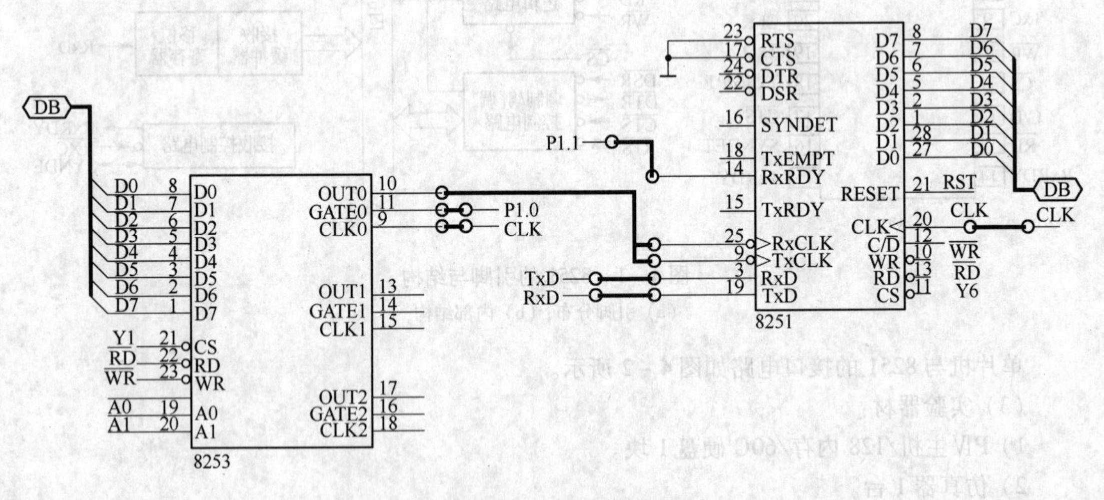

图 4-3　实验线路

(7) 实验步骤:

1) 按实验线路图所示,正确连接好电路。

2) 实验系统板上电。

3）运行 8251 发送程序，用示波器观察 8251 的 TxD 引脚波形是否为所发数据，并在仿真环境下的串行中断中观察单片机串口接收是否正确。

4）运行 8251 接收程序，在仿真环境下观察单片机并口接收的数据是否正确。

（8）实验参考程序：

1）发送方计算机参考程序如下。

```
; 并转串实验程序清单
; 文件名称:8251r. asm
; 8253 产生 2457. 6khz 时钟给 8251txc 和 rxc
; 8251 发送数据给单片机串口接收
        org 0000h
        ljmp main
        org 0023h
        ljmp int_serial
        org 0030h
main:   mov sp,#50h
        clr ea
; 8253 初始化
        clr p1. 0
        mov   dptr,#2013h                    ;8253 地址
        mov   a,#00010110b                   ;通道 0,方式 3
        movx  @ dptr,a
        mov dptr,#2010h
        mov a,#0ch
        movx @ dptr,a
        setb p1. 0

; 8251 初始化
            mov    dptr,#2061h               ;8251 命令地址
            mov    a,#00h                    ;送 3 个 00h
            movx @ dptr,a
            movx @ dptr,a
            movx @ dptr,a
            mov a,#50h                       ;命令指令,内部复位
            movx @ dptr,a
            mov dptr,#2061h                  ;8251 命令地址
            mov a,#01001110b                 ;方式控制指令,异步模式,无校验,1 个
;停止位,8 位数据,16 分频
            movx        @ dptr,a
            mov         a,#15h               ;出错复位,允许发送和接收
            movx        @ dptr,a
; 定时器和串口初始化
            mov tmod,#21h                    ;T1 选用模式 2,T1 选用模式 1
            mov         scon,#50h            ;串口波特率可变,8 位数据
```

```
            mov     tl1,#0fdh;              ;波特率 9600
            mov     th1,#0fdh
            mov     87h,#00h
            mov     r1,#30h
            mov     r2,#20
            setb tr1
            clr   ti
            clr   ri
            setb  es
            setb   ps
            setb ea

send:       mov      dptr,#2060h            ;8251 数据地址
            mov      a,#84h
            movx     @ dptr,a
            ajmp     $
int_serial:
            push     acc
            push     dpl
            push     dph
            clr   ri
            clr      es
            mov      a,sbuf
            mov      @ r1,a
            inc      r1
            djnz r2,goon
            jmp      $
goon:       mov      dptr,#2061h
            movx     a,@ dptr
            rrc   a
            mov      dptr,#2060h            ;8251 数据地址
            mov      a,#0a3h
            movx     @ dptr,a
            setb     es
            pop      dph
            pop      dpl
            pop      acc
            reti
            end
```

2）接收方计算机参考程序如下。

```
; 串转并实验程序
; 文件名称:8251r. asm
; 8253 产生 614. 4khz 时钟给 8251txc 和 rxc
```

```
; 单片机串口送数据给 8251, 再从并口读回来
            org     0000h
            ljmp    main
            org     0030h
main:       mov     sp,#50h
            clr  ea
; 8253 初始化
            clr  p1.0
            mov     dptr,#2013h        ;8253 地址
            mov     a,#00010110b       ;通道 0,方式 3
            movx    @dptr,a
            mov     dptr,#2010h
            mov     a,#0ch
            movx    @dptr,a
            setb p1.0

; 8251 初始化
            mov     dptr,#2061h        ;8251 命令地址
            mov     a,#00h
            movx @dptr,a
            movx @dptr,a
            movx @dptr,a
            mov     a,#40h             ;8251 内部复位
            movx    @dptr,a
            mov     p1,#0ffh
            mov     dptr,#2061h        ;8251 命令地址
            mov     a,#01001110b       ;方式控制指令,异步模式,无校验,1 个停止位
;8 位数据,16 分频
            movx    @dptr,a
            mov     a,#15h             ;出错复位,允许发送和接收
            movx @dptr,a

;定时器和串口
            mov     tmod,#21h          ;T1 选用模式 2,T1 选用模式 1
            mov     scon,#50h          ;串口波特率可变,8 位数据
            mov tl1,#0fdh              ;波特率 9600
            mov     th1,#0fdh
            mov     87h,#00h
            setb tr1
            clr ti
            clr ri
            mov     r1,#40h            ;数据清 0
            mov     r2,#20h
next:       mov     @r1,#00h
            inc     r1
```

```
        djnz    r2,next
        mov     dptr,#2061h
        movx a,@ dptr
        mov     dptr,#2060h
        movx    a,@ dptr
        mov     r1,#40h
        mov     r2,#20h
serial: clr     ti
        mov     a,#38h
        mov     sbuf,a
ws:     jnb     ti,ws
        clr     ti
read:   jnb     p1.2,read       ;查询 RxDY
        mov     dptr,#2061h
        movx    a,@ dptr
        mov     dptr,#2060h
        movx    a,@ dptr
        mov     @ r1,a
        inc     r1
        nop
        djnz    r2,serial
        ajmp  $
        end
```

（9）思考题：

1）若实现两个接口试验板上的8251串行通信，即一个板上的8251发送数据，另一个板上的8251接收数据，那么，硬件如何连线？试画出线路连接图和编写相应的正确程序。要求：一方采用查询，另一方采用中断。

2）若实现两机全双工的异步通信，试画出硬件连接图，并写出运行的正确程序。

3）用异步通信方式传递字符A的ASCII码，波特率为600，设波特率系数 $n=16$，$\overline{TXC}$和$\overline{RXC}$的频率应选为多少，传递A字符需多少时间，画出字符实际传递的波形图。

4.1.2　A/D 和 D/A 转换实验

（1）实验目的：

1）了解ADC0809 8位A/D转换芯片的基本原理和功能。

2）掌握ADC0809和单片机的硬件接口和软件设计方法。

3）了解DAC0832的基本原理和功能。

4）掌握DAC0832和单片机的硬件接口及软件设计方法。

（2）ADC0809简介：

ADC0809的管脚分布与内部结构如图4－4所示。

ADC0809与单片机的连接如图4－5所示。

（3）DAC0832简介：

DAC0832的管脚分布与内部结构如图4－6所示。

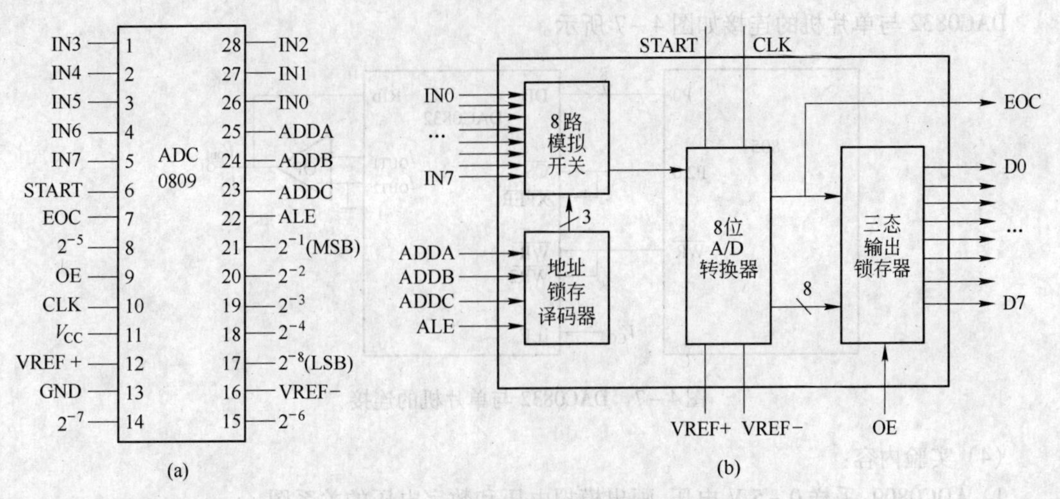

图 4-4 ADC0809 的管脚与结构

（a）管脚分布；（b）内部结构

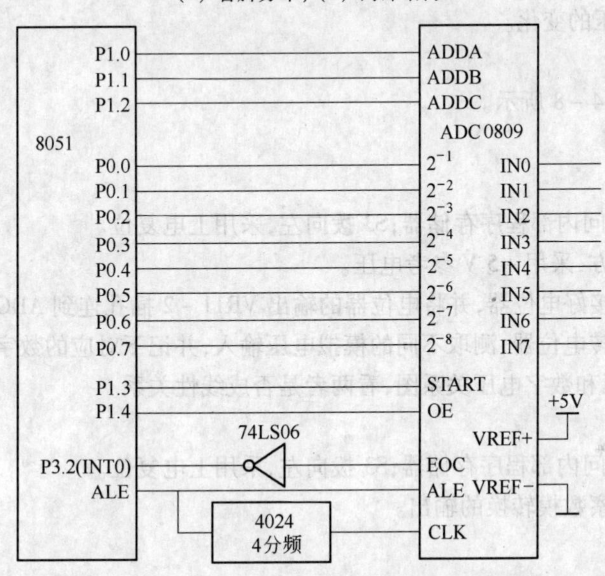

图 4-5 单片机与 ADC0809 的接口电路

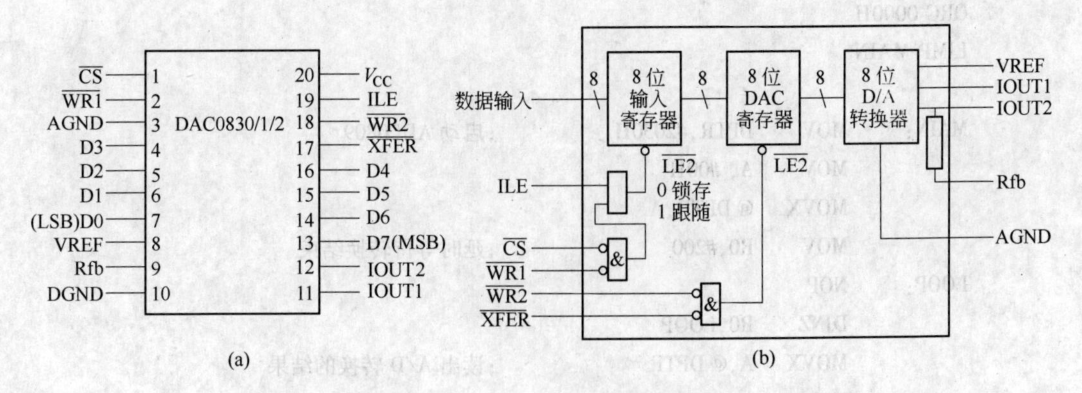

图 4-6 DAC0832 的管脚与结构

（a）管脚分布；（b）内部结构

DAC0832 与单片机的连接如图 4 - 7 所示。

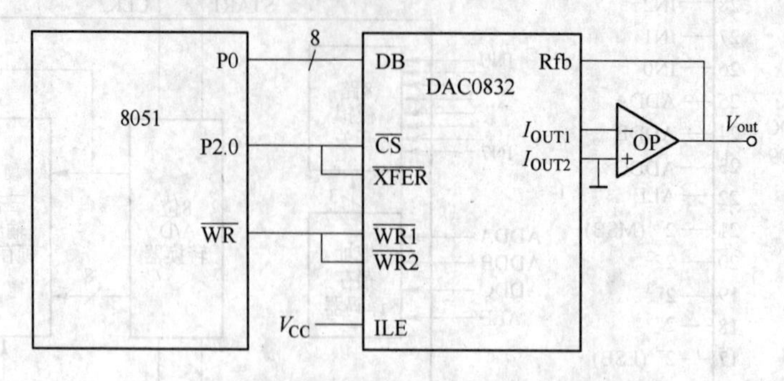

图 4 - 7　DAC0832 与单片机的连接

（4）实验内容：

1）ADC0809：采样 0 ~ 5 V 电压，画出模拟电压和数字电压的关系图。

2）DAC0832：通过编程送 00H ~ 0FFH 到 DAC0832，通过万用表测量数模转换的输出端 T - DAOUT，观察输出电压的变化。

（5）实验线路：

实验接线图如图 4 - 8 所示。

（6）实验步骤：

1）对 ADC0809：

① S1 拨向右，访问内部程序存储器；S3 拨向左，采用上电复位。

② 将 S7 拨向上方，采用 +5 V 参考电压。

③ 照图 4 - 8 连接好电位器，并将电位器的输出 VR11 - 2 插孔连到 ADC0809 的 IN - 0。

④ 运行程序，旋转电位器，测取不同的模拟电压输入，并记下对应的数字量。

⑤ 画出模拟电压和数字电压关系图，看两者是否成线性关系。

2）对 DAC0832：

① S1 拨向右，访问内部程序存储器；S3 拨向左，采用上电复位。

② 运行程序，观察数模转换的输出。

（7）参考程序：

1）对 ADC0809：

```
ORG 0000H
LJMP MAIN

MAIN:   MOV     DPTR,#2030H         ;启动 ADC0809
        MOV     A, #00H
        MOVX    @DPTR,A
        MOV     R0,#200             ;延时等待转换结束
LOOP:   NOP
        DJNZ    R0,LOOP
        MOVX    A,@DPTR             ;读出 A/D 转换的结果
        NOP                         ;可在此加入断点查看转换结果
        NOP
```

```
JMP MAIN
END
```

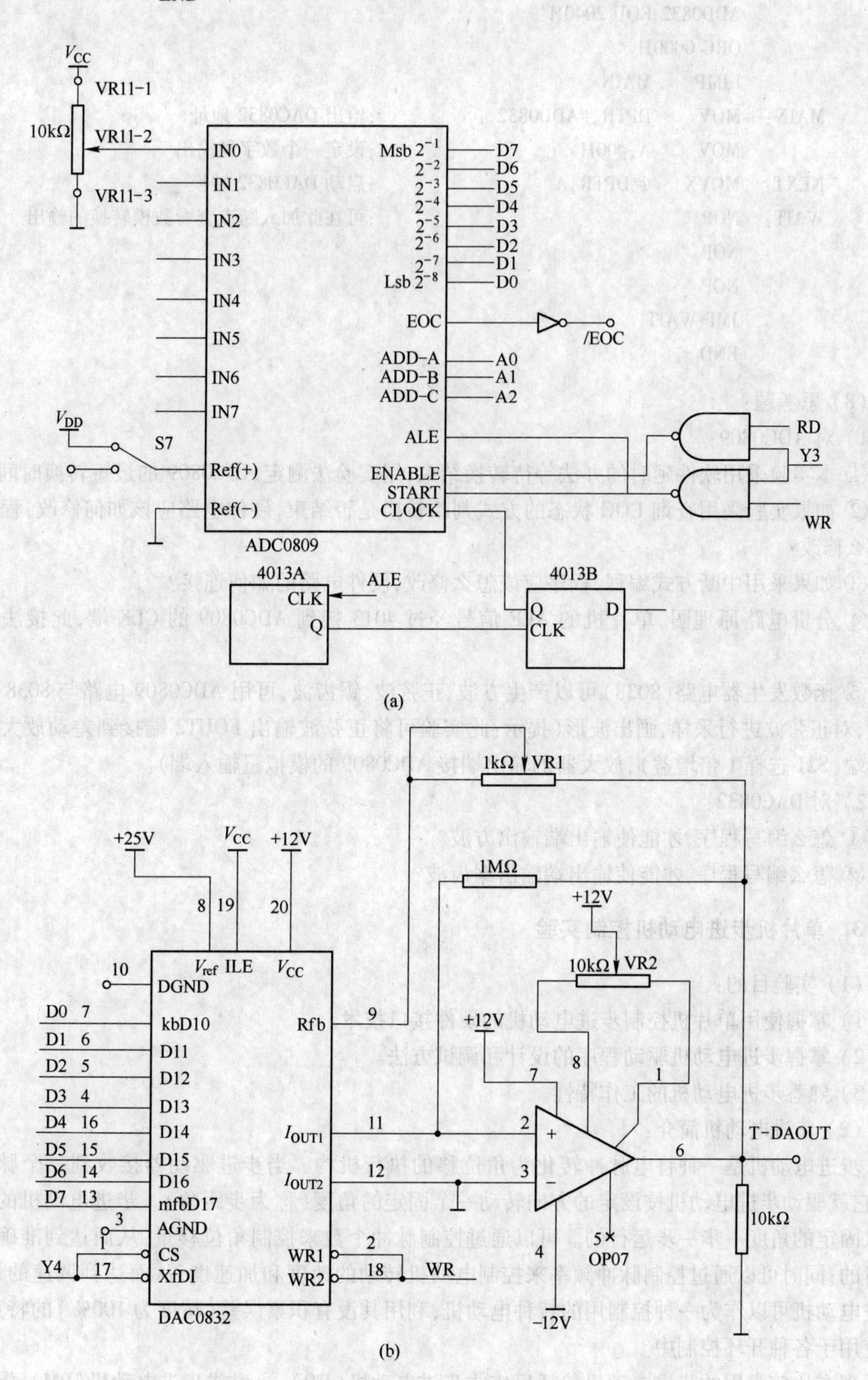

图 4-8 实验接线图

2）对 DAC0832：

```
        ADD0832 EQU 2040H
        ORG 0000H
        LJMP    MAIN
MAIN：  MOV     DPTR,#ADD0832        ;给出 DAC0832 地址
        MOV     A,#00H               ;设定一个数字量输出
NEXT：  MOVX    @DPTR,A              ;启动 DAC0832 转换
WAIT：  NOP                          ;可在此加入断点查看数模转换的输出
        NOP
        NOP
        JMP WAIT
        END
```

（8）思考题：

1）对 ADC0809：

① 本实验采用软件延时的办法等待转换结束，用实验法测定 ADC0809 的最短转换时间。

② 如果实验采用查询 EOC 状态的方式判断转换是否结束，硬件电路应该如何修改，程序应该怎么修改？

③ 如果采用中断方式编程，程序应该怎么修改，硬件电路的如何连接？

④ 分析电路原理图，单片机的 ALE 信号经过 4013 接到 ADC0809 的 CLK 端，此接法有何作用？

⑤ 函数发生器电路（8038）可以产生方波、正弦波、锯齿波，可用 ADC0809 电路与 8038 组合实验，对正弦波进行采样，画出波形（提示：此实验可将正弦波输出 FOUT2 端接到差动放大器的 IN－端（S21 选择 1 倍增益），放大器的输出端接 ADC0809 的模拟量输入端）。

2）对 DAC0832：

① 怎么编写程序，才能使输出端输出方波？

② 怎么编写程序，才能使输出端输出锯齿波？

4.1.3　单片机步进电动机控制实验

（1）实验目的：

1）掌握使用单片机控制步进电动机的硬件接口技术。

2）掌握步进电动机驱动程序的设计和调试方法。

3）熟悉步进电动机的工作特性。

（2）步进电动机简介：

步进电动机是一种将电脉冲转化为角位移的执行机构。当步进驱动器接收到一个脉冲信号，它就驱动步进电动机按设定的方向转动一个固定的角度（称为步距角）。步进电动机的旋转是以固定的角度一步一步运行的。可以通过控制脉冲个数来控制角位移量，从而达到准确定位的目的；同时可以通过控制脉冲频率来控制电动机转动的速度和加速度，从而达到调速的目的。步进电动机可以作为一种控制用的特种电动机，利用其没有积累误差（精度为 100%）的特点，广泛应用于各种开环控制中。

现在比较常用的步进电动机包括反应式步进电动机（VR）、永磁式步进电动机（PM）、混合式步进电动机（HB）和单相式步进电动机等。它们一般用在要求精确定位的场合。

步进电动机的相数是指电动机内部的线圈组数,目前常用的有二相、三相、四相、五相步进电动机。电动机相数不同,其步距角也不同,一般二相电动机的步距角为 0.9°/1.8°,三相的为 0.75°/1.5°等,五相的为 0.36°/0.72°。在没有细分驱动器时,用户主要靠选择不同相数的步进电动机来满足自己步距角的要求。如果使用细分驱动器,则相数将没有意义,用户只需在驱动器上改变细分数,就可以改变步距角。

步进电动机的拍数是指完成一个磁场周期性变化所需脉冲数,是电动机转过一个齿距角所需脉冲数。

(3) 实验内容:

1) 步进电动机逆时针旋转。

2) 步进电动机顺时针旋转。

(4) 实验线路:

实验采用四相步进电动机。在程序中采用四相八拍控制方式,如图 4-9 所示。

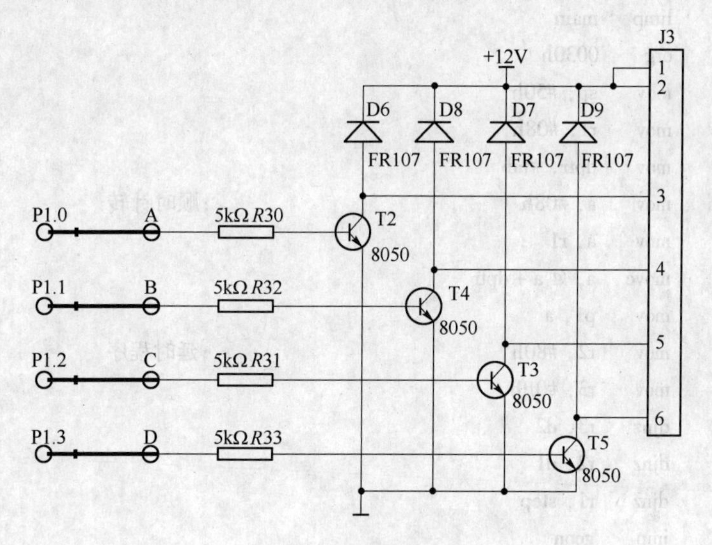

图 4-9 实验线路

(5) 实验步骤:

1) 将 P1.0、P1.1、P1.2、P1.3 分别和步进电动机的 A、B、C、D 连接。

2) 实验板通电。

3) 运行程序,用示波器观察步进电动机各相相位关系,测试点为 A、B、C、D,画出各点波形。

(6) 参考程序:

1) 逆时针程序:

```
        org     0000h
        ljmp    main
        org     0030h
main:   mov     sp, #50h
goon:   mov     r1, #08h
step:   mov     dptr, #tab
        mov     a, #08h                         ;逆时针旋转
        subb    a, r1
```

```
          movc   a, @a+dptr
          mov    p1, a
          mov    r2, #80h                            ;延时程序
d1:       mov    r3, #0ffh
d2:       djnz   r3, d2
          djnz   r2, d1
          djnz   r1, step
          jmp    goon
tab:      db  02h,06h,04h,0Ch,08h,09h,01h,03h        ;步进电动机控制相序表
          end
```

2）顺时针程序：

```
          org    0000h
          ljmp   main
          org    0030h
main:     mov    sp, #50h
goon:     mov    r1, #08h
step:     mov    dptr, #tab
          mov    a, #08h                             ;顺时针转
          mov    a, r1
          movc   a, @a+dptr
          mov    p1, a
          mov    r2, #80h                            ;延时程序
d1:       mov    r3, #0ffh
d2:       djnz   r3, d2
          djnz   r2, d1
          djnz   r1, step
          jmp    goon
tab:      db  02h,06h,04h,0Ch,08h,09h,01h,03h        ;步进电动机控制相序表
          end
```

（7）思考题：

1）若使步进电动机转动有限步数，程序如何变动？

2）若改变步进电动机转动的快慢，程序如何变动？

3）根据控制相序表画出时序图，与示波器观察到时序比较，看是否相同。

4.1.4　直流电动机控制与测速实验

（1）实验目的：

1）了解电动机测速的基本原理和方法。

2）掌握速度采样的原理和软件设计方法。

（2）直流电动机简介：

电动机是把电能转换成机械能的设备，电动机按使用电源不同分为直流电动机和交流电动机。

直流电动机是将直流电能转换成机械能的电动机。按励磁方式可分为自励、他励和永磁三

类。其特点是：

1）调速性能好。所谓调速性能，是指电动机在一定负载的条件下，根据需要，人为地改变电动机的转速。直流电动机可以在重负载条件下，实现均匀、平滑的无级调速，而且调速范围较宽。

2）启动力矩大，可以均匀而经济地实现转速调节。因此，凡是在重负载下启动或要求均匀调节转速的机械，如大型可逆轧钢机、卷扬机、电力机车、电车等，都用直流电动机拖动。

（3）实验内容：

通过电位计手动给定电动机的转速，用单片机的 T0 对速度反馈脉冲进行计数。

（4）实验线路：

实验线路如图 4－10 所示。

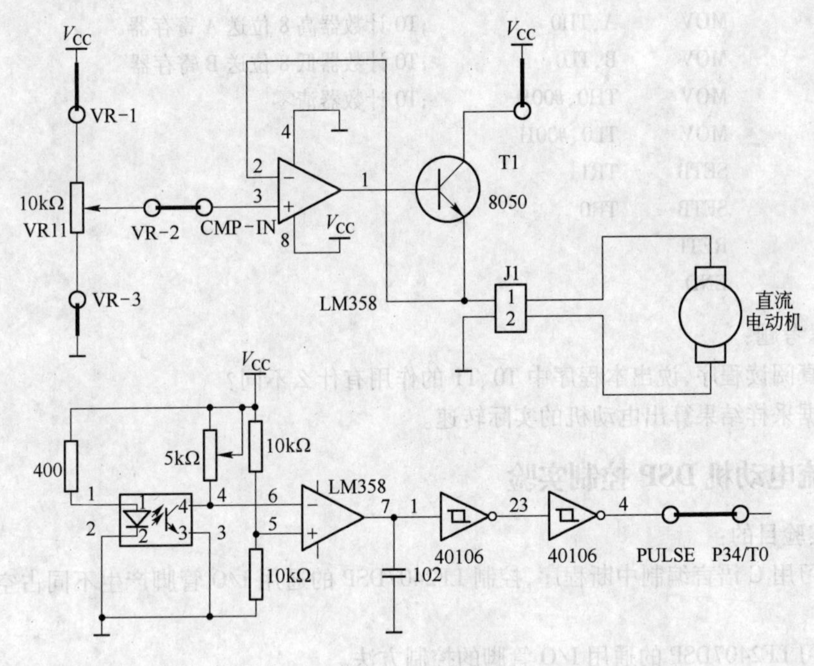

图 4－10 实验线路图

（5）实验步骤：

1）按图 4－10 所示连接电路。

2）运行程序，在中断服务程序 INT1_I 的“MOV TH0，#00H”处设置断点，查看速度反馈值。

3）旋转电位计旋钮，重复步骤 2，看速度反馈值是否能正确反映电动机的转速。

（6）参考程序：

```
        ORG 0000 H
        LJMP    MAIN
        ORG 001BH
        LJMP    INT1_I

        ORG 0030H
MAIN:   MOV     SP,#60H
        MOV     TMOD,#14H       ;T0 设置为 16 位计数器，T1 设置为 8 位自动装载计数器
        MOV     TH0,#00H        ;T0 计数器清零
```

```
         MOV     TL0,#00H
         MOV     TH1,#0EBH        ;T1 计数器送初值,定时 20ms
         MOV     TL1,#0EBH
         SETB    EA               ;开中断
         SETB    ET1
         SETB    TR1
         SETB    TR0
         JMP $                    ;循环等待
INT1_I:  CLR TR1                  ;停止计时
         CLR TR0                  ;停止计数
         MOV     A,TH0            ;T0 计数器高 8 位送 A 寄存器
         MOV     B,TL0            ;T0 计数器低 8 位送 B 寄存器
         MOV     TH0,#00H         ;T0 计数器清零
         MOV     TL0,#00H
         SETB    TR1
         SETB    TR0
         RETI
         END
```

(7) 思考题:

1) 认真阅读程序,说出本程序中 T0、T1 的作用有什么不同?

2) 根据采样结果算出电动机的实际转速。

4.2　直流电动机 DSP 控制实验

(1) 实验目的:

1) 学习用 C 语言编制中断程序,控制 LF2407DSP 的通用 I/O 管脚产生不同占空比的 PWM 信号。

2) 学习 LF2407DSP 的通用 I/O 管脚的控制方法。

3) 学习直流电动机的控制原理和控制方法。

(2) 实验器材:

计算机,ICETEK - LF2407 - EDU 实验箱。

(3) 实验原理:

1) TMS320LF2407DSP 的通用 I/O 引脚。TMS320LF2407DSP 可以提供超过 40 个通用 I/O 引脚。每个 I/O 均有一组控制寄存器设置复用状态,这一组寄存器的访问是通过映射在 DSP 数据区的地址进行。通过设置各管脚的工作方式和状态,可以将它们当成通用 I/O 引脚使用。

2) 直流电动机控制。直流电动机是最早出现的电动机,也是最早能实现调速的电动机。近年来,直流电动机的结构和控制方式都发生了很大的变化。随着计算机进入控制领域,以及新型的电力电子功率元器件的不断出现,已使采用全控型的开关功率元件进行脉宽调制(PWM)控制方式成为绝对主流。

直流电动机转速 n 的表达式为:

$$n = \frac{U - IR}{K\Phi} \tag{4-1}$$

式中　U——电枢端电压;

I——电枢电流；

R——电枢电路总电阻；

Φ——每极磁通量；

K——电动机结构参数。

直流电动机的转速控制方法可分为两类：对励磁磁通进行控制的励磁控制法和对电枢电压进行控制的电枢控制法。其中励磁控制法在低速时受磁极饱和的限制，在高速时受换向火花和换向器结构强度的限制，并且励磁线圈电感较大，动态响应较差，所以这种控制方法用得很少。现在，大多数应用场合都使用电枢控制法。绝大多数直流电动机采用开关驱动方式。开关驱动方式是使半导体功率器件工作在开关状态，通过脉宽调制PWM来控制电动机电枢电压，实现调速。

图4－11是利用开关管对直流电动机进行PWM调速控制的原理图和输入输出电压波形。图中，当开关管MOSFET的栅极输入高电平时，开关管导通，直流电动机电枢绕组两端有电压U_s。t_1后，栅极输入变为低电平，开关管截止，电动机电枢两端电压为0。t_2后，栅极输入重新变为高电平，开关管的动作重复前面的过程。这样，对应着输入的电平高低，直流电动机电枢绕组两端的电压波形如图中所示。

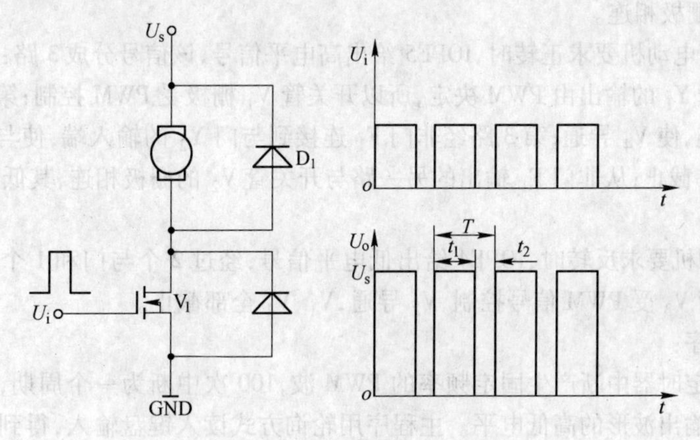

图4－11　直流电动机设计原理

电动机的电枢绕组两端的电压平均值

$$U_o = \frac{t_1 U_s + 0}{t_1 + t_2} = \frac{t_1}{T} U_s = \alpha U_s \tag{4-2}$$

式中，α为占空比，$\alpha = t_1/T$。占空比α表示了在一个周期T里，开关管导通的时间与周期的比值。α的变化范围为$0 \leqslant \alpha \leqslant 1$。由式（4－2）可知，在电源电压$U_s$不变的情况下，电枢的端电压的平均值$U_o$取决于占空比$\alpha$的大小，改变$\alpha$值就可以改变端电压的平均值，从而达到调速的目的，这就是PWM调速原理。

在PWM调速时，占空比α是一个重要参数。以下3种方法都可以改变占空比的值：

① 定宽调频法：这种方法是保持t_1不变，只改变t_2，这样使周期T（或频率）也随之改变。

② 调宽调频法：这种方法是保持t_2不变，只改变t_1，这样使周期T（或频率）也随之改变。

③ 定频调宽法：这种方法是使周期T（或频率）保持不变，而同时改变t_1和t_2。

前两种方法由于在调速时改变了控制脉冲的周期（或频率），当控制脉冲的频率与系统的固有频率接近时，将会引起震荡，因此这两种方法用得很少。目前，在直流电动机的控制中，主要使用定频调宽法。

3）ICETEK－CTR直流电动机模块。ICETEK－CTR即显示/控制模块上直流电动机部分的原理如图 4 – 12 所示。

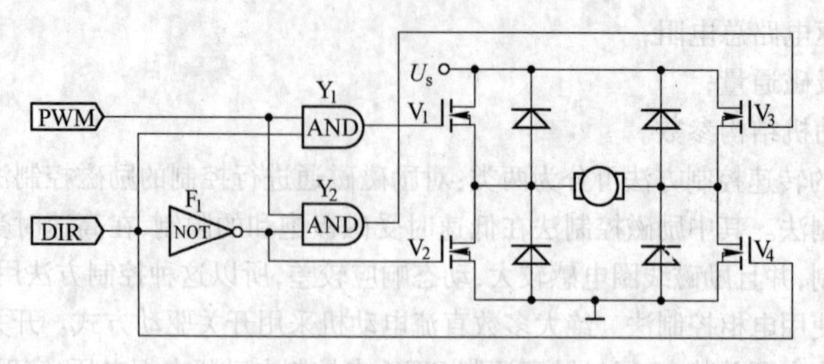

图 4 – 12　ICETEK – CTR 直流电动机模块

图中 PWM 输入对应 ICETEK – LF2407 – A 板上 P4 外扩插座第 26 引脚的 IOPE5 信号，DSP 将在此引脚上给出 PWM 信号用来控制直流电动机的转速；图中的 DIR 输入对应 ICETEK – LF2407 – A 板上 P4 外扩插座第 29 引脚的 IOPF4 信号，DSP 将在此引脚上给出高电平或低电平来控制直流电动机的方向。从 DSP 输出的 PWM 信号和转向信号先经过 2 个与门和 1 个非门再与各个开关管的栅极相连。

控制原理：当电动机要求正转时，IOPE5 给出高电平信号，该信号分成 3 路：第 1 路接与门 Y_1 的输入端，使与门 Y_1 的输出由 PWM 决定，所以开关管 V_1 栅极受 PWM 控制；第 2 路直接与开关管 V_4 的栅极相连，使 V_4 导通；第 3 路经非门 F_1 连接到与门 Y_2 的输入端，使与门 Y_2 输出为 0，这样使开关管 V_3 截止；从非门 F_1 输出的另一路与开关管 V_2 的栅极相连，其低电平信号也使 V_2 截止。

同样，当电动机要求反转时，IOPE4 给出低电平信号，经过 2 个与门和 1 个非门组成的逻辑电路后，使开关管 V_3 受 PWM 信号控制，V_2 导通，V_1、V_4 全部截止。

（4）实验程序：

程序中采用定时器中断产生固定频率的 PWM 波，100 次中断为一个周期，每次中断根据当前占空比判断应输出波形的高低电平。主程序用轮询方式读入键盘输入，得到转速和方向控制命令。

在改变电动机方向时为减少电压和电流的波动采用先减速再反转的控制顺序。

```
#include "2407c.h"
#include "scancode.h"
#define T46uS 0x0d40
ioport unsigned int port8000;
ioport unsigned int port8007;
void Delay(unsigned int nTime);
void interrupt none(void);
void interrupt gptime1(void);
void gp_init(void);
unsigned int uWork,nCount,uN,nCount1;
unsigned int cnt = 0;
unsigned int datacnt = 0, data[2] = {10,30};
main()
{
    asm("setc INTM");          //关中断
```

```
    port8000 = 0;
    port8000 = 0x80;
    port8000 = 2;
    port8000 = 1;                    //使能直流电动机
    port8007 = 0;                    //关闭东西方向的交通灯
    port8007 = 0x40;                 //关闭南北方向的交通灯
    uN = 10; nCount = nCount1 = 0; //cKey = cOldKey = 0;
    * WDCR = 0x6f;
    * WDKEY = 0x5555;
    * WDKEY = 0xaaaa;                //关闭看门狗中断
    * SCSR1 = 0x81fe;                //打开所有外设,设置时钟频率为 40MHz
    uWork = ( * MCRC);
    uWork& = 0x0efdf;  / * 将 PWM11/IOPE5,TDIR2/IOPF4 设置成通用 I/O 口
                         * / ( * MCRC) = uWork;
    gp_init();
    * IMR = 0x2;                      //使能定时器中断
    * IFR = 0xffff;                   //清所有中断标志
    uWork = ( * WSGR);                //(以下三句)设置 I/O 等待状态为 0
    uWork& = 0x0fe3f;
    ( * WSGR) = uWork;
    uWork = ( * PFDATDIR);            //(以下三句)将 direct 置为 0
    uWork| = 0x1000;
    uWork& = 0xffef;
    ( * PFDATDIR) = uWork;
    asm("clrc INTM");                 //开中断
    Delay(128);
    * T1PR = T46uS;                   //保存结果周期 = 0xd40 * 25ns
    for(;;)
    {
          if ( nCount > 50 )
                {
                      nCount = 0;
                }
    }
    port8000 = 0;
    port8000 = 0x80;
    port8000 = 0;
    exit(0);
}
void interrupt gptime1(void)
{
    uWork = ( * PIVR);
    switch(uWork)
    {
```

```
            case 0x27:
            {
                (*EVAIFRA) = 0x80;////////////////////////here:)
                uWork = (*PEDATDIR); uWork| = 0x2000;
                if ( nCount > uN )
                    uWork| = 0x20;
                else
                    uWork& = 0x0ffdf;
                    (*PEDATDIR) = uWork;
            nCount ++;
            nCount1 ++;
            nCount1% = 100;
            cnt ++;
            if(cnt > 10000)
            {
                cnt = 0;
                datacnt ++;
                if (datacnt > 1)
                    datacnt = 0;
                uN = data[datacnt];
            }
                break;
            }
        }
}
void gp_init(void)
{
    *EVAIMRA = 0x80;             //使能 T1PINT
    *EVAIFRA = 0xffff;           //清中断标志
    *GPTCONA = 0x0000;           //setting of period interrupt flag starts
    ADC *T1PR = T46uS*9/5;       //保存结果周期 = 0xd40*200*9/5ns = 1.22ms = 820Hz
    *T1CNT = 0;                  //计数器从 0 开始计数
    *T1CON = 0x1340;
}
void Delay(unsigned int nDelay)
{
    int i,j,k;
    for ( i = 0;i < nDelay;i ++ )
        for ( j = 0;j < 16;j ++ )
            k ++;
}
void interrupt none(void)
{}
```

(5) 实验步骤:

1) 连接设备。

① 关闭计算机和实验箱电源。

② 检查 ICETEK - LF2407 - A 板上跳线 JP6(MP/MC)的位置,应设置在"1 - 2"位置,即设置 DSP 工作在 MP 方式。如使用 PP 型仿真器则用附带的并口,连线连接计算机并口和仿真器相应接口。

③ 关闭实验箱上 3 个开关。

④ 将小键盘接头插入显示/控制模块上相应插座 P8。

2) 开启设备。

① 打开计算机电源。

② 打开实验箱全部电源开关,包括两个信号源及 ctr 控制模块的电源。

③ 注意:ICETEK - LF2407 - A 板上指示灯 D_1 和 D_2 亮,ICETEK - CTR 板上 J_2、J_3 灯亮。

④ ICETEK - LF2407 - A 板上指示灯 D_1、D_2 亮。

⑤ 如使用 USB 型仿真器用附带的 USB 电缆连接计算机和仿真器相应接口,注意仿真器上两个指示灯均亮。

3) 设置 Code Composer Studio 为 Emulator 方式。

4) 启动 Code Composer Studio 2.0。

5) 打开工程并浏览程序。

6) 编译并下载程序。

7) 运行并观察程序运行结果。开始运行程序后,电动机以较高的转速转动,经过大概 5 s 后,电动机转速变慢,再经过 5 s 电动机转速又加快,依次循环下去。

8) 停止运行。如果程序退出或中断时电动机不停转动,可以将控制 ICETEK - CTR 模块的电源开关关闭再开启一次。

(6) 实验结果:

通过实验可以发现,直流电动机可以程控地改变转速和方向。

(7) 思考题:

电动机是一个电磁干扰源。电动机的启、停会影响电网电压的波动,它周围的电器开关也会引发火花干扰。因此,除了采用必要的隔离、屏蔽和电路板合理布线等措施外,看门狗的功能就显得格外重要。看门狗在工作时不断地监视程序运行的情况,一旦程序"跑飞",会立刻使 DSP 复位。

4.3 PLC 实验

4.3.1 PLC 控制迷你相扑机器人实验

(1) 实验目的:

1) 熟悉直流电动机驱动原理;

2) 练习 PLC 驱动直流电动机的方法。

(2) 实验仪器:

S7 - 200PLC/CPU224XP 模块 1 个,迷你相扑机器人 1 个,24 V/5 A 稳压电源 1 台,12 V/3 A 稳压电源 1 台,示波器 1 台,导线若干。

(3) 实验原理:

1）PLC 输出 PWM 信号。CPU224XP 具有 2 个 PWM 输出口，即 Q0.0 和 Q0.1，最大脉冲频率 100 kHz。Q0.0 和 Q0.1 输出 PWM 必须首先设置以下特殊存储器：

① SMB67 和 SMB77：SMB67 和 SMB77 分别为 Q0.0 和 Q0.1 的 PWM 输出控制存储器，其各位定义如表 4 – 1 所示。

表 4 – 1　PWM 控制存储器设置

Q0.0	Q0.1	控制位功能
SM67.0	SM77.0	PWM 周期更新允许：0 = 不允许更新；1 = 允许更新
SM67.1	SM77.1	PWM 脉冲宽度更新允许：0 = 不允许更新；1 = 允许更新
SM67.2	SM77.2	与 PWM 设置无关
SM67.3	SM77.3	PWM 时间基准：0 = 1 μs/格；1 = 1 ms/ 格
SM67.4	SM77.4	更新 PWM 方式：0 = 异步更新；1 = 同步更新
SM67.5	SM77.5	与 PWM 设置无关
SM67.6	SM77.6	PTO/PWM 模式选择：0 = PTO；1 = PWM
SM67.7	SM77.7	PTO/PWM 脉冲输出允许位：0 = 禁止；1 = 有效

② SMW68 和 SMW78：PWM 周期值，范围为 0 ~ 65535。

③ SMW70 和 SMW80：PWM 脉冲宽度，范围为 0 ~ 65535。

CPU224XP 的两路 PWM 可以同时输出。PWM 的周期值写入 SMW68、SMW78 存储器，该数值的单位由相应的控制位设定，可以是 μs 或 ms。PWM 的脉宽值应当在零和周期值之间设定。例如，设置周期值为 1000，则同时决定了 PWM 的分辨率为 0.1%，如果计数值单位为 μs，则周期为 1 ms。

2）直流电动机控制。小功率的直流电动机，驱动电压一般在 5 ~ 40 V 之间，电压小于 1.5 V 的，常常采用 L298 作为驱动元件。L298 芯片是 2 路全桥驱动器，共有 20 个引脚。两路输入分别具有使能端和控制信号输入端。L298 可以驱动两路直流电动机，其接线及逻辑图如图 4 – 13 所示。

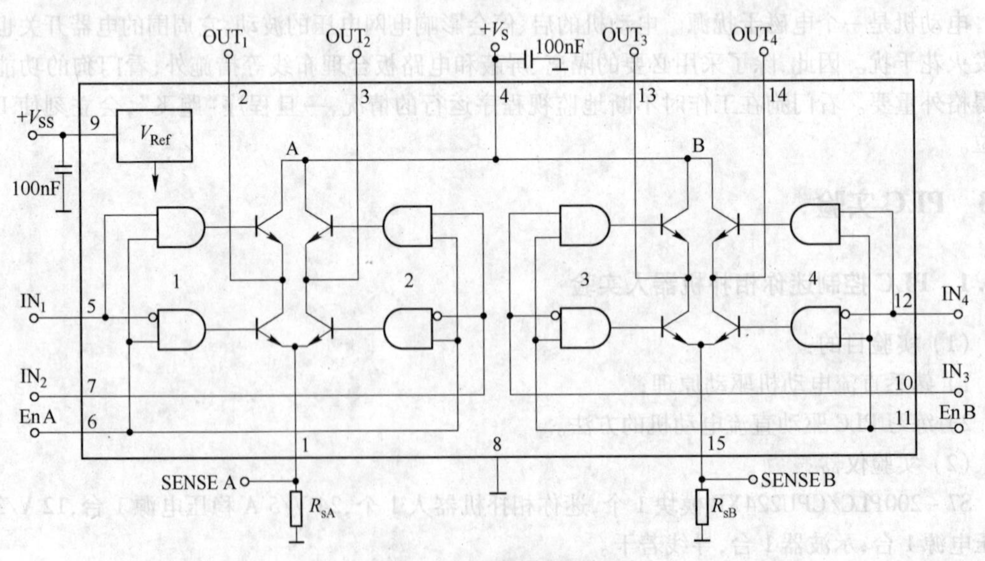

图 4 – 13　L298 内部逻辑图

迷你相扑机器人由两台 12 V 直流电动机带减速器驱动。用 L298 驱动一台直流电动机的原理如图 4－14 所示。

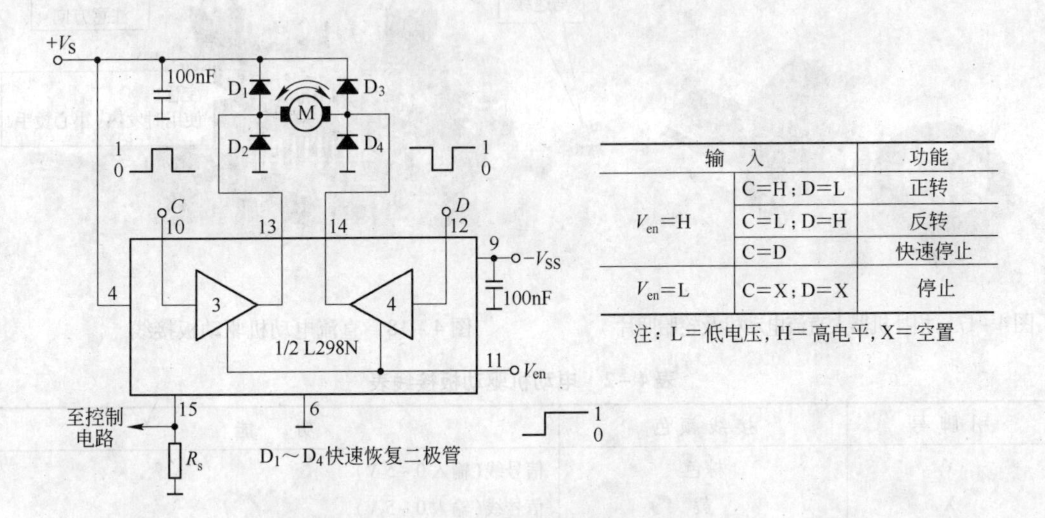

输入		功能
V_{en}=H	C=H；D=L	正转
	C=L；D=H	反转
	C=D	快速停止
V_{en}=L	C=X；D=X	停止

注：L＝低电压，H＝高电平，X＝空置

图 4－14　L298 与直流电动机接线图

（4）实验步骤：

1）编写 PWM 输出程序，利用示波器观察效果。设置 SMB67 为 2#11010011（16#D3），设置 SMW68 为 255 并且通过 SMB28 改变占空比，在 Q0.0 输出 PWM 信号。参考程序如图 4－15 所示，通过示波器观测到的 PWM 信号如图 4－16 所示。

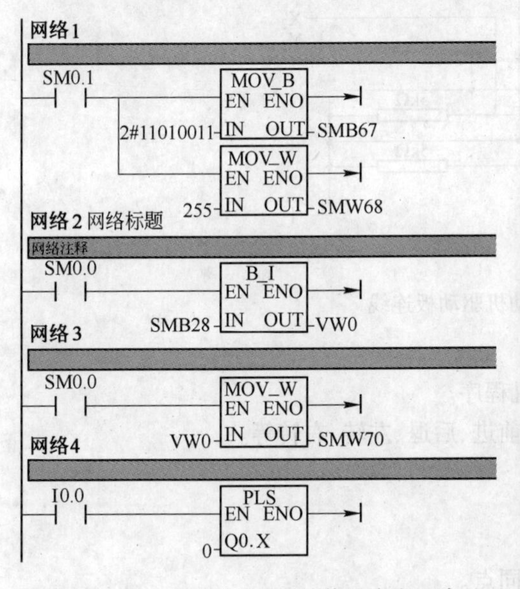

图 4－15　生成单路 PWM 信号参考程序

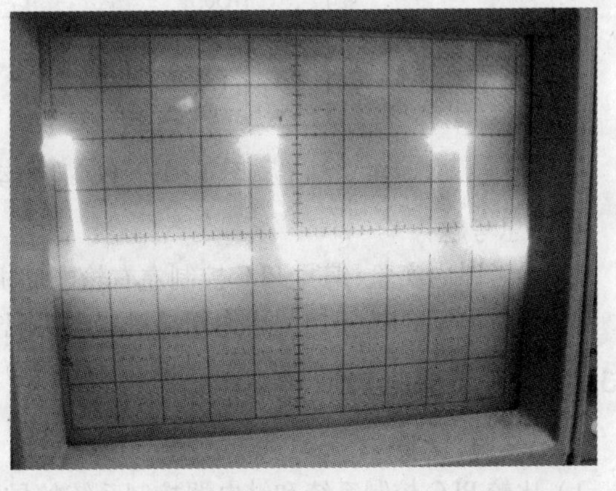

图 4－16　通过示波器观测到的 PWM 波形

2）硬件接线。迷你相扑机器人由两个 12 V 的直流电动机驱动，如图 4－17 所示。其驱动模块如图 4－18 所示。现已将电动机和驱动模块安装并连线完毕，只要求实验学生连接图 4－18 中的电动机控制线。电动机控制线的定义如表 4－2 所示。

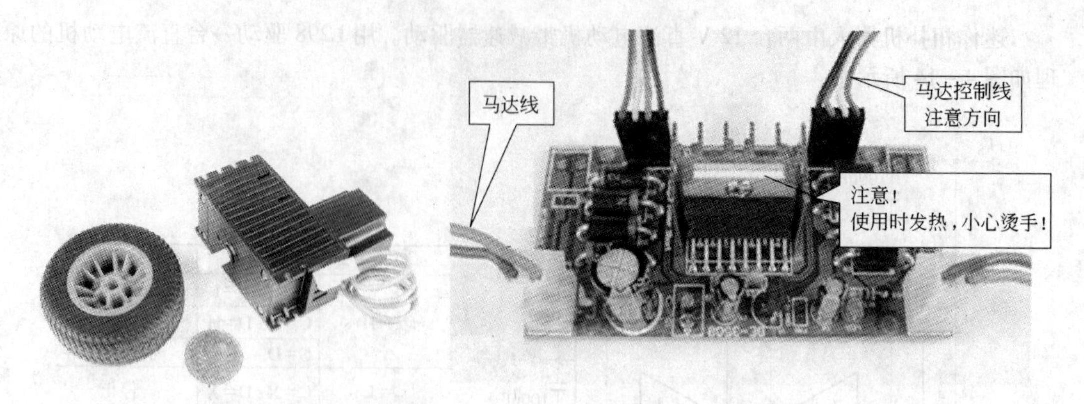

图 4－17　相扑机器人直流电动机及轮胎照片　　　图 4－18　直流电动机驱动板接线

表 4－2　电动机驱动板接线表

引 脚 号	接 线 颜 色	功　　能
Y	棕色	信号线（输入 0～5 V）
X	黄	信号线（输入 0～5 V）
V	红	正电源（输入 7.2～16 V）
G	黑	地线（0 V）

PLC 与电动机驱动板连线如图 4－19 所示。连接后相扑机器人的电动机即可通过模拟电位器 SMB28 进行调速。

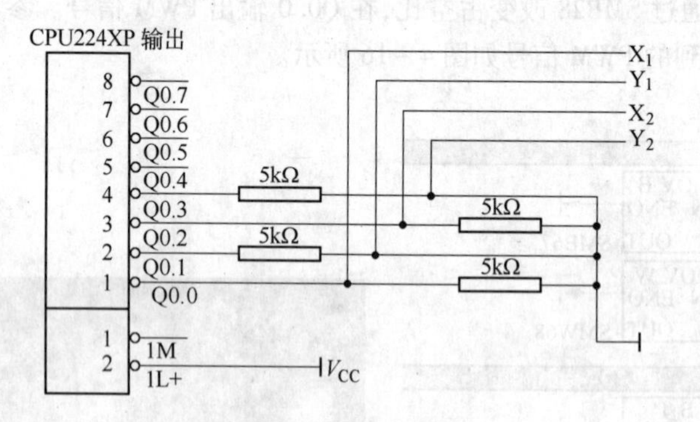

图 4－19　PLC 与电动机驱动板连线

（5）思考题：

1）参考课内实验，编写 PLC 控制左右轮电动机程序。

2）通过 PLC 的按钮控制迷你相扑机器人实现前进、后退、左转、右转等。

4.3.2　数控机床的 PLC 控制实验

（1）实验目的：

1）比较 PLC 控制系统和继电器控制系统的异同点。

2）掌握 PLC 控制系统的开发技能。

（2）实验原理：

1）数控机床电气组成。现有 1 台数控机床，机床电气控制系统由 1 台变压器、真空泵、5 台交流伺服电动机、1 台主轴电动机组成。每台伺服电动机配有一台伺服驱动器。各电器件的电气特性如下：

① 变压器:将三相 380 VAC 转换为三相 200 VAC,容量为 6.5 kVA。

② 真空泵:需要三相 380 VAC 供电。

③ 伺服电动机:5 台伺服电动机功率不同,但是都属于三相永磁同步电动机,相应的伺服驱动器需要单相 200 V 给伺服驱动器供电和三相 200 V 给主电路供电。

④ 主轴电动机为三相永磁步进电动机,驱动电压为单相 220 V。

2）继电器控制原理图。

伺服电动机驱动器在检测到伺服系统故障后能够输出报警信号,如图 4-20 所示。伺服电动机驱动器报警信号的逻辑如下,当伺服系统正常工作时,晶体管导通,当伺服系统出现异常时,晶体管截止。为方便起见,将 6 个伺服驱动器的输出晶体管串联后再与报警继电器串联。

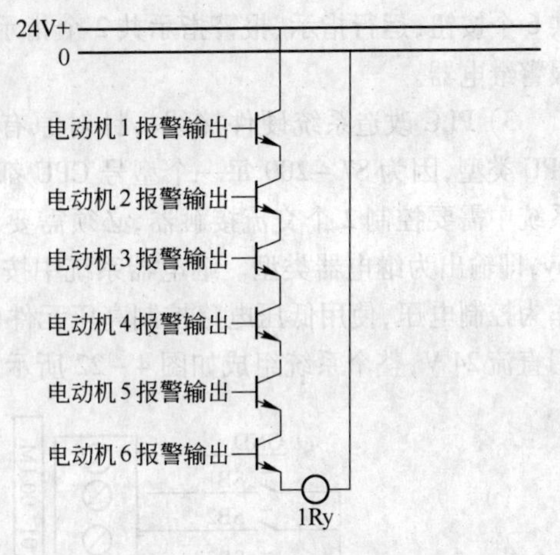

图 4-20 电动机报警信号输出

继电器控制系统工作原理如图 4-21 所示。

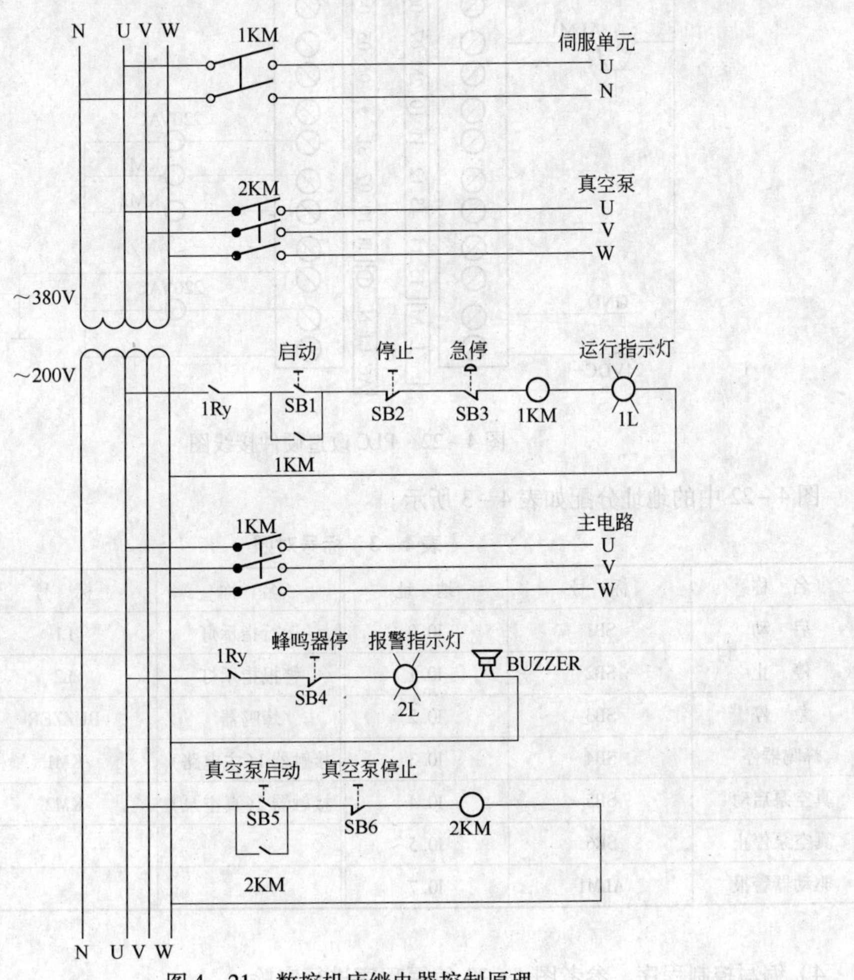

图 4-21 数控机床继电器控制原理

继电器控制系统的操作面板上安装有启动、停止、急停、真空泵启动、真空泵停止、蜂鸣器停共 6 个按钮,运行指示、报警指示共 2 个指示灯,1 个蜂鸣器。另外使用了 2 个交流接触器,1 个报警继电器。

3）PLC 改造系统硬件接线。针对原有继电器控制系统进行 PLC 控制改造。首先要选择 CPU 类型,因为 S7 - 200 每一个型号 CPU 都有两种类型,即继电器输出和晶体管输出。由于本系统中需要控制 2 个交流接触器,必须需要 2 路继电器输出,因此 CPU 类型选择为 AC/DC/Relay,即输出为继电器类型。继电器系统中按钮直接切断 220 V 交流电路,实验用 PLC 可以用 24 V 作为控制电压,使用低压电路控制高压元件(交流接触器)。另外,运行指示灯、蜂鸣器也可以采用直流 24 V,整个系统组成如图 4 - 22 所示。

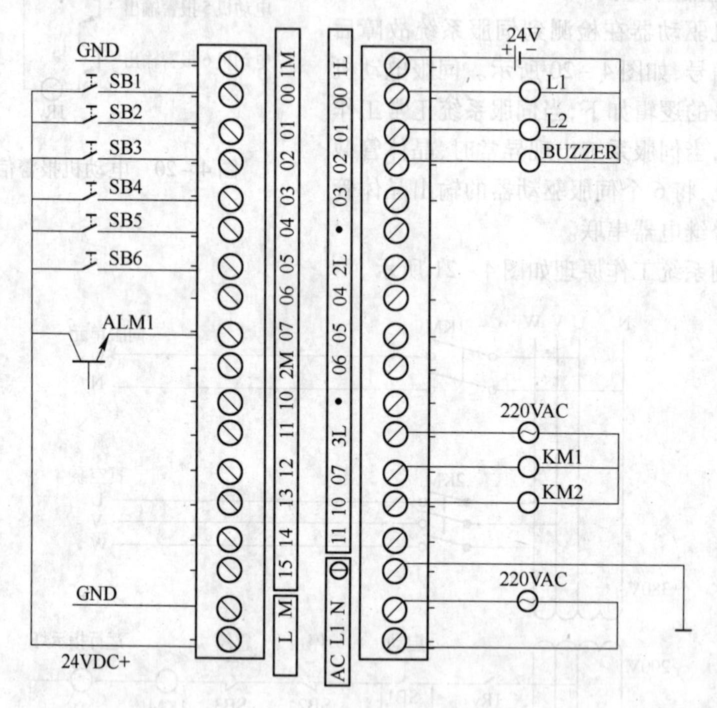

图 4 - 22　PLC 改造硬件接线图

图 4 - 22 中的地址分配如表 4 - 3 所示。

表 4 - 3　标号对照

名　称	标　号	地　址	名　称	标　号	地　址
启　动	SB1	I0. 0	运行指示灯	L1	Q0. 0
停　止	SB2	I0. 1	警报指示灯	L2	Q0. 1
急　停	SB3	I0. 2	蜂鸣器	BUZZER	Q0. 2
蜂鸣器停	SB4	I0. 3	接触器 1(主电路)	KM1	Q0. 7
真空泵启动	SB5	I0. 4	接触器 2(真空泵)	KM2	Q1. 0
真空泵停止	SB6	I0. 5			
驱动器警报	ALM1	I0. 7			

4）编写控制程序。参考图 4 - 23 编写程序进行实验。

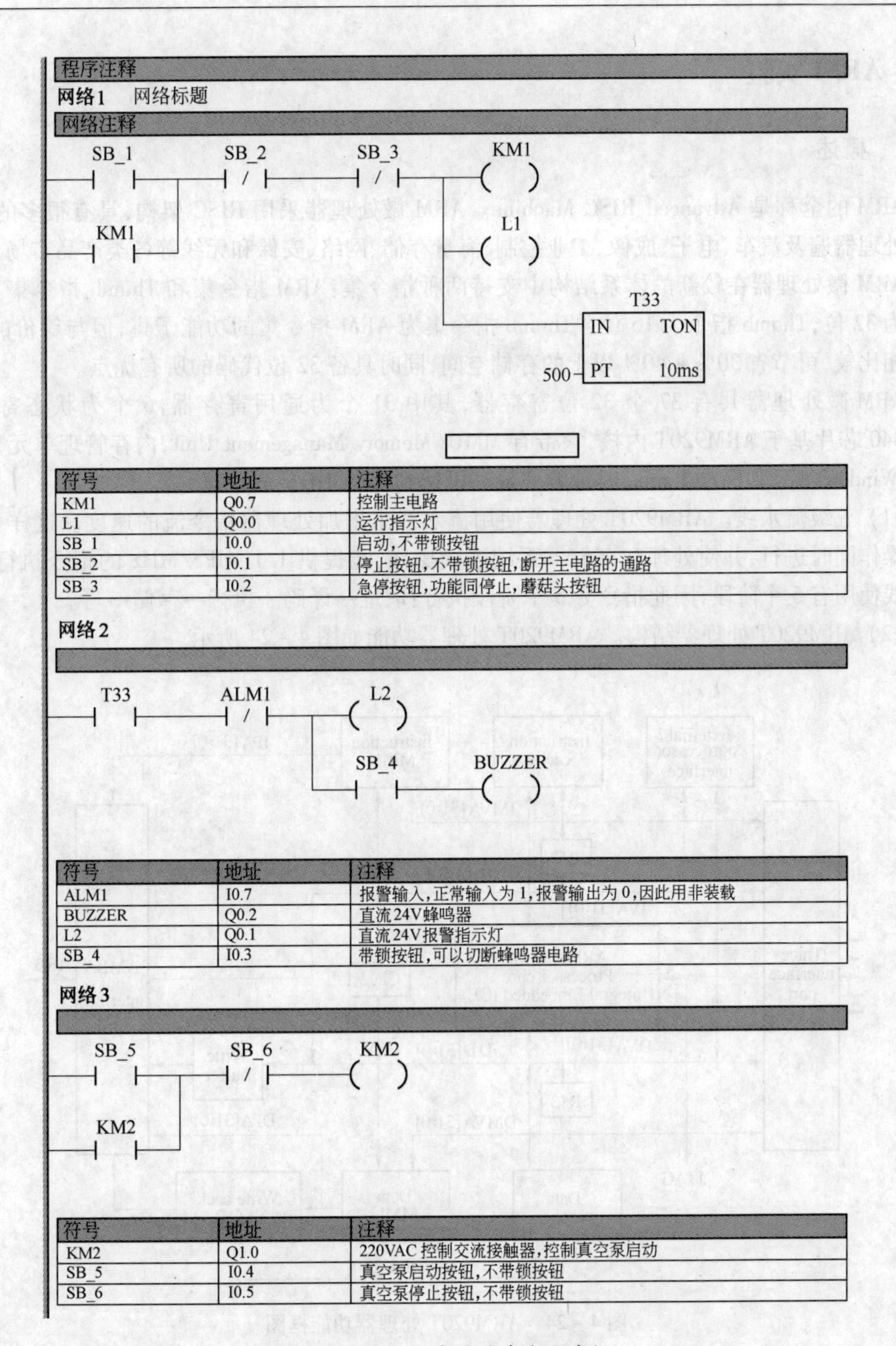

符号	地址	注释
KM1	Q0.7	控制主电路
L1	Q0.0	运行指示灯
SB_1	I0.0	启动,不带锁按钮
SB_2	I0.1	停止按钮,不带锁按钮,断开主电路的通路
SB_3	I0.2	急停按钮,功能同停止,蘑菇头按钮

符号	地址	注释
ALM1	I0.7	报警输入,正常输入为1,报警输出为0,因此用非装载
BUZZER	Q0.2	直流24V蜂鸣器
L2	Q0.1	直流24V报警指示灯
SB_4	I0.3	带锁按钮,可以切断蜂鸣器电路

符号	地址	注释
KM2	Q1.0	220VAC 控制交流接触器,控制真空泵启动
SB_5	I0.4	真空泵启动按钮,不带锁按钮
SB_6	I0.5	真空泵停止按钮,不带锁按钮

图 4－23 机床改造参考程序

（3）实验步骤：

1）参考图 4－22 连接线路。

2）参考图 4－23 编写梯形图程序进行实验。

（4）思考题：

1）PLC 控制相比继电器控制有何优点？

2）简述图 4－23 中的定时器的用途。

4.4　ARM 实验

4.4.1　概述

ARM 的全称是 Advanced RISC Machine。ARM 微处理器采用 RISC 架构，具有很多的优点。该微处理器遍及汽车、电子、成像、工业控制、海量存储、网络、安保和无线等各类产品市场。

ARM 微处理器在较新的体系结构中支持两种指令集：ARM 指令集和 Thumb 指令集。ARM 指令为 32 位，Thumb 指令为 16 位。Thumb 指令集为 ARM 指令集的功能子集，但与等价的 ARM 代码相比较，可节省 30% ~40% 以上的存储空间，同时具备 32 位代码的所有优点。

ARM 微处理器共有 37 个 32 位寄存器，其中 31 个为通用寄存器，6 个为状态寄存器。S3C2440 芯片基于 ARM920T 内核，它带有 MMU(Memory Management Unit，内存管理单元)，因此支持 Windows CE 和标准 Linux，时钟频率最高可达到 533 MHz。

(1) 五级流水线。ARM920T 处理器使用流水线来增加处理器指令流的速度。这样可以使几个操作同时进行，并使处理和存储器系统连续操作，能提供 1.1 MIPS/MHz 的指令执行速度。流水线使用有 5 个阶段，因此指令分 5 个阶段执行：取址→译码→执行→存储→写。

(2) ARM920T 处理器结构。ARM920T 处理器功能如图 4-24 所示。

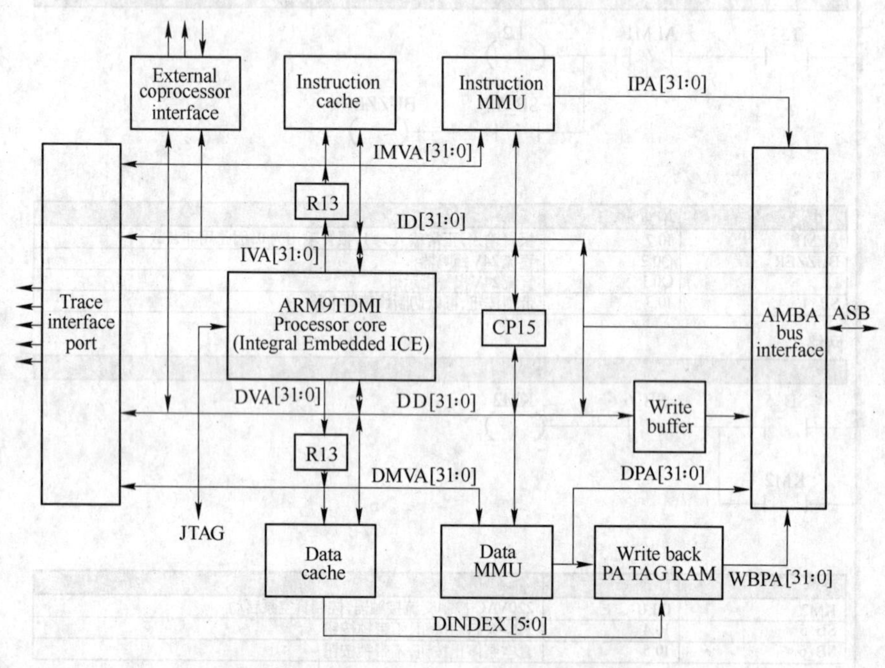

图 4-24　ARM920T 处理器功能框图

(3) ADS 开发环境介绍。

ADS 全称为 ARM Developer Suite，是 ARM 公司推出的新一代 ARM 集成开发工具。它除了可以安装在 Windows 操作系统下，还可以安装在 Linux 操作系统下。

ADS 由命令行开发工具、ARM 时实库、GUI 开发环境(Code Warrior 和 AXD)、实用程序和支持软件组成。有了这些部件，用户就可以为 ARM 系列的 RISC 处理器编写和调试自己的开发应用程序了。

1) 命令行开发工具。命令行开发工具完成将源代码编译，链接成可执行代码的功能。ADS

提供下面的命令行开发工具：

armcc：armcc 是 ARM C 编译器。这个编译器通过了 Plum Hall C Validation Suite 为 ANSI C 的一致性测试。armcc 用于将用 ANSI C 编写的程序编译成 32 位 ARM 指令代码。armcc 是最常用的编译器。

armcpp：armcpp 是 ARM C ++ 编译器。它将 ISO C ++ 或 EC ++ 编译成 32 位 ARM 指令代码。

tcc：tcc 是 Thumb C 编译器。该编译器通过了 Plum Hall C Validation Suite 为 ANSI C 的一致性测试。tcc 将 ANSI C 源代码编译成 16 位的 Thumb 指令代码。

tcpp：tcpp 是 Thumb C ++ 编译器。它将 ISO C ++ 和 EC ++ 源码编译成 16 位 Thumb 指令代码。

armasm：armasm 是 ARM 和 Thumb 的汇编器。它对用 ARM 汇编语言和 Thumb 汇编语言写的源代码进行汇编。

armlink：armlink 是 ARM 连接器。该命令既可以将编译得到的一个或多个目标文件和相关的一个或多个库文件进行链接，生成一个可执行文件，也可以将多个目标文件部分链接成一个目标文件，以供进一步的链接。ARM 链接器生成的是 ELF 格式的可执行映像文件。

armsd：armsd 是 ARM 和 Thumb 的符号调试器。它能够进行源码级的程序调试。用户可以在用 C 语言或汇编语言写的代码中进行单步调试，设置断点，查看变量值和内存单元的内容。

2）CodeWarrior。CodeWarrior for ARM 是一套完整的集成开发工具，充分发挥了 ARM RISC 的优势，使产品开发人员能够很好地应用尖端的片上系统技术。该工具是专为基于 ARM RISC 的处理器而设计的。它可加速并简化嵌入式开发过程中的每一个环节，使得开发人员只需通过一个集成软件开发环境就能研制出 ARM 产品。在整个开发周期中，开发人员无需离开 CodeWarrior 开发环境，因此节省了在操作工具上花的时间，开发人员可以将更多的精力投入到代码编写中。

CodeWarrior 集成开发环境（IDE）为管理和开发项目提供了简单多样化的图形用户界面。用户可以使用 ADS 的 CodeWarrior IDE 为 ARM 和 Thumb 处理器开发用 C、C ++ 或 ARM 汇编语言的程序代码。通过提供下面的功能，CodeWarrior IDE 缩短了用户开发项目代码的周期。

在 CodeWarrior IDE 中所涉及到的 target 有两种不同的语义。目标系统（Target system）是特指代码要运行的环境，是基于 ARM 的硬件。例如，要为 ARM 开发板编写运行在它上面的程序，开发板就是目标系统。生成目标（Build target）是指用于生成特定的目标文件的选项设置（包括汇编选项，编译选项，链接选项以及链接后的处理选项）和所用的文件的集合。CodeWarrior IDE 能够让用户将源代码文件、库文件还有其他相关的文件以及配置设置等放在一个工程中。每个工程可以创建和管理生成目标设置的多个配置。例如，要编译一个包含调试信息的生成目标和一个基于 ARM7TDMI 的硬件优化生成目标，这两个生成目标可以在同一个工程中共享文件，同时使用各自的设置。

3）ADS 调试器。用户通过使用调试器对正在运行的可执行代码进行变量的查看、断点的控制等调试操作。ADS 中包含有 3 个调试器：AXD（ARM eXtended Debugger）：ARM 扩展调试器；armsd（ARM Symbolic Debugger）：ARM 符号调试器；与老版本兼容的 Windows 或 Unix 下的 ARM 调试工具，ADW/ADU（Application Debugger Windows/Unix）。

4.4.2　ARM9 - 2440EP 实验箱

ARM9 - 2440EP 是一款基于三星 S3C2440X 16/32 位 RISC 处理器（ARM920T）的针对高校嵌入式教学和实验科研的平台，如图 4 - 25 和图 4 - 26 所示。S3C2440X 包含 1 个 16 -/32 - bit

的RISC(ARM920T)的CPU内核,独立的16 KB指令和16 KB数据的缓存(cache),用于虚拟内存管理的MMU单元,LCD控制器(STN&TFT),非线性(NAND)FLASH的引导单元,系统管理器(包括片选逻辑控制和SDRAM控制器),3个通道的异步串口(UART),4个通道的DMA,4个通道的带脉宽调制(PWM)的定时器,输入输出端口,实时时钟单元(RTC),Camera Interface(最大输入支持4096×4096像素,缩放支持2048×2048像素),带有触摸屏接口的8个通道的10-bit ADC,IIC总线接口,IIS总线接口,USB的主机(host)单元,USB的设备(device)接口,SD卡和MMC(Multimedia Card)卡接口,2个通道的SPI接口和锁相环(PLL)时钟发生单元。

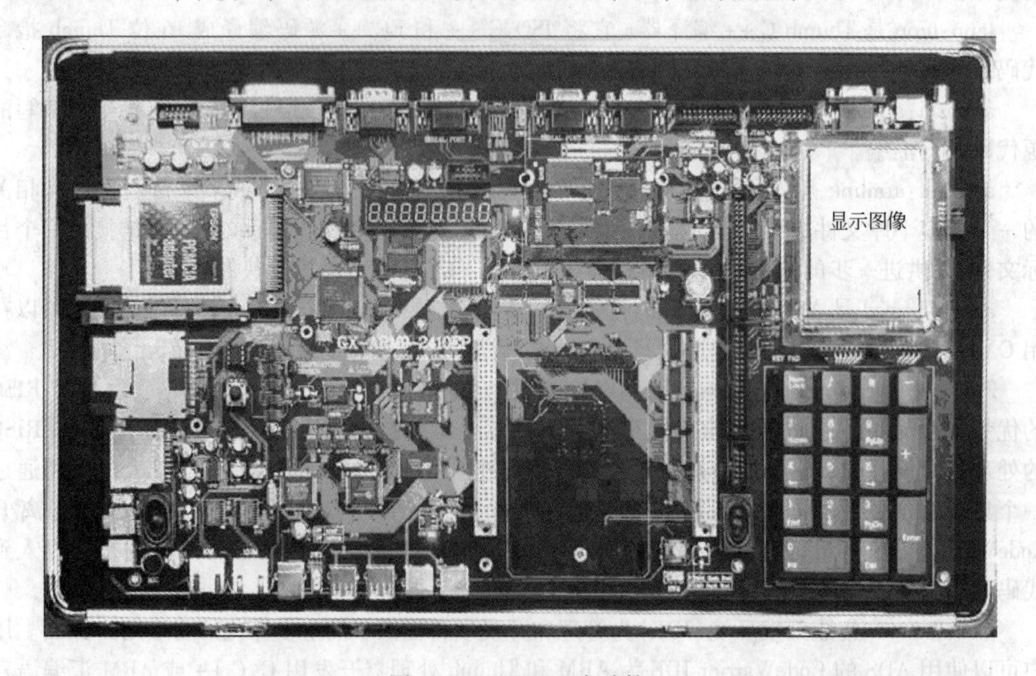

图4-25　2440EP实验箱

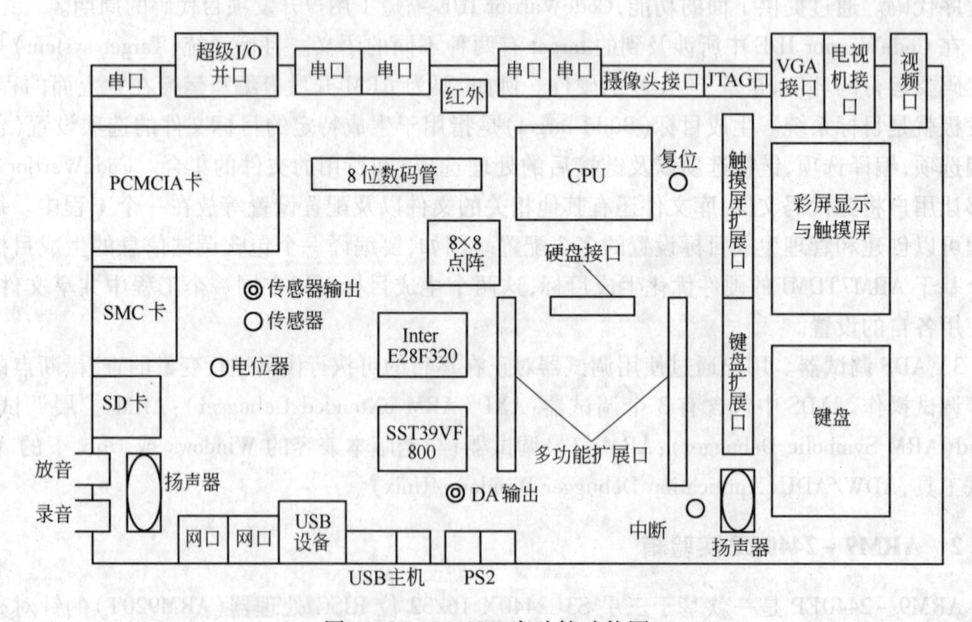

图4-26　2440EP实验箱功能图

4.4.3 C 语言编程实验

(1) 实验目的:

1) 熟悉 ADS 开发环境。

2) 熟悉 ARM 指令系统。

3) 利用 C 语言编写程序。

4) 利用 AXD 对程序进行调试。

(2) 实验仪器:

硬件:PC 机 1 台。

软件:Windows 操作系统,ADS1.2 集成开发环境。

(3) 实验说明:

编写一个汇编程序文件和一个 C 程序文件。汇编程序的功能是初始化堆栈指针和初始化 C 程序的运行环境,然后跳转到 C 程序运行,这就是一个简单的启动程序。C 程序使用加法运算来计算 $1+2+3+\cdots+(N-1)+N$ 的值($N>0$)。

(4) 实验步骤:

1) 启动 ADS1.2,使用 ARM Executable Image 工程模板建立一个工程 c1.mcp。

2) 建立汇编源文件 Startup.s 和 c1.c,编写实验程序,然后添加到工程中。

3) 设置工程连接地址 RO Base 为 0x30000000,RW Base 为 0x30003000,设置调试口地址 Image entry point 为 0x30000000。

4) 设置位于开始位置的起始代码段,如图 4-27 所示。

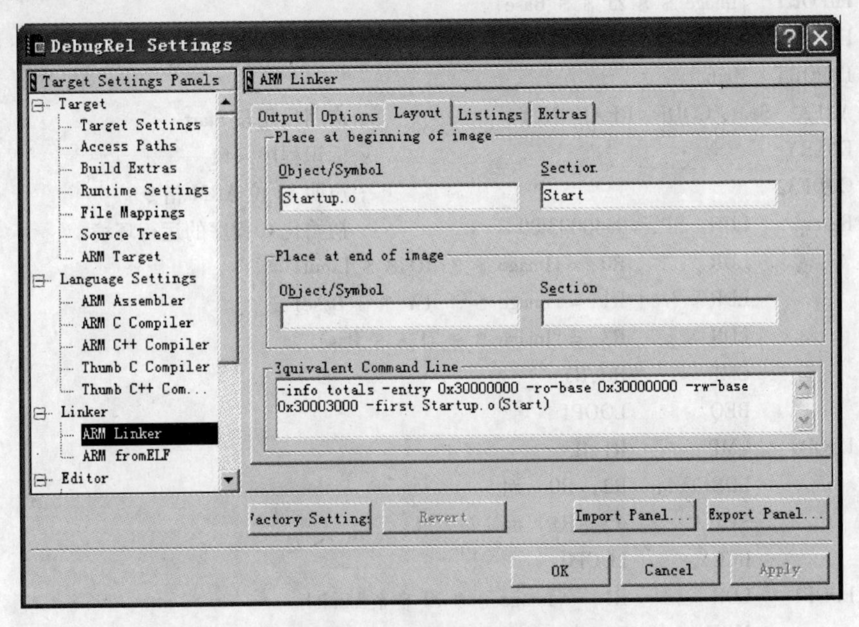

图 4-27 设置起始代码段

5) 编译连接工程,选择 Project | Debug,启动 AXD 进行软件仿真调试。

6) 在 Startup.S 的"B Main"处设置断点,然后全速运行程序。

7) 程序在断点处停止,单步运行程序,判断程序是否跳转到 C 程序中运行。

8) 选择 Processor Views | Variables 打开变量观察窗口,观察全局变量的值,单步/全速运行

程序，判断程序的运算结果是否正确。

（5）程序清单：

1）C语言实验参考程序：

```
#define    uint8     unsigned char
#define    uint32    unsigned int
#define    N         100
uint32     sum;
void       Main(void)
{
    uint32 i;
    sum = 0;
    for(i = 0;i <= N;i ++)
    {
    sum + = i;}
    while(1);
    }
}
```

2）简单的启动代码：

```
IMPORT   |Image $ $ RO $ $ Limit|
IMPORT   |Image $ $ RW $ $ Base|
IMPORT   |Image $ $ ZI $ $ Base|
IMPORT   |Image $ $ ZI $ $ Limit|
IMPORT   Main
AREA   Start, CODE, READONLY                    ; 声明代码段 Start
ENTRY                                           ; 标识程序入口
CODE32                                          ; 声明 32 位 ARM 指令
Reset    LDR   SP, =0x40003f00                  ; 初始化 C 程序的运行环境
         LDR      R0, = |Image $ $ RO $ $ Limit|
         LDR      R1, = |Image $ $ RW $ $ Base|
         LDR      R3, = |Image $ $ ZI $ $ Base|
         CMP      R0,R1
         BEQ      LOOP1
LOOP0    CMP      R1,R3
         LDRCC    R2,[R0],#4
         STRCC    R2,[R1],#4
         BCC      LOOP0
LOOP1    LDR      R1, = |Image $ $ ZI $ $ Limit|
         MOV      R2,#0
LOOP2    CMP      R3,R1
         STRCC    R2,[R3],#4
         BCC      LOOP2
         B        Main                          ; 跳转到 C 程序代码
         END
```

4.4.4 I/O 接口实验

(1) 实验目的:

1) 熟悉 ARM 芯片。

2) 掌握 I/O 口配置方法。

3) 通过实验掌握 ARM 芯片 I/O 控制 LED 显示。

(2) 实验设备:

1) ARM2440 嵌入式开发板,JTAG 仿真器。

2) 软件:Windows 开发环境,ADS1.2 集成开发环境。

ARM 2440X 芯片上有 117 个多功能 I/O 引脚,分别是:1)端口 A(GPA):23 个输出端口;2)端口 B(GPB):11 个输入/输出端口;3)端口 C(GPC):16 个输入/输出端口;4)端口 D(GPD):16 个输入/输出端口;5)端口 E(GPE):16 个输入/输出端口;6)端口 F(GPF):8 个输入/输出端口;7)端口 G(GPG):16 个输入/输出端口;8)端口 H(GPH):11 个输入/输出端口。

每个端口都可以通过软件配置寄存器来满足不同系统和设计的需要。在运行主程序之前,必须先对每一个用到的引脚的功能进行设置。如果某些引脚的复用功能没有使用,那么可以先将该引脚设置为 I/O 口。

ARM 2440X 芯片与端口相关的寄存器:

1) 端口控制寄存器(GPACON ~ GPHCON):在 ARM2440X 芯片中,大部分引脚是多路复用的,所以要确定每个引脚的功能。PnCON(端口控制寄存器)能够定义引脚功能。如果 GPF0 ~ GPF7 和 GPG0 ~ GPG7 被用作掉电模式下的唤醒信号,那么这些端口必须配置成中断模式。

2) 端口数据寄存器(GPADAT ~ GPHDAT):如果端口定义为输出口,那么输出数据可以写入 PDATn 中的相应位;如果端口定义为输入口,那么输入数据可以从 PDATn 相应的位中读入。

3) 端口上拉寄存器(GPBUP ~ GPHUP):通过配置端口上拉寄存器,可以使该组端口与上拉电阻连接或断开。当寄存器中相应的位配置为 0 时,该引脚接上拉电阻;当寄存器中相应的位配置为 1 时,该引脚不接上拉电阻。

4) 外部中断控制寄存器(EXTINTn):通过不同的信号方式可以使 24 个外部中断被请求。EXTINTn 寄存器可以根据外部中断的需要,将中断触发信号配置为低电平触发、高电平触发、下降沿触发、上升沿触发和边沿触发几种方式。

发光二极管 LED1 ~ LED4 的正极接 ARM2440 板上的 3.3 V 高电压,负极通过限流电阻分别与 ARM2440 的 GPF4 ~ GPF7 引脚连接,如图 4-28 所示。四盏灯的分配如下:

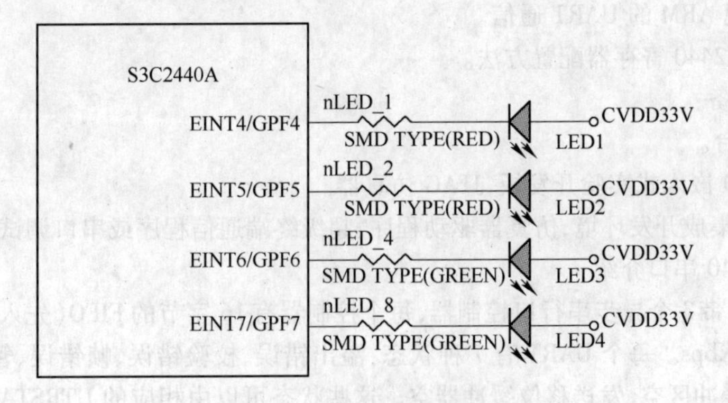

图 4-28 发光二极管控制电路

LED1 红色　LED EINT4/GPF4

LED2 红色　LED EINT5/GPF5

LED3 绿色　LED EINT6/GPF6

LED4 绿色　LED EINT7/GPF7

这四个引脚属于端口 F,已经配置为输出口。通过向 GPFDAT 寄存器中相应的位写入 0 或 1,可以使引脚 GPF4 ~ GPF7 输出低电平或高电平。当 GPF4 ~ GPF7 输出低电平时,LED 点亮;当 GPF4 ~ GPF7 输出高电平时,LED 熄灭。

(3) 实验步骤:

1) 参照模板,新建一个工程 GPIO. mcp,添加相应的文件,并修改 GPIO 的工程设置。

2) 创建 Main. c 文件,并加入到工程文件 GPIO. mcp 中。

3) 为 Main. c 文件的主任务 maintask 添加如下的语句。

```
void Main(void)
{
    int i;
    Port_Init();                          //初始化 I/O
    while (1)
    {
    Led_Display(0x0f);                    //灯亮
    for (i=0; i<0xfffff; i++);            //延迟
    Led_Display(0x00);                    //灯灭
    for (i=0; i<0xfffff; i++);            //延迟
    }
}
```

4) 编译 GPIO 工程。

5) 下载程序并运行,观察结果。

4.4.5　ARM 串口通信实验

(1) 实验目的:

1) 掌握 ARM 基本原理。

2) 掌握 ARM 串口的工作原理。

3) 编程实现 ARM 的 UART 通信。

4) 掌握 S3C2440 寄存器配置方法。

(2) 实验设备:

1) PC 机 1 台。

2) ARM2440 嵌入式实验开发板,JTAG 仿真器。

3) ADS1. 2 集成开发环境,仿真器驱动程序,超级终端通信程序或串口调试工具。

(3) ARM2440 串口介绍:

ARM2440 自带 3 个异步串行口控制器,每个控制器有 16 字节的 FIFO(先入先出寄存器),最大波特率 115. 2 Kbps。每个 UART 有 7 种状态:溢出错误、校验错误、帧错误、暂停态、接收缓冲区准备好、发送缓冲区空、发送移位缓冲器空。这些状态可以由相应的 UTRSTATn 或 UERSTATn 寄存器表示,并且与发送接收缓冲区相对应的有错误缓冲区。串行接口如图 4 - 29 所示。

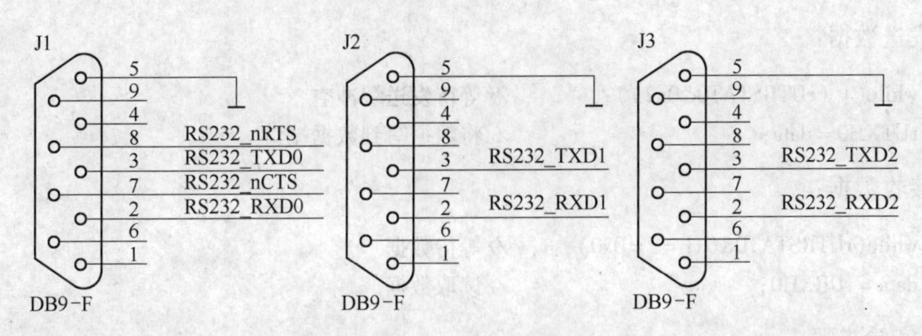

图 4-29 S3C2440 串行口

波特率的大小由一个专用的 UART 波特率分频寄存器(UBRDIVn)控制,该寄存器中的值按式(4-3)计算。

$$M_{UB} = (\text{int})[M_{CLK}/(M_{bps} \times 16)] - 1 \quad (4-3)$$

式中,M_{CLK}为系统时钟频率;M_{UB}为寄存器的值,它必须在 1 ~ $(2^{16}-1)$之间,M_{bps}为波特率。例如,在 40 MHz 的情况下,当波特率取 115200 时,

$$M_{UB} = (\text{int})[40000000/(115200 \times 16)] - 1$$
$$= (\text{int})(21.7) - 1 = 21 - 1 = 20$$

与 UART 有关的寄存器主要有以下几个:

1) UART 行控制寄存器 ULCONn。该寄存器的第 6 位决定是否使用红外模式,第 5 ~ 3 位决定校验方式,第 2 位决定停止位长度,第 1 位和第 0 位决定每帧的数据位数。

2) UART 控制寄存器 UCONn。该寄存器决定 UART 的各种模式。

3) FIFO 控制寄存器 UFCONn。该寄存器用于收发缓冲的管理,包括缓冲的触发字节数的设置、FIFO 的清除和使能。

4) MODEM 控制寄存器 UMCONn。该寄存器用于设置流控制方式。在实验中没有使用流控制。

5) 错误状态寄存器 UERSTATn。它可以反映芯片当前的错误类型。

6) FIFO 状态寄存器 UFSTATn。通过它读出目前 FIFO 是否满以及其中的字节数。

7) 发送寄存器 UTXH 和接收寄存器 URXH。这两个寄存器存放着发送和接收的数据,当然只有一个字节 8 位数据。需要注意的是,在发生溢出错误时,接收的数据必须被读出来,否则会引发下次溢出错误。

8) 波特率分频寄存器 UBRDIV。该寄存器为 16 位,算法参见式(4-3)。

(4) 实验说明:

串口是嵌入式系统中一个重要资源,常用来做输入输出设备。串口的基本操作有三个:串口初始化、发送数据和接收数据,这些操作都是通过访问串口控制寄存器进行,下面分别说明。

1) 串口初始化程序:

```
MMU_Init();                          //初始化内存管理单元
                                     //设置系统时钟
ChangeClockDivider(1,1);             // 1:2:4
ChangeMPllValue(0xa1,0x3,0x1);       // FCLK=202.8MHz
Port_Init();                         //初始化 I/O 口
Uart_Init(0,115200);                 //初始化串口
Uart_Select(0);                      //选择串口 0
```

2）发送数据：

```
while(!(rUTRSTAT0&0x2));          //等待发送缓冲空
rUTXH0 = data;                    //将数据写到数据端口
```

3）接收数据：

```
while(rUTRSTAT0&0x1 = =0x0);      //等待数据
data = rURXH0;                    //读取数据
```

（5）实验步骤：

1）参照模板工程，新建一个工程 UART，添加相应的文件，并修改 UART 的工程设置。

2）创建 Main. c 和 mmu. c 并加入到工程 UART 中。

3）编写串口操作函数实现如下功能：循环接收串口送来的数据，并将接收到的数据发送回去。

4）编译 UART。

5）将计算机的串口接到开发板的 UART0 上。

6）运行超级终端，选择正确的串口号，并将串口设置为：波特率（115200）、奇偶校验（None）、数据位数（8）和停止位数（1），无流控，打开串口。

7）运行程序，在超级终端中输入的数据将回显到超级终端上，如图 4－30 所示。

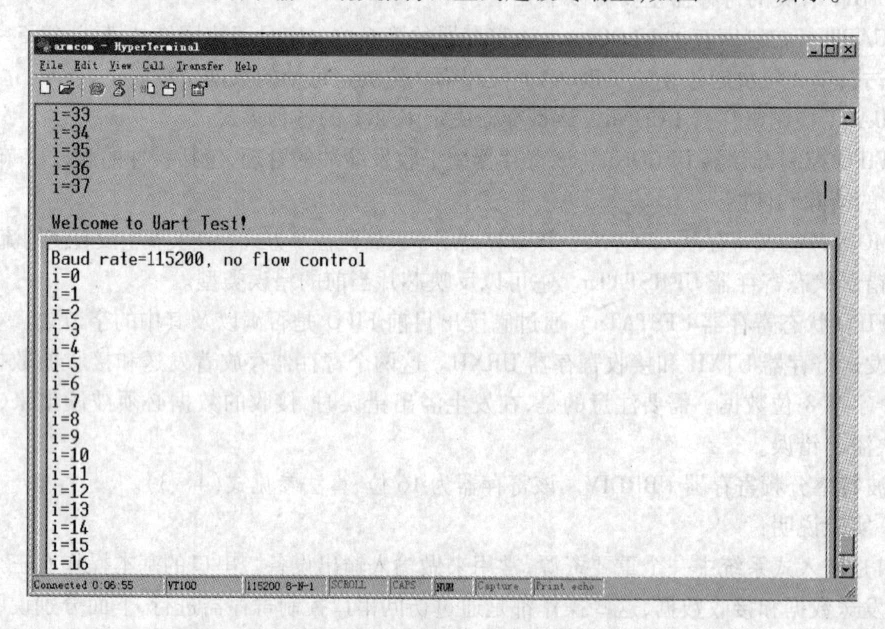

图 4－30　ARM 串口实验结果

4.5　机器人系统控制实验

4.5.1　机器视觉实验

机器视觉是相当新且发展十分迅速的研究领域，是计算机科学的重要研究领域之一。它和专家系统、自然语言理解成为人工智能最活跃的三大领域。尽管它还是一门“年轻”的学科，还没有形成完整的理论体系，在很多方面它解决问题的方法还是一种技巧，但它是实现工业生产高度自动化、机器人智能化、自主车导航、目标跟踪以及各种工业检测、医疗和军事应用的核心内容之一。

(1) 实验目的：

本实验教学将学生的分析能力、计算机操作能力、软件设计能力与应用实践结合起来，引导学生由浅入深地掌握计算机视觉理论与开发工具，具备实际的计算机视觉开发基础。

(2) 实验仪器及工具：

1) 硬件：计算机。

2) 软件：MATLAB6.5 以上或 VC++6.0。

(3) 实验原理：

机器视觉是对图像进行自动处理，并报告“图像中有什么”的过程。机器视觉系统的基本组成如图 4-31 所示。首先对未知物体进行度量，并确定一组特征的度量值。一旦特征经过度量后，其数值就被送到一个实现决策规划的过程中，以确定物体所属的类别。特征度量模块可以进一步细分成较详细的操作，如图 4-32 所示。总的来说，机器视觉过程可大致分为图像处理和图像识别两大步骤。

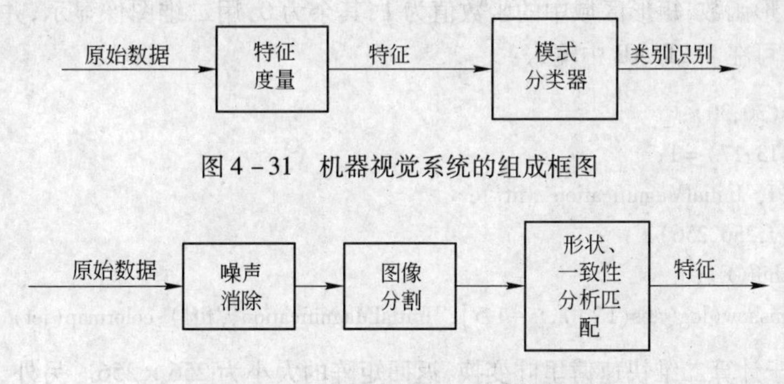

图 4-31 机器视觉系统的组成框图

图 4-32 特征度量系统的某些组成

1) 图像处理：在研究图像时，应先对获得的图像进行预处理，以去除干扰、噪声。在图像处理中，对于一些有用的信息，如果信息微弱，需要进行增强处理，以便进行分析；为了从图像中找到需要识别的对象，还需要进行特征选择和提取，以分出不同的物体；由于某些因素造成的信息退化，使图像无法辨识，为了给出清晰的图像，需要对图像进行复原处理，改进图像的保真度；在实际处理中，由于图像包含的信息量非常大，为便于存储及传送，还要对图像信息进行压缩。因此，图像处理包括图像采集、压缩编码、图像增强、图像复原、图像分割等。即对于图像处理环节来说，输入的是图像，输出的是处理后的图像。图像处理的目的主要在于解决两个问题：一是判断图像中有无需要的信息；二是确定这些信息是什么。

① 图像增强：使图像中的某些有用信息突显出来，抑制或削弱无用的信息。在图像信号的采集、输入过程中，由于多种因素的存在，总会使得图像质量下降，如图像模糊、失真、变形等。输入的图像在视觉效果和识别方便性等方面也可能存在诸多问题，图像增强的目的是采用一系列技术改善图像的效果，提高清晰度，将图像转换成一种更适合人或计算机进行分析处理的形式，主要是按需要对图像进行适当的变换，如改变图像对比度、去除噪声或强调边缘的处理等。图像增强的方法有直方图变换、灰度变换、图像平滑、图像锐化、中值滤波等。

② 图像分割：把图像按照一定的要求分成各具特性的区域。它是由图像处理转到图像分析的关键，处于图像信息处理与识别的分界线。图像分割时需先将原始图像转化为数学表达形式，使得利用计算机进行图像分析和理解成为可能。图像分割要满足基本的分割准则，而

且要把有意义的目标区域提取出来。图像分割的方法主要有边缘检测、阈值分割、区域分割、区域增长等。

③ 特征提取:对图像分割后的区域进行度量、分析和归纳,提取出能反映事物本质的特征,如纹理、形状、大小、面积、颜色等的提取。

2）图像识别:图像识别即分类判别,根据提取的特征参数,采用某种分类判别函数和判别规则,对图像信息进行分类和辨识,得到识别的结果。这部分与特征提取的方式密切相关,它的复杂程度也依赖于特征的抽取方式,如类似度、相关性和最小距离等。图像识别可采用统计模式识别法、结构模式识别法、模糊模式识别法和人工神经网络识别法。

（4）实验方法及步骤:

熟悉 MATLAB 或 VC 图像处理环境和基本功能。对本实验中给出的原始图像进行处理、识别。

说明:本实验中涉及的实验任务均给出相应的 MATLAB 分析方法,熟悉 VC 的学生,也可以自行编程练习。

1）图像变换增强

构造一个矩形函数,矩形区域中的函数值为 1,其余为 0,用二维图像显示,并对该图进行快速傅里叶变换。可在 MATLAB 中输入:

```
f = zeros(30,30);
f(5:24,13:17) = 1;
imshow(f, 'InitialMagnification','fit');
F = fft2(f,256,256);
F2 = fftshift(F);
figure,imshow(log(abs(F2)),[-1 5],'InitialMagnification','fit');colormap(jet)
```

fft2 函数用于计算二维快速傅里叶变换,返回矩阵的大小为 256×256。另外,为使变换结果的零频率分量位于中心,故用 fftshift 进行修正,然后调用 abs 函数对变换后的结果求模。显示结果如图 4－33 和图 4－34 所示。

图 4－33　矩形函数

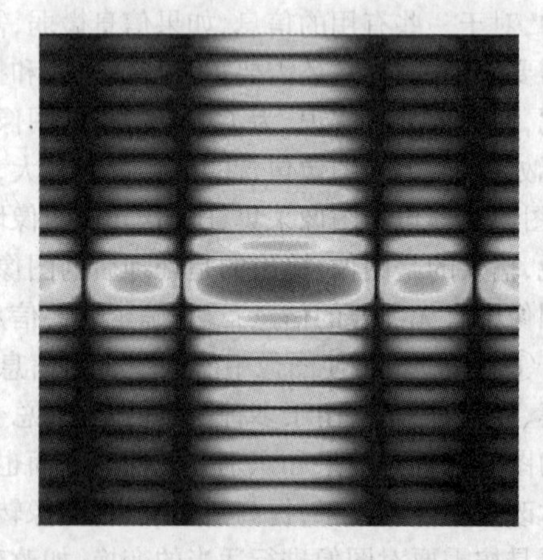

图 4－34　矩形函数的快速傅里叶变换

任务 1:将 MATLAB 中的自带图像 cameraman. tif 分割成 8×8 的小块,然后进行二维离散余弦变换(DCT),将小于一定值的 DCT 系数归零,最后对每一个块使用逆 DCT 运算重构图像。

提示:可选择使用 MATLAB 图像处理工具箱提供的两种不同方法计算 DCT:函数 dct2 或函数 dctmtx。

任务 2:采用灰度变换的方法增强自带图像 snowflakes. png 的对比度。

提示:使用图像处理工具箱提供的函数 imadjust。

任务 3:读取自带图像 tire. tif,进行直方图均匀化计算。

提示:列出原始图像灰度级后,统计各灰度级的像素数,计算原始图像直方图各灰度级的频数,计算累计分布函数,计算映射后的输出图像的灰度级,统计映射后灰度级的像素点数量,计算输出图像直方图,调整原始图像的灰度级,获得直方图均匀分布的输出图像。图像处理工具箱提供了函数 histeq 可以实现直方图均匀化。

任务 4:给自带图像 eight. tif 分别叠加高斯噪声和椒盐噪声。对叠加椒盐噪声的输出图进行二维中值滤波除噪,进行叠加高斯噪声的输出图自适应滤波;分析针对不同噪声的不同方法。

提示:使用函数 imnoise,medifilt2。

任务 5:用五种不同的梯度增强法对图像自带图像 rice. png 锐化。

提示:计算梯度用[Gx,Gy] = gradient(I)。

2) 图像分割:

任务:分别使用 sobel、prewitt、canny 算子及不同 σ 的 LoG 算子对自带图像 rice. png 进行边缘检测,比较检测结果。

提示:使用函数 edge。

3) 特征提取:

任务:计算图 4 - 35 和图 4 - 36(字母 A 和 B)的欧拉数。

提示:先对图像进行二值化,然后求反计算欧拉数。使用函数 bweuler。

图 4 - 35 字母 A

图 4 - 36 字母 B

4) 图像识别:

任务:利用神经网络技术通过对信号进行学习,从而预报下一时刻的信号。

提示:可利用函数 netline、adapt。

5) 机器视觉在不同领域的应用

任务 1:细胞检测。利用图像分割的方法,对自带图像 cell. tif 中的癌细胞进行检测。

提示:进行边缘提取,检测整个细胞,对图片进行膨胀操作,填充空隙,删除与边界连接的物体,平滑图像。

任务 2:形状识别。对于如图 4 - 37 所示的由不同形状组成的图像,要求能将其中是圆形的物体识别出来。

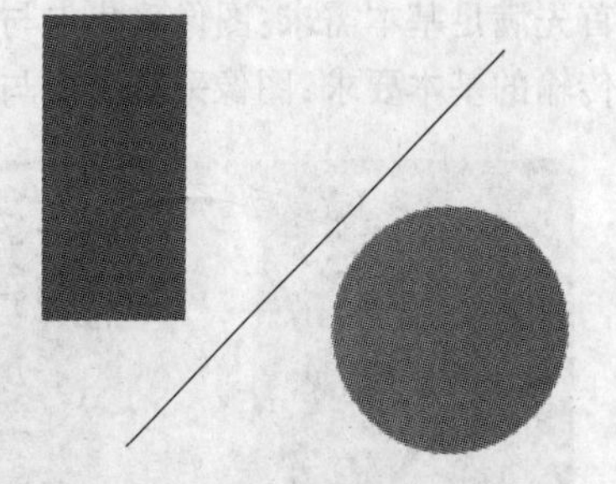

图 4 - 37 形状的集合

提示:对图像二值化处理后,提取边缘,根据不同形状的几何性质不同,识别出圆形。

任务 3:AGV 路径导引车自动识别。

① 原理介绍。

了解 AGV 的组成和原理:AGV 自动导引车一般由车体、图像采集和处理系统、电机控制系统等部分组成。车体包括车体总成、驱动/转向总成等部分。图像采集和处理系统包括 CCD 摄像机、图像采集卡、上位机等部分。电机控制系统包括下位机、驱动制动电路及测速机构等部分。

通过传感器检测当前小车行走方向的信息，并由计算机控制调整，使小车按照预期的方向行驶。

了解 AGV 视觉导引的原理及硬件体系结构：AGV 视觉导引系统的硬件结构如图 4－38 所示。由图可知，视觉导引系统按照功能可分为 3 个层次：感知层实时采集与导引控制有关的信息，包括路面图像信息和转向轮当前的转动位置信息等，主要由 CCD 摄像头、图像采集卡、光电编码器等组成；决策层处理感知层采集到的信息，并根据处理结果依据某种控制策略发出控制指令，主要由计算机及数据通信系统等组成；执行层主要由电动机及其控制器、减速机构等构成，接受决策层发出的指令并执行相应的操作。

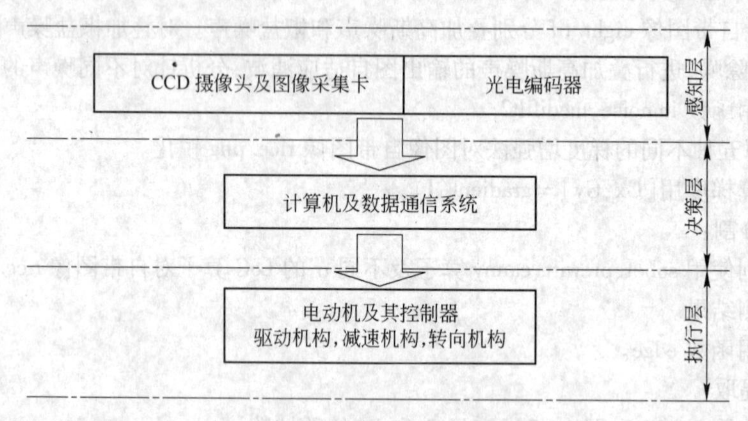

图 4－38　AGV 视觉导引系统的硬件结构

了解 CCD 摄像机的原理及选择：CCD 的特点是以电荷作为信号，它是目前机器视觉最为常用的图像传感器，集光电转换及电荷存贮、电荷转移、信号读取于一体，是典型的固体成像器件。选择 CCD 时，应按需选择。首先确定是否需要特殊的图像特征拍摄要求，在满足摄像机的视场或对被测目标拍摄要求的基础上，还要考虑图像分辨率、扫描方式、颜色及输出接口形式。现在有名的 CCD 摄像机厂商有加拿大 Dalsa 公司、德国 Basler 公司、丹麦 JAI 公司、美国 UNIQ 和 Banner 公司、日本 Hamamatu 公司等。

了解图像采集卡的功能及选择：图像采集卡是机器视觉硬件的重要组成部分，具有控制摄像机拍照、数字化视频信息等功能。它是连接图像采集和处理分析部分的桥梁。选择图像采集卡首先满足基本需求：图像采集卡与选择的摄像机相匹配是首要前提；数据流量能够满足图像信号传输的基本要求；图像采集卡应与计算机软硬件完全兼容；具备多路数字 I/O 口功能等。主要的采集卡厂商有美国 NI 公司、DT 公司、国内大恒、微视公司等。

图 4－39　路径图像灰度图像

例如，可在系统中选用分辨率为 640×480 像素点、像素单元尺寸为 11 μs 的 CCD，美国 NI 公司的 NIPCI－1411 彩色图像采集卡。将 CCD 安装在车体前部的车体纵轴线上，摄像机主光轴与地面垂直。

设定路径图像为连续的、具有一定宽度的直线，并且路径与路面背景具有强烈的对比度，在灰度图像中表现为灰度之差别比较大，且一幅图像中有且仅有一条路径，并且在路径的伸长方向，贯穿整幅图像等。可采集到的路径灰度图像如图 4－39 所示。

② 路径识别:在 MATLAB 中实现图 4－39 的路径识别。

提示:为了最终检测小车行驶方向的偏差,将摄像头拍摄的图像转换成二值图像,其中路径标线用白色表示,背景及其他图像内容用黑色表示,以便下一步进行小车行驶的测量。

对于路径灰度图像可采用最优阈值分割,在阈值分割前,需要对其灰度直方图统计进行分析,以确认能否进行阈值分割。分割后,还应消除图像中的离散斑点,使路径边缘平滑。

③ 路径定位与方向偏差测量:路径图像识别的最终目的是为了获取 AGV 自动导引车运行时车体与路径之间的相对位置偏差,以便控制器进行实时控制,使小车按照期望路径行驶。

提示:从识别出的路径中检测并定位出路径中心线。路径的定位通过路径中心线的位置检测实现。可通过“腐蚀”运算检测出路径边缘,再定位中心线。对于路径中心线的明显的波,可用最小二乘法作线性拟合,也可用 Radon 变换来消除。

④ 在 MATLAB 中的结果图:路径灰度图的直方图统计,如图 4－40 所示;最优阈值为 142 的路径阈值分割结果,如图 4－41 所示;形态学处理的路径二值化图像,如图 4－42 所示;用“腐蚀”运算检测路径的边缘,如图 4－43 所示;路径的中心线,如图 4－44 所示;路径中心线的 Radon 变换,如图 4－45 所示。

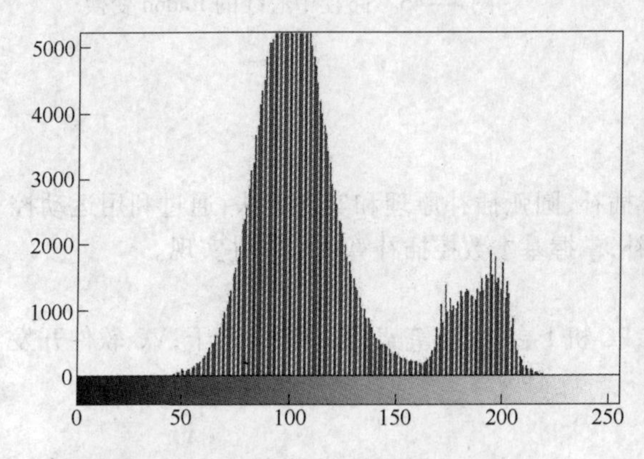

图 4－40　路径灰度图的直方图统计

图 4－41　最优阈值分割结果

图 4－42　形态学处理后的图像

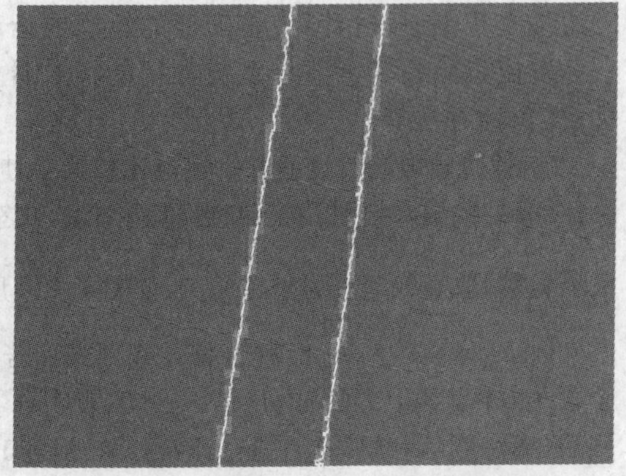

图 4－43　用“腐蚀”运算检测路径的边缘

(5) 实验原理要求:

本实验主要对机器视觉的基本理论和实际应用进行系统训练。要求读者较系统掌握机器视觉的基本概念、原理和实现方法,学习图像处理、识别和理解的基本理论、典型方法和实用技术,具备一定的 MATLAB 或 VC ++ 编程能力，能够初步进行与视觉算法相关的程序编制，为今后在机器视觉、模式识别等领域从事研究与开发打下坚实的基础。

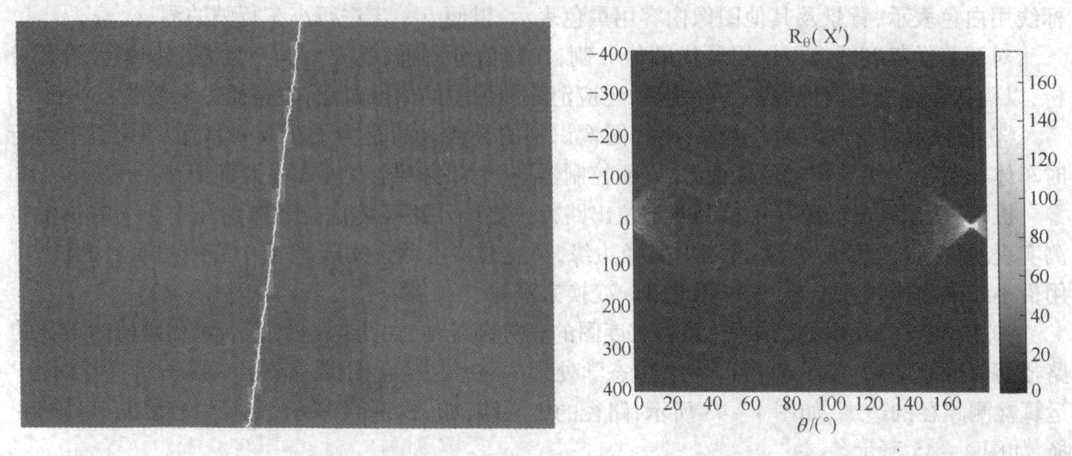

图 4 -44 路径的中心线　　图 4 -45 路径中心线的 Radon 变换

4.5.2 二维插补原理及实现实验

(1) 实验目的：

掌握逐点比较法、数字积分法等常见直线插补、圆弧插补原理和实现方法；通过利用运动控制器的基本控制指令实现直线插补和圆弧插补，掌握基本数控插补算法的软件实现。

(2) 实验仪器：

XY 平台设备 1 套；GT -400 -SV 卡 1 块；PC 机 1 台；配套笔架；绘图纸张若干；VC 软件开发平台。

(3) 实验原理：

直线插补和圆弧插补的计算原理。数控系统加工的零件轮廓或运动轨迹一般由直线、圆弧组成，对于一些非圆曲线轮廓则用直线或圆弧去逼近。插补计算就是数控系统根据输入的基本数据，通过计算，将工件的轮廓或运动轨迹描述出来，边计算边根据计算结果向各坐标发出进给指令。数控系统常用的插补计算方法有逐点比较法、数字积分法、时间分割法、样条插补法等。

1) 逐点比较法直线插补。逐点比较法是使用阶梯折线来逼近被插补直线或圆弧轮廓的方法，一般是按偏差判别、进给控制、偏差计算和终点判别四个节拍来实现一次插补过程。以第一象限为例，取直线起点为坐标原点，如图 4 -46 所示，m 为动点，有下面关系：$\frac{X_m}{Y_m}=\frac{X_e}{Y_e}$。

取 $F_m=Y_mX_e-X_mY_e$ 作为偏差判别式。若 $F_m=0$，表明 m 点在 OA 直线上；若 $F_m>0$，表明 m 点在 OA 直线上方的 m' 处；若 $F_m<0$，表明 m 点在 OA 直线下方的 m'' 处。从坐标原点出发，当 $F_m\geqslant 0$ 时，沿 $+X$ 方向走一步，当 $F_m<0$，沿 $+Y$ 方向走一步，当两方向所走的步数与终点坐标 (X_e,Y_e) 相等时，停止插补。当 $F_m\geqslant 0$ 时，沿 $+X$ 方向走一步，则 $X_{m+1}=X_m+1$，$Y_{m+1}=Y_m$，新的偏差 $F_{m+1}=Y_{m+1}X_e-X_{m+1}Y_e=Y_mX_e-(X_m+1)Y_e$，$F_{m+1}=F_m-Y_e$；当 $F_m<0$ 时，沿 $+Y$ 方向走一步，则 $X_{m+1}=X_m$，$Y_{m+1}=Y_m+1$，新的偏差 $F_{m+1}=Y_{m+1}X_e-X_{m+1}Y_e=(Y_m+1)X_e-X_mY_e$，$F_{m+1}=F_m+X_e$。其他三个象限的计算方法，可以用相同的原理获得。表 4 -4 为四个象限插补时，其偏差计算公式和进给脉冲方向。计算时，X_e、Y_e 均为绝对值。

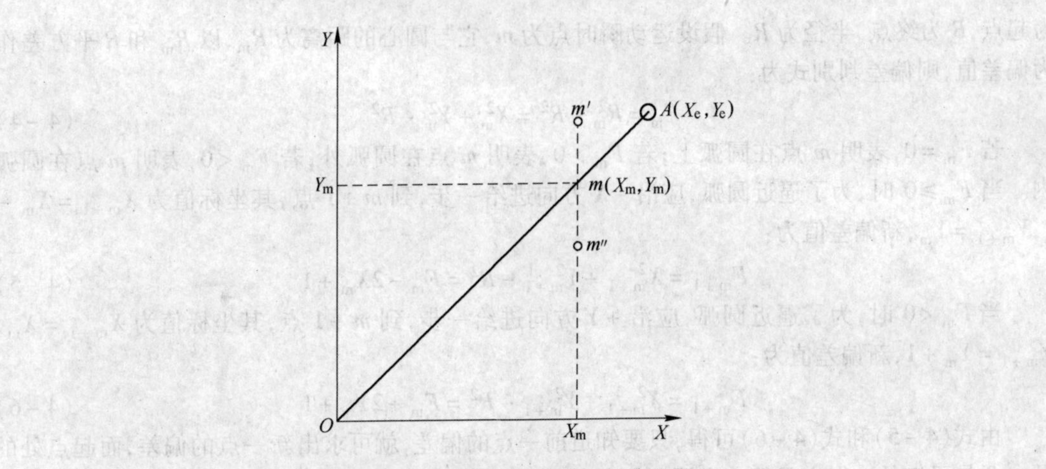

图 4-46 逐点比较直线插补

表 4-4 直线插补计算公式和进给脉冲方向

线型	进给方向		偏差计算公式		图形
	$F_m \geqslant 0$	$F_m < 0$	$F_m \geqslant 0$	$F_m < 0$	
L_1	$+\Delta X$	$+\Delta Y$	$F_{m+1}=F_m-Y_e$	$F_{m+1}=F_m+Y_e$	Y; X; L_1: $F_m<0,+\Delta Y$; $F_m\geqslant 0,+\Delta X$; L_2: $F_m<0,+\Delta Y$; $F_m\geqslant 0,-\Delta X$; L_3: $F_m\geqslant 0,-\Delta X$; $F_m<0,-\Delta Y$; L_4: $F_m\geqslant 0,+\Delta X$; $F_m<0,-\Delta Y$
L_2	$-\Delta X$	$+\Delta Y$			
L_3	$-\Delta X$	$-\Delta Y$			
L_4	$+\Delta X$	$-\Delta Y$			

第一象限内直线的逐点比较法插补的流程如图 4-47 所示。

2）逐点比较法圆弧插补。以第一象限逆圆为例，如图 4-48 所示。圆弧圆心在坐标原点，A

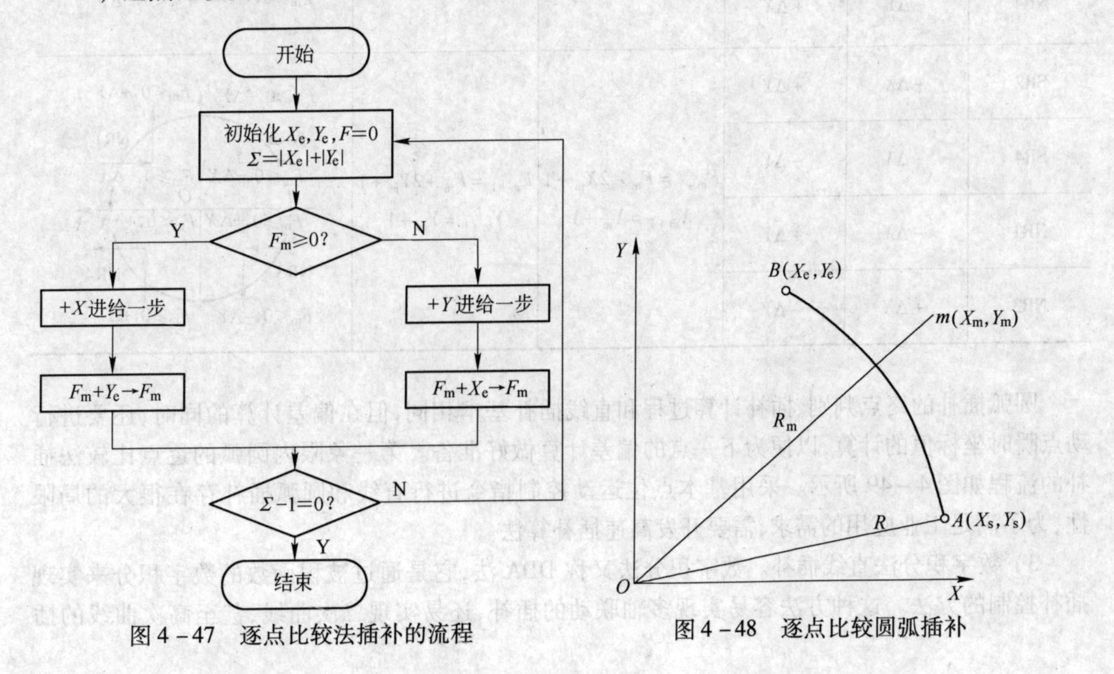

图 4-47 逐点比较法插补的流程

图 4-48 逐点比较圆弧插补

为起点，B 为终点，半径为 R。假设运动瞬时点为 m，它与圆心的距离为 R_m，以 R_m 和 R 平方差作为偏差值，则偏差判别式为：

$$F_m = R_m^2 - R^2 = X_m^2 + Y_m^2 - R^2 \tag{4-4}$$

若 $F_m = 0$，表明 m 点在圆弧上；若 $F_m > 0$，表明 m 点在圆弧外；若 $F_m < 0$，表明 m 点在圆弧内。当 $F_m \geqslant 0$ 时，为了逼近圆弧，应沿 $-X$ 方向进给一步，到 $m+1$ 点，其坐标值为 $X_{m+1} = X_m - 1$，$Y_{m+1} = Y_m$，新偏差值为：

$$F_{m+1} = X_{m+1}^2 + Y_{m+1}^2 - R^2 = F_m - 2X_m + 1 \tag{4-5}$$

当 $F_m < 0$ 时，为了逼近圆弧，应沿 $+Y$ 方向进给一步，到 $m+1$ 点，其坐标值为 $X_{m+1} = X_m$，$Y_{m+1} = Y_m + 1$，新偏差值为：

$$F_{m+1} = X_{m+1}^2 + Y_{m+1}^2 - R^2 = F_m + 2Y_m + 1 \tag{4-6}$$

由式(4-5)和式(4-6)可得，只要知道前一点的偏差，就可求出新一点的偏差，而起点处的 $F_m = 0$ 是可知的。以上是第一象限逆圆的情况，其他情况可同理推导出来。表 4-5 为四个象限顺逆方向归纳的进给方向和偏差计算公式。

表 4-5　圆弧插补计算公式和进给脉冲方向

线型	进给方向		偏差计算公式		图形
	$F_m \geqslant 0$	$F_m < 0$	$F_m \geqslant 0$	$F_m < 0$	
SR1	$-\Delta Y$	$+\Delta X$	$F_{m+1} = F_m - 2Y_m + 1$ $Y_{m+1} = Y_m - 1$	$F_{m+1} = F_m + 2X_m + 1$ $X_{m+1} = X_m + 1$	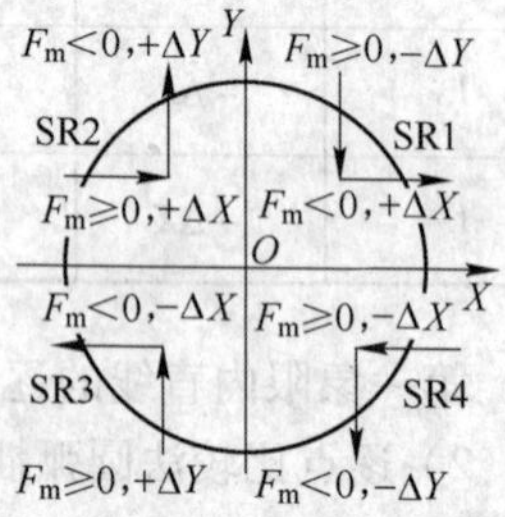 $F_m<0,+\Delta Y$　$F_m\geqslant0,-\Delta Y$ SR2　SR1 $F_m\geqslant0,+\Delta X$　$F_m<0,+\Delta X$ O　X　Y $F_m<0,-\Delta X$　$F_m\geqslant0,-\Delta X$ SR3　SR4 $F_m\geqslant0,+\Delta Y$　$F_m<0,-\Delta Y$
SR3	$+\Delta Y$	$-\Delta X$			
NR2	$-\Delta Y$	$-\Delta X$			
NR4	$-\Delta Y$	$+\Delta X$			
SR2	$+\Delta X$	$+\Delta Y$	$F_{m+1} = F_m - 2X_m + 1$ $X_{m+1} = X_m + 1$	$F_{m+1} = F_m + 2Y_m + 1$ $Y_{m+1} = Y_m + 1$	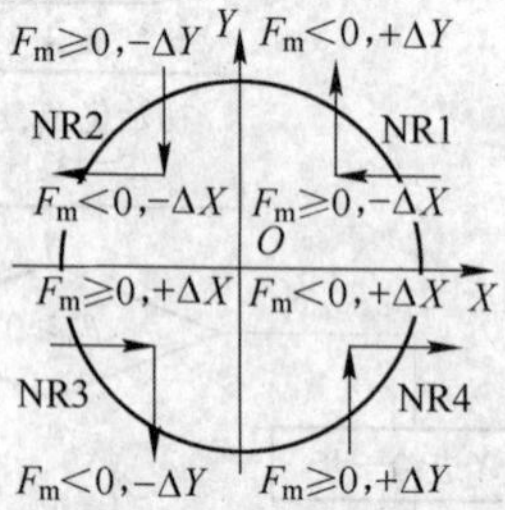 $F_m\geqslant0,-\Delta Y$　$F_m<0,+\Delta Y$ NR2　NR1 $F_m<0,-\Delta X$　$F_m\geqslant0,-\Delta X$ O　X　Y $F_m\geqslant0,+\Delta X$　$F_m<0,+\Delta X$ NR3　NR4 $F_m<0,-\Delta Y$　$F_m\geqslant0,+\Delta Y$
SR4	$-\Delta X$	$-\Delta Y$			
NR1	$-\Delta X$	$+\Delta Y$			
NR3	$+\Delta X$	$-\Delta Y$			

圆弧插补的终点判别、插补计算过程和直线插补基本相同，但在偏差计算的同时，还要进行动点瞬时坐标值的计算，以便为下一点的偏差计算做好准备。第一象限内圆弧的逐点比较法插补的流程如图 4-49 所示。采用基本点位运动控制指令进行直线和圆弧插补存在很大的局限性，为了满足工业应用的需求，需要开发高速插补算法。

3）数字积分法直线插补。数字积分法又称 DDA 法，它是通过被积函数的数字积分来实现插补控制的方法。这种方法容易实现多轴联动的插补，还易实现二次曲线，甚至高次曲线的插

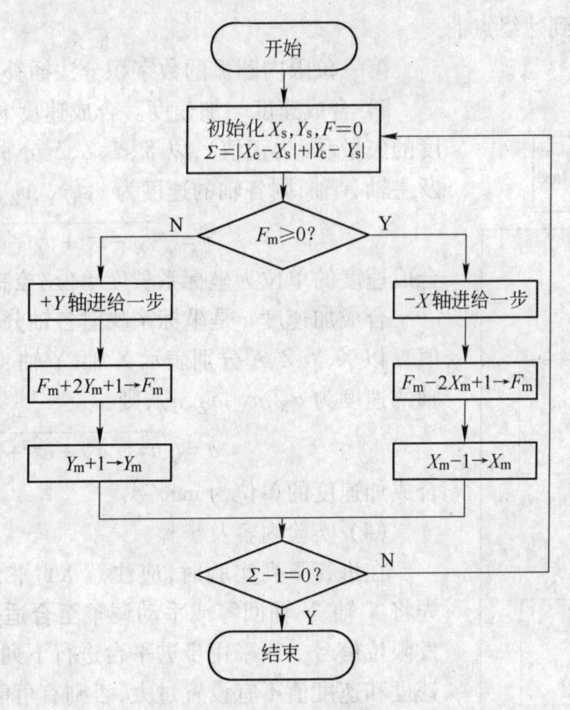

图 4-49 逐点比较法插补的流程

补。图 4-50 所示为平面直线的插补框图,它由两个数字积分器组成,每个坐标轴的积分器由累加器和被积函数寄存器组成,被积函数寄存器存放终点坐标值,每经过一个时间间隔 Δt,将被积函数值向各自的累加器中累加,当累加结果超过寄存器容量时,就溢出一个脉冲,若寄存器位数为 n,经过 2^n 次累加后,每个坐标轴的溢出脉冲总数就等于该坐标的被积函数值,从而控制刀具到达终点。

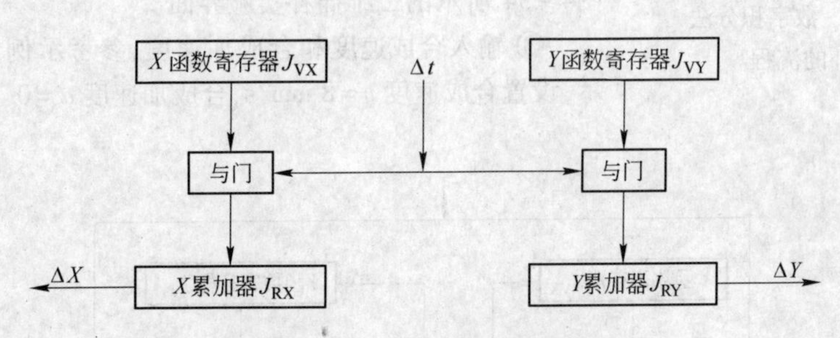

图 4-50 平面直线插补框图

第一象限内直线的数字积分法插补流程如图 4-51 所示。

4)数字积分法圆弧插补。与 DDA 直线插补类似,DDA 圆弧插补也可用两个积分器来实现圆弧插补,如图 4-52 所示。

DDA 圆弧插补与直线插补的主要区别为:

① 圆弧插补中被积函数寄存器寄存的坐标值与对应坐标轴积分器的关系恰好相反。

② 圆弧插补中被积函数是变量,直线插补的被积函数是常数。

③ 圆弧插补终点判别需采用两个终点计数器。对于直线插补,如果寄存器位数为 n,无论直

线长短都需迭代 2^n 次到达终点。

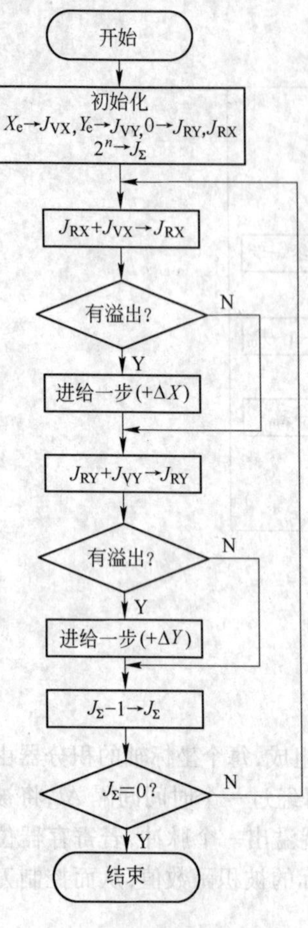

图 4－51　数字积分法插补的流程

第一象限内圆弧的数字积分法插补流程如图 4－53 所示。

5）合成速度与加速度。合成速度 v 是坐标系上各轴分速度的矢量和(为正值)，以 X、Y、Z、A 分别表示 X 轴、Y 轴、Z 轴及主轴 A 轴，则各轴的速度为 v_X，v_Y，v_Z，v_A，则：

$$v=\sqrt{v_X^2+v_Y^2+v_Z^2+v_A^2} \tag{4-7}$$

合成速度的单位为坐标系长度单位/控制周期，即 mm/s。

合成加速度 a 是坐标系映射各轴分加速度的矢量和(为正值)，以 X、Y、Z、A 分别表示 X 轴、Y 轴、Z 轴及主轴 A 轴，则各轴的速度为 a_X，a_Y，a_Z，a_A，则：

$$a=\sqrt{a_X^2+a_Y^2+a_Z^2+a_A^2} \tag{4-8}$$

合成加速度的单位为 mm/s^2。

(4) 实验内容及步骤：

在进行下列实验时，应注意 XY 平台行程范围。实验前，先将 X 轴、Y 轴回零或手动调整至合适位置，以避免运动中触发限位信号。当采用步进平台进行下列实验时，应注意合成加速度和速度值不宜设置过大，否则有可能由于步进电动机启动频率过高，导致失步。

1）二维直线插补实验：

① 检查实验平台是否正常，打开电控箱面板上的电源开关，使系统上电。

② 双击桌面“MotorControlBench. exe”图标，打开运动控制平台实验软件，点击界面下方“二维插补实验”按钮，进入如图4－54 所示的二维插补实验界面。

③ 输入合成速度和合成加速度；参考示例如图 4－68 所示，设置合成速度 v＝8 mm/s，合成加速度 a＝0. 1 mm/s^2。

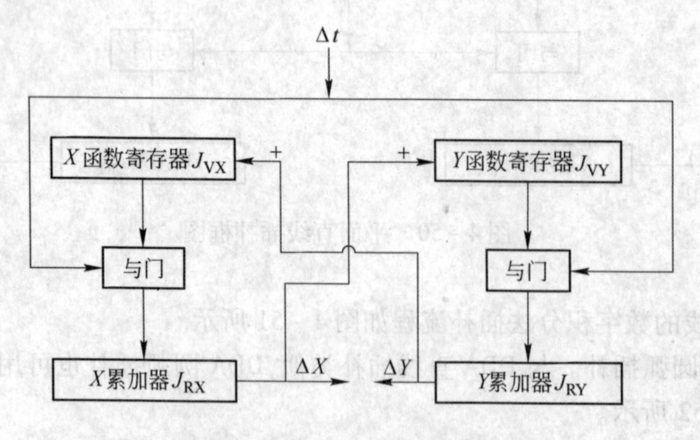

图 4－52　圆弧插补框图

④ 在“插补方式”的下拉列表中选择“XY 平面直线插补”，输入 X 终点和 Y 终点的值。参考示例如图 4－55 所示，设置“终点[X]”为 40000 pulse，“终点[Y]”为 60000 pulse。

⑤ 点击“开启轴”按钮，使伺服上电。

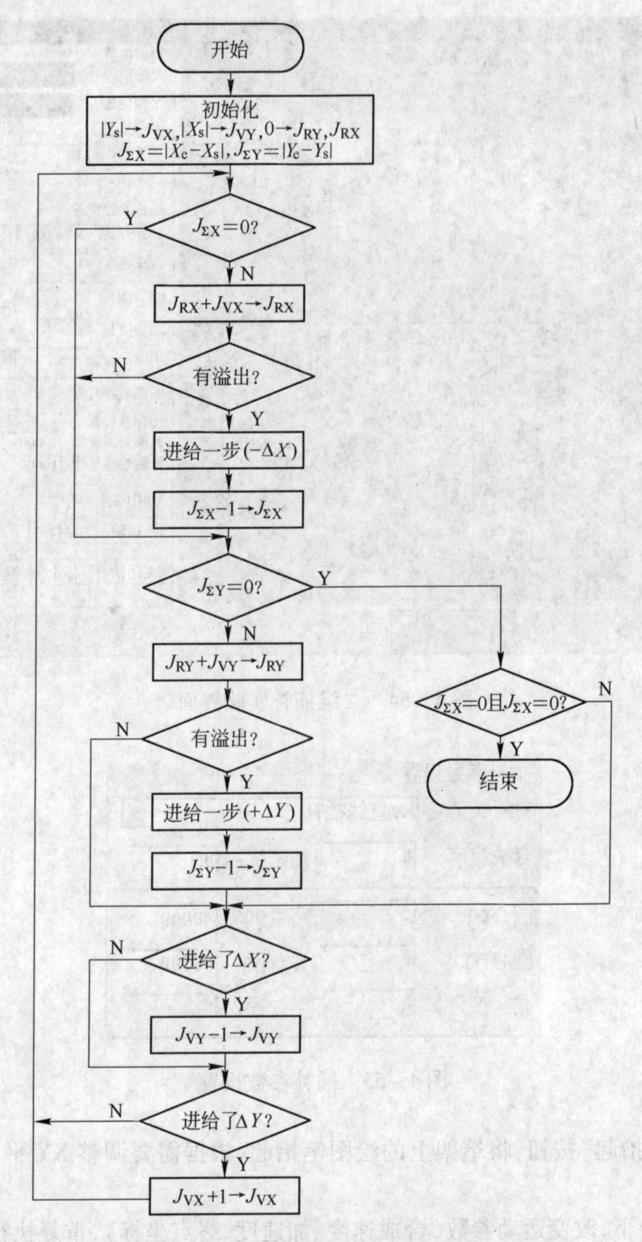

图 4-53　数字积分法插补的流程

⑥ 将平台 X 轴和 Y 轴回零。回零方法是点击“X 轴回零”按钮，X 轴开始回零动作，待 X 轴回零完成，点击“Y 轴回零”按钮，使 Y 轴回零。

⑦ 在 XY 平台的工作台面上，固定实验用绘图纸张，点击“笔架落下”按钮，使笔架上的绘图笔尖下降至纸面。

⑧ 确认参数设置无误且 XY 平台各轴回零后，点击“运行”按钮。

⑨ 观察 XY 平台上对应电动机的运动过程及界面中图形显示区域实时显示的插补运动轨迹。在“坐标系设置”中选择 X 轴和 Y 轴的坐标系刻度单位，使图形显示大小合适（注：坐标系刻度单位应与设置的 X、Y 终点值保持相同的数量级，以便观察）。

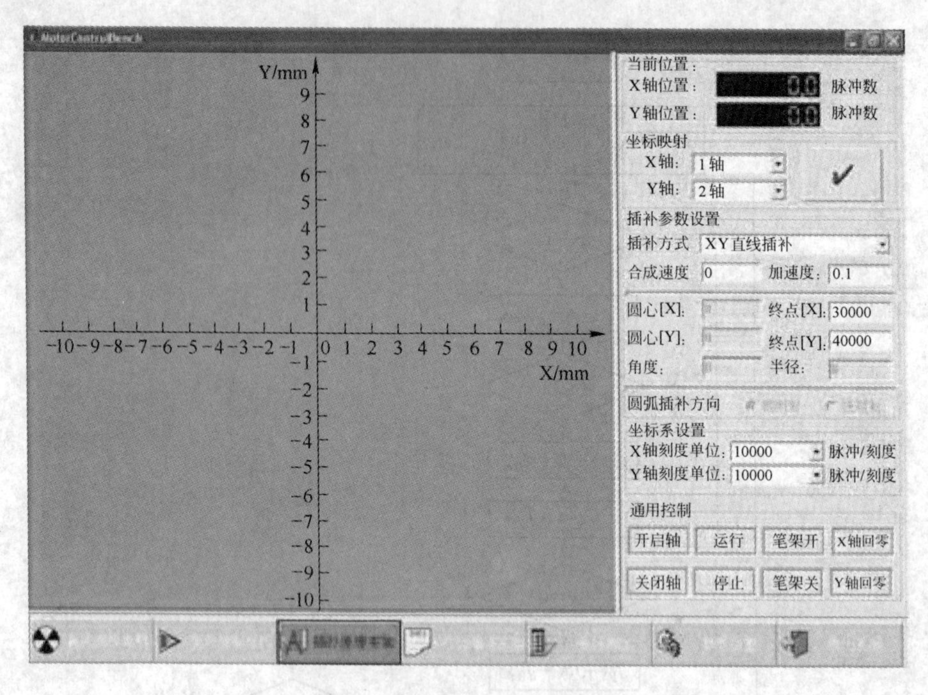

图 4－54　二维插补实验界面

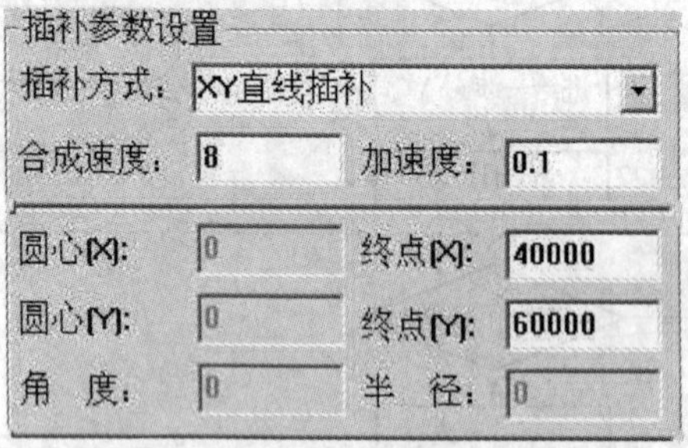

插补参数设置
插补方式：XY直线插补
合成速度：8　加速度：0.1
圆心[X]：0　终点[X]：40000
圆心[Y]：0　终点[Y]：60000
角　度：0　半　径：0

图 4－55　插补参数设置

⑩ 点击“笔架抬起”按钮，将笔架上的绘图笔抬起，根据需要调整 XY 平台上的绘图纸位置或更换绘图纸。

⑪ 在教师指导下，改变运动参数（合成速度、加速度、终点坐标），重复执行② ~ ⑧步，观察不同运动参数下 XY 平台的电动机运动过程、笔架的绘图和界面中的显示图形及位置值，记录各实验数据和观察到的实验现象。

⑫ 在坐标映射栏中，改变坐标映射关系。将 X 轴映射为 2 轴，Y 轴映射为 1 轴，点击“坐标映射生效”按钮。重新执行② ~ ⑨步，观察 XY 平台的运动情况。记录并比较不同设置时，笔架在绘图纸上绘制的图形，界面中的显示图形及位置值与映射关系改变前的异同。

⑬ 点击“关闭轴”按钮，使伺服下电。

⑭ 实验结束。

2）圆弧插补（圆心/角度型）实验：

① 重复二维直线插补实验① ~ ②步。

② 选择插补方式，设置圆弧插补参数。在“插补方式”的下拉列表中选择“XY 圆弧插补（圆

心/角度)”,输入X圆心和Y圆心的值以及圆弧角度(注意,软件默认圆弧起点为原点;圆弧角度为负表示顺时针方向,为正表示逆时针方向)。插补参数设置如图4-56所示。

③ 点击“开启轴”按钮,使伺服上电。

④ 将平台X轴和Y轴回零。

⑤ 在XY平台的工作台面上,固定实验用绘图纸张,点击“笔架落下”按钮,使笔架上的绘图笔尖下降至纸面。

⑥ 确认参数设置无误且XY平台各轴正确回零后,点击“运行”。

⑦ 观察XY平台上对应电动机的运动过程和界面中图形显示区域中实时显示的圆弧插补运动轨迹。

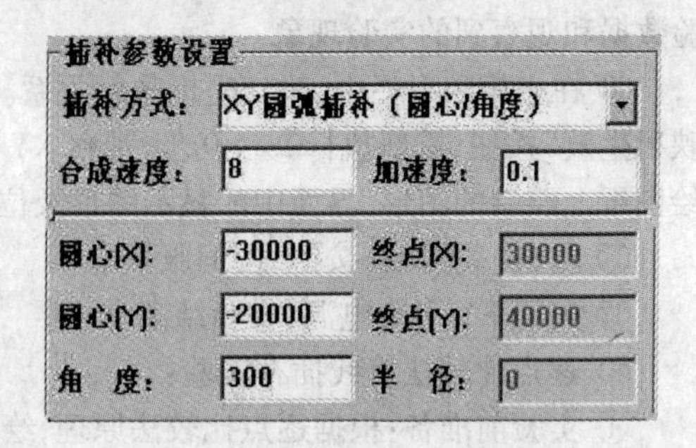

图4-56　插补参数设置

⑧ 点击“笔架抬起”按钮,将笔架上的绘图笔抬起,根据需要调整XY平台上的绘图纸位置或更换绘图纸。

⑨ 在教师指导下,改变运动参数(合成速度、加速度、终点坐标),重复执行②~⑨步,观察不同运动参数下XY平台的电动机运动过程,笔架的绘图和界面中的显示图形及位置值,记录各实验数据和观察到的实验现象。

⑩ 在坐标映射栏中,改变坐标映射关系。将X轴映射为2轴,Y轴映射为1轴,点击“坐标映射生效”按钮。重新执行②~⑨步,观察XY平台的运动情况。记录并比较不同设置时,笔架在绘图纸上绘制的图形,界面中的显示图形及位置值与映射关系改变前的异同。

⑪ 点击“关闭轴”按钮,使伺服下电。

⑫ 实验结束。

3) 圆弧插补(终点/半径型)实验:实验中,默认圆弧起点为原点,设置的圆弧终点值,起点(绘图原点)及半径值应能正确构成圆弧(即半径值不能小于原点到终点之间距离的一半)。

① 重复二维直线插补实验①~②步。

② 在“插补方式”的下拉列表中选择“XY圆弧插补(终点/半径)”,输入X终点和Y终点以及半径值,选择运动方向,如图4-57所示。示例中设置X圆心为-80000 pulse,Y圆心为0,半径为40000 pulse,运动方向为顺时针。

③ 点击“开启轴”按钮,使伺服上电。

④ 将平台X轴和Y轴回零。

⑤ 在XY平台的工作台面上,固定实验用绘图纸张,点击“笔架落下”按钮,使笔架上的绘图笔下降至纸面。

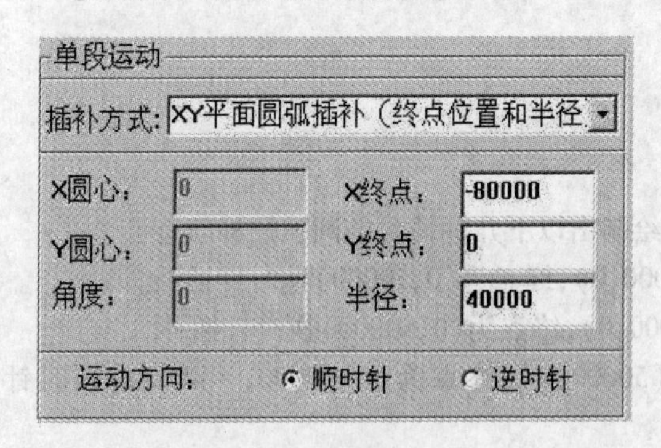

图4-57　插补参数设置

⑥ 确认参数设置无误且XY平台各轴正确回零后,点击“运行”。

⑦ 观察XY平台上对应电动机的运动过程;此时软件界面左侧图形显示区域将实时显示圆弧插补运动轨迹。在“坐标系设置”中选择X轴和Y轴的坐标系刻度单位,以使图形显示大小合适。

⑧ 电动机运动完成,点击“笔架抬起”按钮,将笔架上的绘图笔抬起,根据需要调整XY平台上的绘图纸位置或更换绘图纸。

⑨ 在教师指导下，改变运动参数（合成速度，加速度，终点坐标），重复执行② ~ ⑨步，观察不同运动参数下 XY 平台的电动机运动过程，笔架的绘图和界面中的显示图形及位置值，记录各实验数据和观察到的实验现象。

⑩ 在坐标映射栏中，改变坐标映射关系。将 X 轴映射为 2 轴，Y 轴映射为 1 轴，点击“坐标映射生效”按钮，重新执行② ~ ⑨步，观察 XY 平台的运动情况。记录并比较不同设置时，笔架在绘图纸上绘制的图形，界面中的显示图形及位置值与映射关系改变前的异同。

⑪ 点击“关闭轴”按钮，使伺服下电。

⑫ 关闭 XY 平台电源，实验结束。

4）逐点比较法直线插补实验：

① 实验前准备：根据逐点比较法原理，绘制出以下情况的逐点比较法直线插补轨迹：

i　起点为（0，0），终点为（60000，80000），步长为 10000。

ii　起点为（0，0），终点为（60000，80000），步长为 5000。

② 开始实验，重复二维直线插补实验① ~ ②步。

③ 选择实验插补方式为“XY 直线插补（逐点比较法）”。

④ 根据步骤①中 i 的设置，输入逐点比较法直线插补参数。

⑤ 点击“开启轴”按钮，使伺服上电。

⑥ 将平台 X 轴和 Y 轴回零。

⑦ 在 XY 平台的工作台面上，固定实验用绘图纸张，点击“笔架落下”按钮，使笔架上的绘图笔下降至纸面。

⑧ 确认参数设置无误且 XY 平台各轴正确回零后，点击“运行”。

⑨ 观察界面中绘制的实际插补轨迹（红色）和理想的直线（绿色）。根据实际插补轨迹检查步骤①中绘制的插补轨迹是否正确。

⑩ 点击“笔架抬起”按钮，将笔架上的绘图笔抬起，更换绘图纸。

⑪ 将 X 轴和 Y 轴回零。

⑫ 依次修改步长（如改为 3000、2000、1000）。运行后，观察步长减少后对逐点比较法直线插补精度的影响。

⑬ 点击“关闭轴”按钮，使伺服下电。

⑭ 关闭 XY 平台电源，实验结束。

5）逐点比较法圆弧插补实验：

① 实验前准备：根据逐点比较法原理，分别绘制出以下几种情况的圆弧插补轨迹：

i　步长为 10000，圆心为（0，0），起点为（50000，0），终点为（0，50000）逆时针插补。

ii　步长为 5000，圆心为（0，0），起点为（50000，0），终点为（0，50000）逆时针插补。

iii　步长为 10000，圆心为（0，0），起点为（50000，0），终点为（－30000，－40000）顺时针插补。

iv　步长为 5000，圆心为（0，0），起点为（50000，0），终点为（－30000，－40000）顺时针插补。

② 开始实验，重复二维直线插补实验① ~ ②步。

③ 选择实验插补方式为“XY 圆弧插补（逐点比较法）”。

④ 根据步骤①中 i 的设置，输入逐点比较法圆弧插补的参数。

⑤ 点击“开启轴”按钮，使伺服上电。

⑥ 将平台 X 轴和 Y 轴回零。

⑦ 在 XY 平台的工作台面上，固定实验用绘图纸张，点击“笔架落下”按钮，使笔架上的绘图

笔下降至纸面。

⑧ 确认参数设置无误且各轴正确回零后,点击“运行”。

⑨ 观察界面中绘制的实际插补轨迹(红色)和理想的直线(绿色)。根据实际插补轨迹检查步骤①中绘制的插补轨迹是否正确。

⑩ 点击“笔架抬起”按钮,将笔架上的绘图笔抬起,更换绘图纸。

⑪ 按照步骤①中 ii、iii、iv 的设置,重复执行④~⑩步。

⑫ 将步骤①中 i 和 iii 中设置的步长减小到 1000,执行④~⑩步,观察步长减少后对逐点比较法圆弧插补精度的影响。

⑬ 点击“关闭轴”按钮,使伺服下电。

⑭ 关闭 XY 平台电源,实验结束。

6) 数字积分法直线插补实验:

① 实验前准备:根据 DDA 直线插补原理和流程图,手工绘制出以下几种情况的 DDA 直线插补轨迹:

i 寄存器位长为 3,步长为 10000,起点为(0,0),终点为(40000,30000)。

ii 寄存器位长为 5,步长为 10000,起点为(0,0),终点为(40000,30000)。

iii 寄存器位长为 5,步长为 5000,起点为(0,0),终点为(40000,30000)。

iv 寄存器位长为 3,步长为 10000,起点为(0,0),终点为(-40000,30000)。

② 开始实验,重复二维直线插补实验①~②步,进入实验软件界面。

③ 选择实验插补方式为“XY 直线插补(数字积分法)”。

④ 根据步骤①中 i 的设置,输入数字积分法圆弧插补参数。

⑤ 点击“开启轴”按钮,使伺服上电。

⑥ 将平台 X 轴和 Y 轴回零。

⑦ 在 XY 平台的工作台面上,固定实验用绘图纸张,点击“笔架落下”按钮,使笔架上的绘图笔下降至纸面。

⑧ 确认参数设置无误且各轴正确回零后,点击“运行”。

⑨ 观察界面中绘制的实际插补轨迹(红色)和理想的直线(绿色)。根据实际插补轨迹检查步骤①中绘制的插补轨迹是否正确。

⑩ 点击“笔架抬起”按钮,将笔架上的绘图笔抬起,更换绘图纸。

⑪ 按照步骤①中 ii、iii、iv 的设置,重复执行④~⑩步。

⑫ 将步骤①中 i 和 iv 中设置的步长减小到 1000,寄存器位数设置为 6,执行④~⑩步,观察步长减少后对 DDA 法直线插补精度的影响。

⑬ 点击“关闭轴”按钮,使伺服下电。

⑭ 退出实验软件,关闭 XY 平台电源,实验结束。

7) 数字积分法圆弧插补实验:

① 实验前准备:分别绘制出以下几种情况的圆弧插补轨迹:

i 累加寄存器位长为 3,插补步长为 10000,圆心为(0,0),起点为(50000,0),终点为(0,50000)顺时针插补。

ii 累加寄存器位长为 5,插补步长为 10000,圆心为(0,0),起点为(50000,0),终点为(0,50000)顺时针插补。

iii 累加寄存器位长为 3,插补步长为 5000,圆心为(0,0),起点为(50000,0),终点为(0,50000)顺时针插补。

iv　累加寄存器位长为 3，插补步长为 10000，圆心为(0,0)，起点为(50000,0)，终点为(0,50000)逆时针插补。

② 开始实验，重复二维直线插补实验①～②步。

③ 选择实验插补方式为“XY 圆弧插补(数字积分法)”。

④ 根据步骤①中 i 的设置，输入 DDA 圆弧插补的参数。

⑤ 点击“开启轴”按钮，使伺服上电。

⑥ 将平台 X 轴和 Y 轴回零。

⑦ 在 XY 平台的工作台面上，固定实验用绘图纸张，点击“笔架落下”按钮，使笔架上的绘图笔下降至纸面。

⑧ 确认参数设置无误且各轴正确回零后，点击“运行”。

⑨ 观察界面中绘制的实际插补轨迹(红色)和理想的直线(绿色)。根据实际插补轨迹检查步骤①中绘制的插补轨迹是否正确。

⑩ 点击“笔架抬起”按钮，将笔架上的绘图笔抬起，更换绘图纸。

⑪ 按照步骤①中 ii、iii、iv 的设置，重复执行④～⑩步。

⑫ 将步骤①中 i 和 iv 中设置的步长减小到 1000，寄存器位数设置为 6，执行④～⑩步，观察步长减少后对 DDA 法直线插补精度的影响。

⑬ 点击“关闭轴”按钮，使伺服下电。

⑭ 关闭 XY 平台电源，实验结束。

8) 插补算法的高级语言编程实验：学生可以利用 VC 开发环境进行直线插补和圆弧插补原理的软件实现实验。学生在软件实现中可以参考运动开发平台软件中插补算法的相关部分。运动开发平台软件中实现插补算法的函数封装在 CInterpolation 类中，具体函数说明将在程序中注释。以最典型的 VC 为例，完成实验需要用到以下文件：

GT400. lib——运动控制器库文件

GT400. dll——运动控制器函数的动态链接库文件

GT400SV. h 或 GT400SG. h——运动控制器头文件

这些文件位于“\GT－400－SV－PCI\T4VP－CD－020626\Windows\DLL－1. 5”中。动态链接库函数调用方法请参考《GT 系列运动控制器编程手册》。完成以上实验，主要需要参考以下说明书：《电动机驱动器使用说明书》、《GT 运动控制器使用说明书》和《GT 运动控制器编程手册》等。

(5) 实验总结与思考：

1) 根据实验结果，提交实验报告，实验报告中应包含：各实验中 XY 平台绘制的插补轨迹图，实验体会，包括实验中碰到的问题、解决办法和有关该实验的改进建议和收获。

2) 简述常见的插补算法，根据实验现象，分析逐点比较法和数字积分法的精度和局限性。

3) 根据实验结果说明寄存器位数对数字积分法插补精度和速度的影响并分析其原因。

4) 列出直线插补和圆弧插补运动所需参数，结合实验记录，分析不同映射设置对插补轨迹的影响，并理解其在实际应用中的意义。

5) 指出圆心角度型和终点半径型圆弧插补的异同及各自应用场合。

4.5.3　数控代码编程实验

(1) 实验目的：

了解数控代码的基本指令和开放式运动控制器数控代码库的使用方法，理解基于 PC 的数控编程的实现过程,掌握简单数控程序的编制方法。

(2) 实验设备:

XY 平台 1 套;GT-400-SV 卡 1 块;PC 机 1 台。

(3) 基础知识:

在数控系统上加工零件时,把加工零件的全部工艺过程、工艺参数和位移数据,以信息的形式记录在控制介质上,用控制介质上的信息来控制机床,实现零件的全部加工过程。这就是数控编程。

为了简化编制程序的方法和保证程序的通用性,国际标准化组织在 ISO 841—2001 中规定了数控机床坐标系的统一标准,即:以右手法则确定的笛卡儿直角坐标系作为编程的标准坐标系,规定直线进给运动的坐标轴用 X、Y、Z 表示,称为基本坐标轴,围绕 X、Y、Z 轴旋转运动的圆周进给坐标轴分别用 A、B、C 表示。坐标轴的正方向,是假定工件不动,刀具相对于工件作进给运动的方向。编程坐标用来指定刀具的移动位置。运动轨迹的终点坐标是相对于起点计量的坐标,称为相对坐标(增量坐标);所有坐标点的坐标值均从编程原点计量的坐标,称为绝对坐标。相对坐标和绝对坐标分别应用于数控编程的增量编程方式(G91)和绝对编程方式(G90)中。数控加工程序是由若干个程序段组成,而一个程序段则由若干个指令字组成。每个指令字是控制系统的一个具体指令,由指令字符(地址符)和数值组成。例如:

```
% 1000
N01 G91 G00 X50 Y60
N02 G01 X1000 Y5000 F150 S300 T12 M03
……
```

程序段中不同的指令字符及其后续数值确定了每个指令字的含义,下面对准备功能 G 指令做一简要介绍。

准备功能用字母 G 后面跟两位数字来编程。表 4-6 所示为基本 G 功能。

表 4-6　G 代码及其功能

G 代码	组　别	功　能
G00	01	定位(快速进给)
G01		直线插补(切削进给)
G02		圆弧插补 CW(顺时针)
G03		圆弧插补 CCW(逆时针)
G17*	02	X 平面选择
G18		ZX 平面选择
G19		YZ 平面选择
G28	00	返回参考点
G29		从参考点返回
G90*	03	绝对坐标编程
G91		增量坐标编程
G92	00	设定工件坐标系

在 G 功能后面标有“*”号的指令,是指开机时,CNC 所具有的工作状态。

00 组的指令为一次性指令,它只在其指令的程序段中有效。

除00组外的指令为模态指令,即当该G功能被编程后,就一直有效,直至被同一组中其他不相容的G功能代替。

1) G00 快速定位:

指令格式:G00 X_Y_

G00指令用于快速点定位,两个轴同时进给,合成速度为最大位移速度。指令中的X和Y值确定终点坐标,起点为当前点。

2) G01 直线插补:

指令格式:G01 X_ Y_ F_

G01为直线插补运动,即两个轴以当前点为起点,以F指令指定的速度同时进给,终点位置由X和Y确定。速度字F具有模态性,即由F指令的进给速度直到变为新的值之前一直有效,因此不必每个程序段均指定一次。速度字F的单位为mm/min。

3) G02/G03 圆弧插补:

G02为顺时针圆弧,G03为逆时针圆弧,如图4-58所示。G02/G03使两轴以当前点为起点,按照给定的参数走出一段圆弧。其指令格式有两种形式:

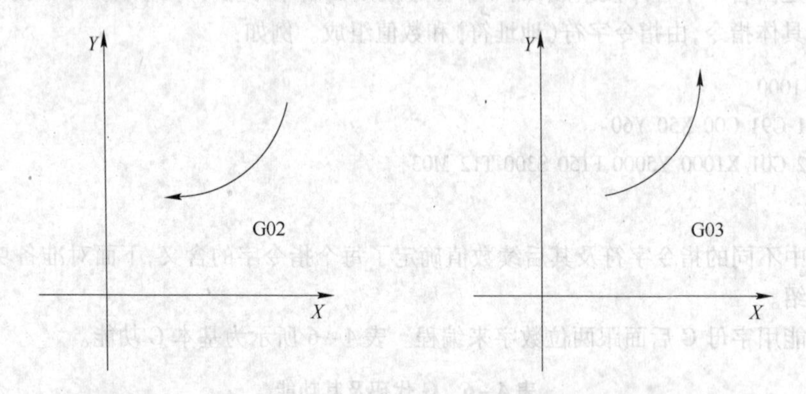

图4-58 圆弧方向规定

① G02/G03 X_ Y_ I_ J_ F_

其中,X、Y确定终点坐标;I、J分别对应X、Y方向上圆弧起点到圆心的距离(有符号);F为插补速度。

② G02/G03 X_ Y_ R_ F_

其中,X、Y确定终点坐标;R为圆弧半径;F为插补速度。

(4) 实验步骤:

在进行下列实验时,应注意XY平台行程范围。实验前,先进入二维插补实验界面将X轴、Y轴回零或手动调整其位置,以避免运动中超出行程触发限位信号。本实验软件中,M03指令对应笔架下落,M05指令对应笔架抬起,可根据需要在G代码文件中加入相应的M指令。

1) 数控代码运行认识实验:

① 检查XY平台电气是否正常,打开电控箱面板上的电源开关,使系统上电。

② 在XY平台的工作台面上,固定好实验用绘图纸张。

③ 双击桌面“MotorControlBench. exe”图标,打开运动控制平台实验软件,点击界面下方“G代码实验”按钮,进入如图4-59所示界面。

④ 点击“打开文件”按钮,在打开的对话框中选择example目录下的数控代码GAO. txt文件,点击对话框中“打开”按钮。

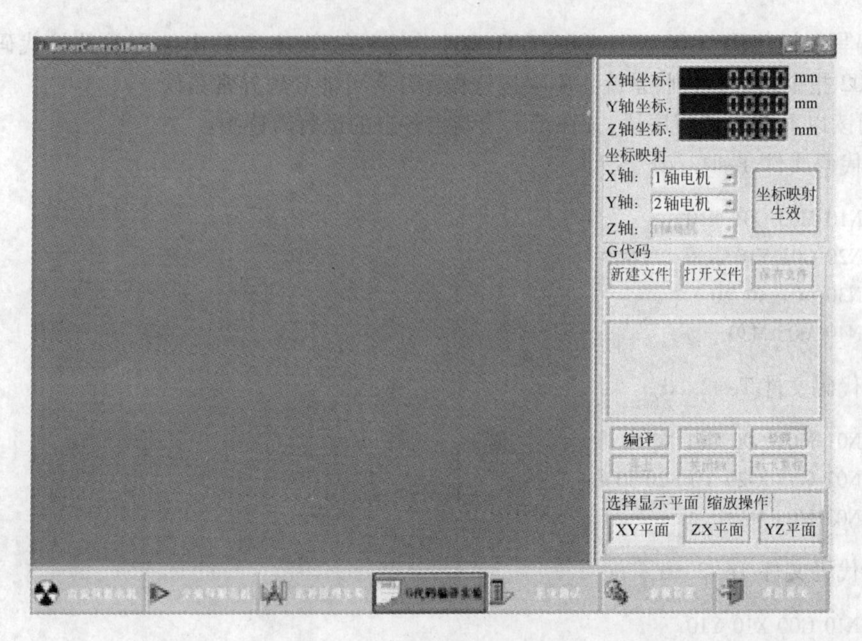

图 4-59 控制平台操作界面

⑤ 观察出现在界面右侧 G 代码编辑区中的 G 代码文件,如图 4-60 所示,理解 G 代码程序段的组成。

⑥ 点击“编译”按钮,界面左侧将出现“GAO. txt”文件执行的模拟轨迹,如图 4-61 所示。

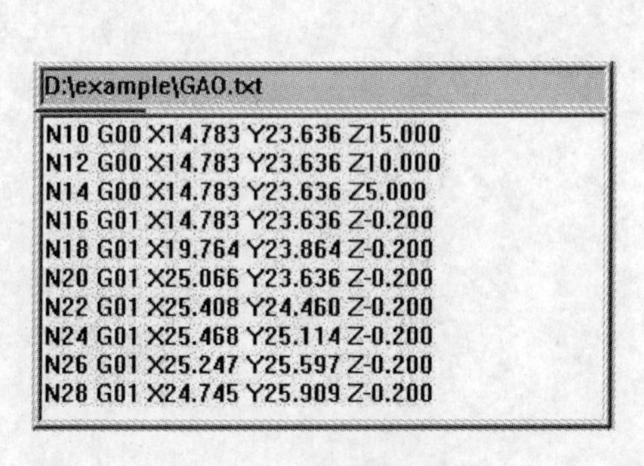

D:\example\GAO.txt

```
N10 G00 X14.783 Y23.636 Z15.000
N12 G00 X14.783 Y23.636 Z10.000
N14 G00 X14.783 Y23.636 Z5.000
N16 G01 X14.783 Y23.636 Z-0.200
N18 G01 X19.764 Y23.864 Z-0.200
N20 G01 X25.066 Y23.636 Z-0.200
N22 G01 X25.408 Y24.460 Z-0.200
N24 G01 X25.468 Y25.114 Z-0.200
N26 G01 X25.247 Y25.597 Z-0.200
N28 G01 X24.745 Y25.909 Z-0.200
```

图 4-60 代码文件

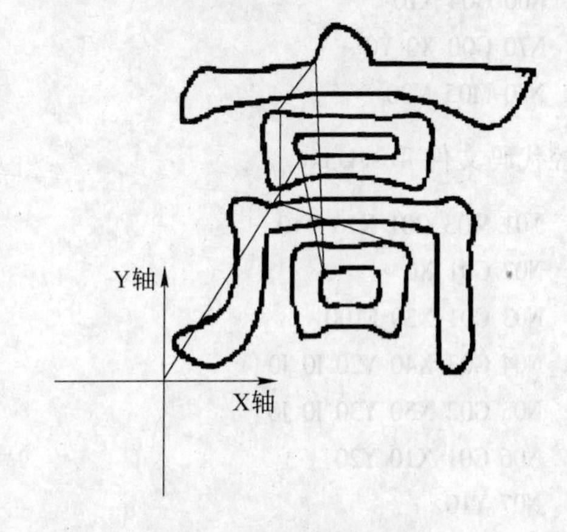

图 4-61 模拟规矩图

⑦ 点击“坐标映射生效”按钮,各轴伺服上电。

⑧ 在 XY 平台的工作台面上,固定实验用绘图纸张,调整好笔架位置。

⑨ 点击“运行”按钮,XY 平台电动机开始运动,笔架上的画笔将在 XY 平台上的白纸上绘制“高”字,同时软件界面显示区内将实时绘制红色的 G 代码运行实际轨迹。

⑩ 观察实际运动轨迹与模拟轨迹是否一致,观察平台上电动机的运动情况。在运动过程中,可根据观察需要对显示图形进行缩放或平移操作(具体操作见运动控制平台软件使用说明书)。

⑪ 运动完成,点击“关闭轴”按钮。

⑫ 实验结束。

2）编写数控代码（G00/G01/G02/G03/G04 指令）实验：本实验中编写的数控代码必须以 M30 或 M02 指令结束，否则，系统将不会运行程序并有可能导致异常错误。

① 阅读以下 G 代码程序段，并在纸上绘制出各自的运行轨迹图。

数控代码文件 Test1. txt

```
N10 M03 G01 X10
N20 G01 Y10
N30 G01 X0 Y0
N40 M05 M30
```

数控代码文件 Test2. txt

```
N01 M03 G90 G01 X20
N02 G03 X-20 Y0 I-20 J0
N03 M05 M30
```

数控代码文件 Test3. txt

```
N10 G00 X10 Y10
N20 M03 G01 X20 Y20
N30 G02 X80 Y20 R30
N40 G03 X70 Y57. 32 R20
N50 G01 X20 Y55
N60 G04 X10
N70 G00 X0 Y0
N80 M05 M30
```

数控代码文件 Test4. txt

```
N01 M03 G01 X10 Y10
N02 G01 X0
N03 G01 X30 F100
N04 G03 X40 Y20 I0 J0
N05 G02 X30 Y30 I0 J0
N06 G01 X10 Y20
N07 Y10
N08 M05 G00 X-10 Y-10
N09 M30
```

② 执行数控代码认识实验步骤① ~ ②步。

③ 在打开的 G 代码运行界面中，点击“新建文件”按钮。此时 G 代码编辑框中将清除原有代码。

④ 在 G 代码编辑区中键入数控代码文件 Test1. txt 代码段。

⑤ 检查确认代码输入无误后，点击“保存文件”按钮。

⑥ 在打开的保存文件对话框中，将文件保存在 example 目录下，保存文件名为“Test1. txt”，点击“保存”。

⑦ 点击“编译”按钮，左侧显示区中将出现如图 4 - 62（a）所示的“Test1. txt”文件的 G 代码

模拟运行轨迹。

⑧ 对应 G 代码文件,仔细观察显示区中的图形,找出各程序段所对应的直线段或圆弧段,理解基本数控指令的含义,并对照比较步骤①中绘制的图形是否正确。

⑨ 点击“坐标映射生效”按钮,此时系统坐标映射设置生效,同时各轴伺服上电。

⑩ 更换实验用绘图纸张,调整好笔架位置。

⑪ 先后点击“X 回零”和“Y 回零”按钮,使各轴回到编程原点。

⑫ 点击“运行”按钮,运动控制平台上电动机开始运动,同时界面显示区内将实时绘制红色的 G 代码运行轨迹。

⑬ 运动完成,点击“关闭轴”按钮。

⑭ 重复执行③ ~ ⑪步, 依次编写并运行 Test2. txt ~ Test4. txt G 代码文件,观察实际运行情况,并检查步骤①中绘制的图形是否正确。

⑮ 点击“退出实验”按钮,退出实验软件,关闭 XY 平台电源,实验结束。

图 4 – 62 所示为各 G 代码文件执行时的运行轨迹。

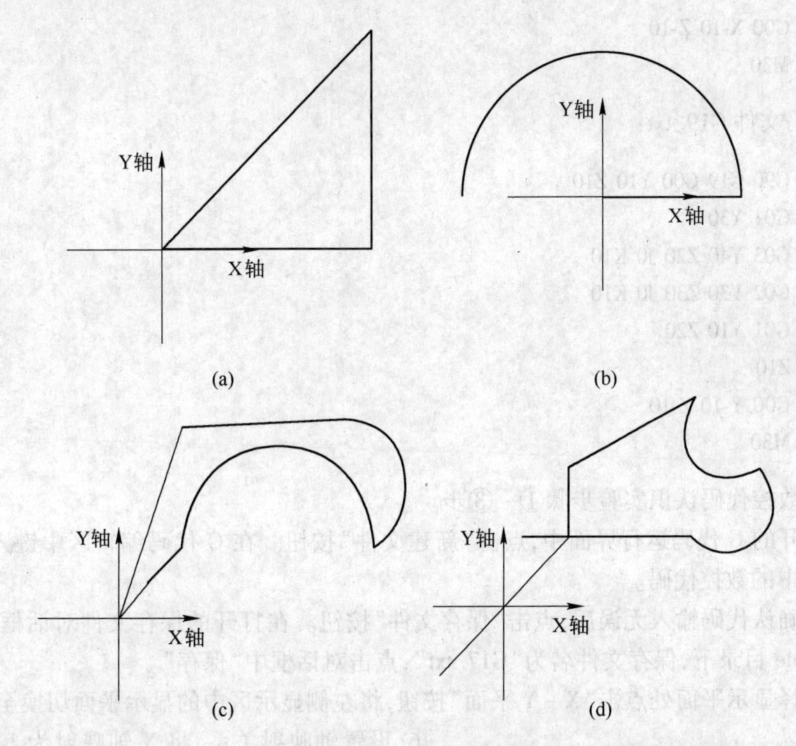

图 4 – 62　轨迹曲线图

(a) Test1. txt 文件 G 代码运行轨迹; (b) Test2. txt 文件 G 代码运行轨迹;
(c) Test3. txt 文件 G 代码运行轨迹; (d) Test4. txt 文件 G 代码运行轨迹

3) G17/G18/G19 指令编程实验:

① 实验前准备:分析比较以下代码的异同,参阅相关资料理解 G17/G18/G19 指令的含义及用途,绘制出三段数控代码在相应的工作平面上的运行轨迹。

数控代码文件 G17. txt:

```
N01 G90 G17 G00 X10 Y10
N02 G01 X30
```

```
N03 G03 X40 Y20 I0 J10
N04 G02 X30 Y30 I0 J10
N05 G01 X10 Y20
N06 Y10
N07 G00 X-10 Y-10
N08 M30
```

数控代码文件 G18. txt：

```
N01 G90 G18 G00 X10 Z10
N02 G01 Z30
N03 G03 X20 Z40 I10 K0
N04 G02 X30 Z30 I10 K0
N05 G01 X20 Z10
N06 X10
N07 G00 X-10 Z-10
N08 M30
```

数控代码文件 G19. txt：

```
N01 G90 G19 G00 Y10 Z10
N02 G01 Y30
N03 G03 Y40 Z20 J0 K10
N04 G02 Y30 Z30 J0 K10
N05 G01 Y10 Z20
N06 Z10
N07 G00 Y-10 Z-10
N08 M30
```

② 执行数控代码认识实验步骤①~③步。

③ 在打开的 G 代码运行界面中，点击“新建文件”按钮。在 G 代码编辑区中键入步骤①中 G17. txt 文件中的数控代码。

④ 检查确认代码输入无误后，点击“保存文件”按钮。在打开的保存文件对话框中，将文件保存在 example 目录下，保存文件名为“G17. txt”，点击对话框中“保存”。

⑤ 在选择显示平面处点击“X－Y 平面”按钮，将左侧显示区中的显示平面切换至 XY 平面。

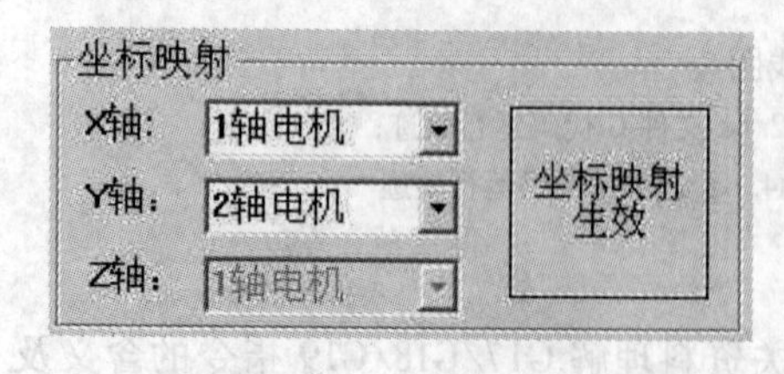

图 4－63　坐标映射设置

⑥ 设置轴映射关系，将 X 轴映射为 1 轴，Y 轴映射为 2 轴，如图 4－63 所示，点击“坐标映射生效”按钮使映射关系生效，同时各轴伺服上电。

⑦ 更换实验用绘图纸张，调整好笔架位置。点击“编译”按钮，显示区中出现“G17. txt”文件的 G 代码模拟运行轨迹。根据模拟轨迹，检查步骤①中绘制的轨迹是否正确。

⑧ 先后点击“X 回零”和“Y 回零”，将各轴回零。正确回零后，点击“运行”按钮，XY 平台上电动机开始运动，同时界面显示区内出现红色的 G 代码实际运行轨迹，观察界面中实际运动轨迹是否与模拟轨迹一致。

⑨ 按照③～⑥步中的方法，将 G18. txt 的内容输入到 G 代码编辑区中，并保存为“G18. txt”。在选择显示平面处点击“Z－X 平面”按钮，将左侧显示区中的显示平面切换至 ZX 平面。

⑩ 设置轴映射关系，将 X 轴映射为 2 轴，Z 轴映射为 1 轴，点击“坐标映射生效”按钮使映射关系生效，同时各轴伺服上电。

⑪ 更换实验用绘图纸张，调整好笔架位置。点击“编译”按钮，显示区中出现“G18. txt”文件的 G 代码模拟运行轨迹。观察图中的坐标轴定义，根据模拟轨迹，检查步骤①中绘制轨迹是否正确，分析其与 G17. txt 文件 G 代码运动轨迹的异同。

⑫ 点击回零按钮，将各轴回零。点击“运行”按钮，XY 平台上电动机开始运动，界面显示区内实时绘制 G 代码运行轨迹。观察 XY 平台上笔架绘制的图形，观察界面中实际运动轨迹是否与模拟轨迹一致。

⑬ 按照③～⑥步中的方法，将 G19. txt 的内容输入到 G 代码编辑区中，并保存为“G19. txt”文件。在选择显示平面处点击“Y－Z 平面”按钮，将左侧显示区中的显示平面切换至 YZ 平面。

⑭ 设置轴映射关系，将 Y 轴映射为 1 轴，Z 轴映射为 2 轴，点击“坐标映射生效”按钮使映射关系生效，同时各轴伺服上电。

⑮ 更换实验用绘图纸张，调整好笔架位置。点击“编译”按钮，显示区中出现“G19. txt”文件的 G 代码模拟运行轨迹。观察图中的坐标定义，根据模拟轨迹，检查步骤①中绘制轨迹是否正确，分析其与 G17. txt，G18. txt 文件运动轨迹的异同。

⑯ 点击回零按钮，将各轴回零。点击“运行”按钮，XY 平台上电动机开始运动，观察 XY 平台上笔架绘制的图形，观察界面中实际运动轨迹是否与模拟轨迹一致。

⑰ 实验完成，点击“关闭轴”按钮。

⑱ 总结分析 G17/G18/G19 指令的含义及其用途。

图 4－64 为三个 G 代码文件运行时的实际轨迹图。

4）G90/G91/G92 指令编程实验：

① 实验前准备：参阅相关资料理解 G90/G91/G92 指令的含义及用法，分析以下两段代码，绘制出数控代码的运动轨迹。

数控代码文件 G90_test. txt

```
N01 G92 X-30 Y-10
N02 G90 G17 G00 X10 Y10
N03 M03 G01 X30
N04 G03 X40 Y20 I0 J10
N05 G02 X30 Y30 I0 J10
N06 G01 X10 Y20
N07 Y10
N08 G00 X-10 Y-10
N09 M05 M30
```

数控代码文件 G91_test. txt

```
N01 G92 X-10 Y-10
N02 G91 G17 X20 Y20
N03 M03 G01 X20
N04 G03 X10 Y10 I0 J10
N05 G02 X-10 Y10 I0 J10
```

```
N06 G01 X-20 Y-10
N07 Y-10
N08 G00 X-20 Y-20
N09 M05 M30
```

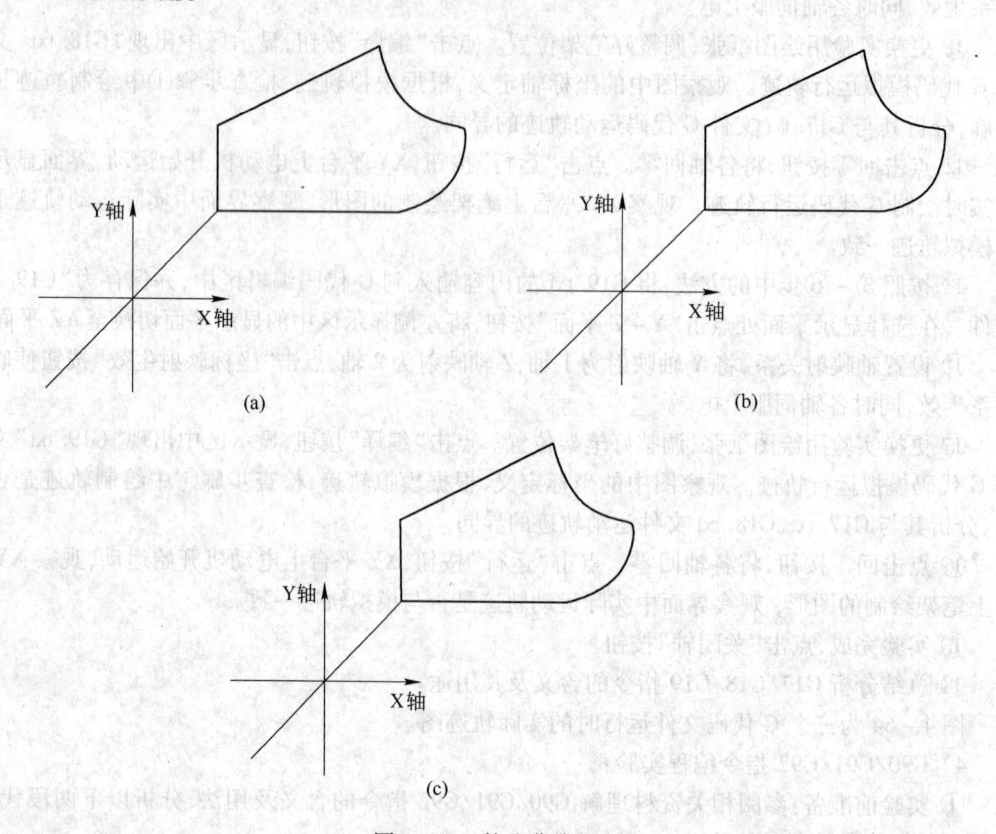

图 4－64　轨迹曲线图

（a）Test17. txt 文件 G 代码运行轨迹；（b）Test18. txt 文件 G 代码运行轨迹；
（c）Test19. txt 文件 G 代码运行轨迹

② 开始实验，执行数控代码认识实验步骤①～③步，进入实验软件界面。在 G 代码运行界面中，点击“新建文件”按钮。

③ 在 G 代码编辑区中键入步骤①中 G90_test. txt 文件中的数控代码。检查确认代码输入无误后，点击“保存文件”按钮。

④ 在打开的保存文件对话框中，将文件保存在 example 目录下，保存文件名为“G90_test. txt”，点击对话框中“保存”；在选择显示平面处点击“X－Y 平面”按钮，将左侧显示区中的显示平面切换至 XY 平面。

⑤ 设置轴映射关系，将 X 轴映射为 1 轴，Y 轴映射为 2 轴，点击“坐标映射生效”按钮使映射关系生效，同时各轴伺服上电。更换实验用绘图纸张，调整好笔架位置。

⑥ 点击“编译”按钮，显示区中出现“G90_test. txt”文件的 G 代码模拟运行轨迹。根据模拟轨迹，检查步骤①中绘制轨迹是否正确。

⑦ 对刀至 G92 指令设定的对刀位置 X ＝ －10 mm，Y ＝ －10 mm 处。具体方法如下：在点动操作中先后点动 X－和 Y－，将当前刀具位置移动到（－10，－10）。点击“运行”按钮，XY 平台

上电动机开始运动。观察 XY 平台上电动机的运动，观察界面中实际运动轨迹是否与模拟轨迹一致。

⑧ 改变 G92 指令中设定的对刀点位置。具体方法如下：再次打开刚才保存的“G90_test. txt”文件，将 G92 指令行修改为 N01 G92 X-30 Y-10，其余指令不变。点击“保存”按钮，将编辑后的“G90_test. txt”文件存盘。

⑨ 点击“编译”按钮，显示区中出现修改后的“G90_test. txt”文件的 G 代码模拟运行轨迹，比较其与修改前轨迹的异同，理解 G92 指令在实际加工中的意义。

⑩ 点动各轴，对刀至新的对刀位置 X = -30 mm，Y = -10 mm 处；点击“运行”按钮，XY 平台上电动机开始运动。观察 XY 平台上电动机的运动，观察界面中实际运动轨迹是否与模拟轨迹一致。

⑪ 开始 G91 指令实验，按照步骤② ~ ⑧的方法，输入 G91_test. txt 数控文件并做好运行前准备。

⑫ 点击“编译”按钮，显示区中将出现“G91_test. txt”文件的 G 代码模拟运行轨迹。根据模拟轨迹，检查步骤①中绘制轨迹是否正确，并比较其与“G90_test. txt”文件的 G 代码模拟运行轨迹的异同。

⑬ 对刀至 G92 指令设定的对刀位置 X = -10 mm，Y = -10 mm 处；点击“运行”按钮，XY 平台上电动机开始运动，观察 XY 平台上电动机的运动，观察界面中实际运动轨迹是否与模拟轨迹一致。

⑭ 待各轴完成运动，实验完成，关闭实验平台电源，清理实验桌面。

(5) 实验报告及总结：

1) 认真完成以上实验，记录实验步骤和结果。

2) 分析说明 G00、G01、G02、G03、G04、G17、G18、G19、G90、G91、G92 等基本 G 指令的功能和含义。

3) 分析比较基于 PC 的数控编程与专用数控系统的数控编程的优点和缺点。

4.6 直流伺服位置控制实验

(1) 实验目的：

1) 掌握位置伺服系统的基本原理及控制过程。

2) 了解位置伺服控制的基本要求。

3) 了解位置伺服系统实验台的基本电路。

4) 熟悉位置伺服系统实验台主要设备的结构组成及有关的测试仪器、仪表。

(2) 实验设备的结构组成及测试仪器：

该实验台对小车运动控制的实现既可采用模拟量控制又可采用微机控制。实验台由五部分组成，如图 4-65 所示。

1) 机械平台：用来支承各种实验设备及仪器。

2) 电源：将交流电变成电压可调的直流电，驱动伺服电动机工作。它包括单向可控硅直流调速电源和换向电路。

3) 驱动部分：由伺服电动机通过行星齿轮减速器带动链传动，然后由传动链驱动小车完成往复移动运动。

伺服电动机选用 110SZ-53 型直流电动机，其主要参数如表 4-7 所示。

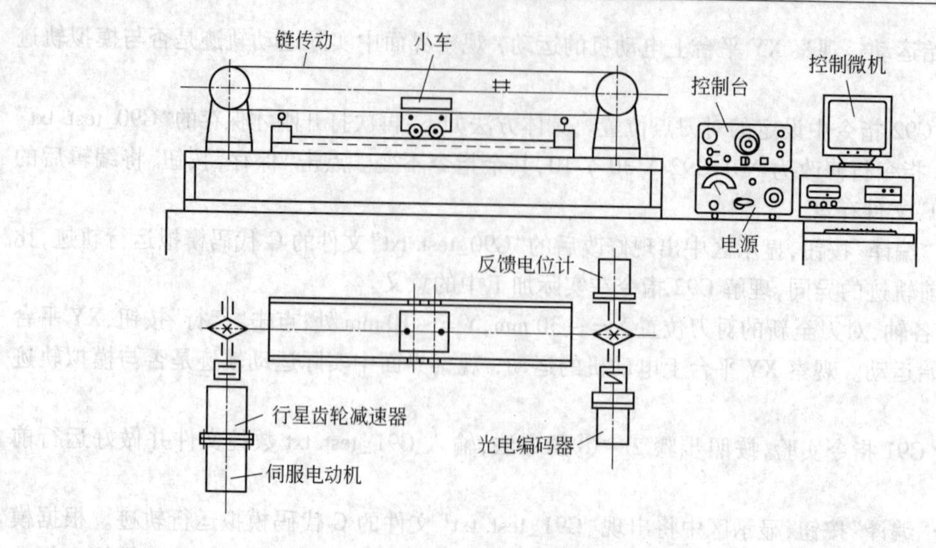

图 4 – 65 实验台总体布置

表 4 – 7 电动机主要参数

参 数	数 值	参 数	数 值
额定功率/W	308	额定电流/A	4
额定转速/r · min $^{-1}$	3000	额定电压/V	110
允许顺逆转速差/r · min $^{-1}$	200		

4）检测部分：通过检测部分可以检测小车的位移和速度。检测部分包括增量式光电编码器和直线电位器。

① 直线电位器。电位器按其结构形式可分成转动电位器和直线电位器，本系统中使用的电位器均为直线电位器。检测电位器用来检测工作台的实际位置，将工作台的实际位置转化成电压信号输出。

检测电位器测量长度应与工作台的运动范围一致。检测电位器可以安装在导轨的侧面，电位器指针与工作台相连，把工作台的位置转换成相应的电压信号。例如，工作台运动到 500 mm 处，检测电位器输出电压为 5 V，如图 4 – 66 所示。电位器的 3 个引脚中，1 个是直流稳压电源输入端，将它与电源高电位相连；1 个公共端，即接地端；1 个电压信号输出端，电路接法如图 4 – 66 所示。检测到的位置 X 和检测电压 U_b 之间的关系如图 4 – 67 所示。

② 增量式光电编码器。增量式光电编码器是用于微机控制的反馈器件。本实验台选用 LEC1024G12E 增量式光电编码器。所谓增量式光电编码器是指旋转的码盘给出一系列脉冲，然后根据旋转方向由计数器对这些脉冲进行加减计数，以此来表示转过的角位移量。光电增量编码器的原理如图 4 – 68 所示。在刻盘上刻有节距相等的辐射状窄缝，其节距与圆盘的节距相同。在图 4 – 68 中，a、b 两组检测窄缝错开 1/4 节距，其目的是使 A、B 两个光电转换器的输出信号在相位上相差 90°。测量时两组窄缝是静止不动的，圆盘与被测轴一起转动，光电变换器 A 与 B 上就随之输出一个相位差 90°的近似正弦波，经逻辑电路处理后用来判别被测轴的转动方向。

5）控制系统：包括模拟量控制的参数可调 PI 校正与 T 型网络校正，做微机控制的 586 微型计算机。

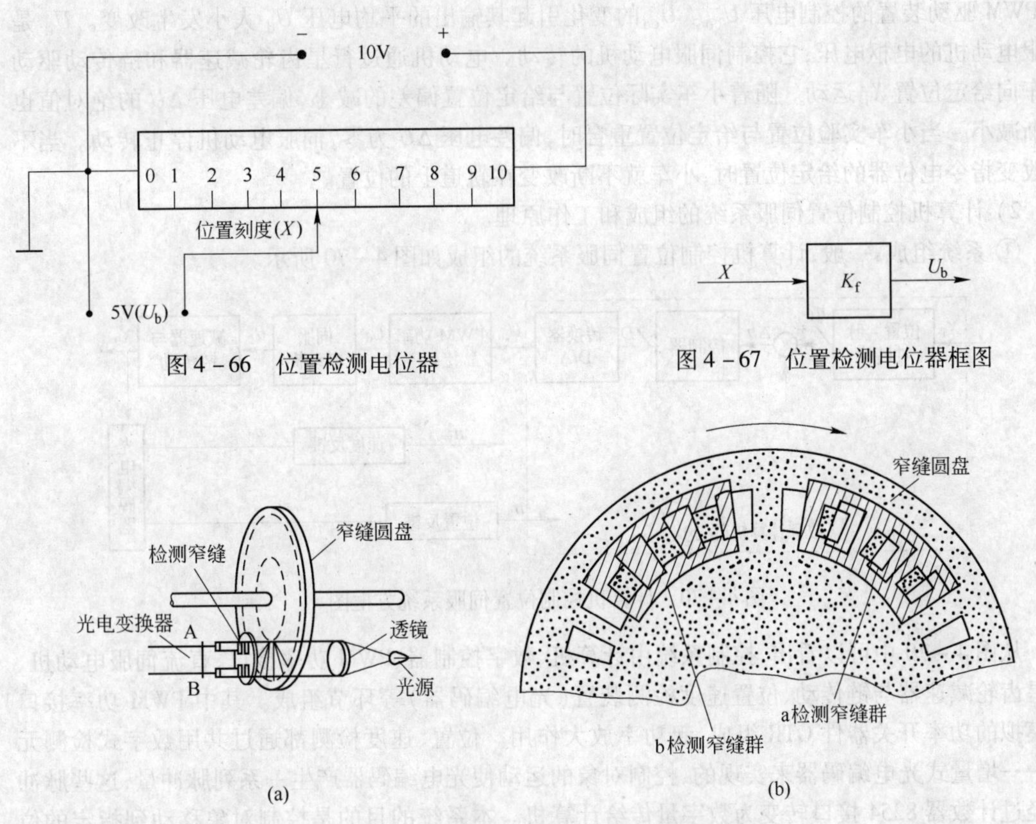

图 4-66 位置检测电位器

图 4-67 位置检测电位器框图

图 4-68 增量式光电编码器结构原理图

(3) 实验台的原理:

1) 模拟量控制位置伺服系统的组成和工作原理。模拟量控制位置伺服系统的原理如图 4-69 所示。

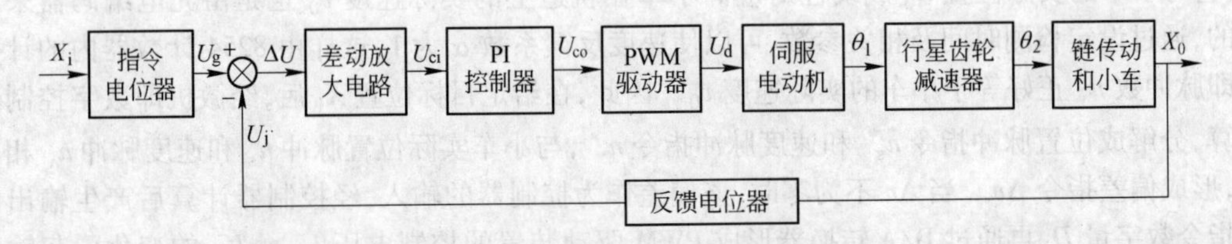

图 4-69 模拟量控制位置伺服系统方框图

① 系统组成:由图 4-69 可以看出,本控制系统由指令电位器、反馈电位器、差动电压放大电路、PI 控制器、PWM 驱动器、直流伺服电动机、行星齿轮减速器、链传动和小车等环节组成。本系统的目的是控制模型小车移动到指定的位置。本系统只有位置反馈而形成单环结构。

② 工作原理:通过指令电位器发出小车的位置指令 X_i,指令电位器的输出是电压 U_g,它与位置指令 X_i 对应。电压 U_g 与位置 X_i 成正比。小车在轨道上的实际位置 X_0 由反馈电位器检测,反馈电位器的输出是电压 U_j,它与小车的实际位置 X_0 对应。电压 U_j 与实验位置 X_0 成正比。这样,当小车实际位置 X_0 和给定位置 X_i 相等时,U_j 和 U_g 也相等;当 X_0 和 X_i 有偏差时,对

应偏差电压 $\Delta U = U_g - U_j$。该偏差电压经过放大后作为控制器的输入，控制器处理后的电压就是 PWM 驱动装置的控制电压 U_{co}。U_{co}的变化引起其输出的平均电压 U_d 大小发生改变。U_d 是伺服电动机的电枢电压，它控制伺服电动机的转动。电动机通过行星齿轮减速器和链传动驱动小车向给定位置 X_i 运动。随着小车实际位置与给定位置偏差的减小，偏差电压 ΔU 的绝对值也逐渐减小。当小车实验位置与给定位置重合时，偏差电压 ΔU 为零，伺服电动机停止转动。当不断改变指令电位器的给定位置时，小车就不断改变在轨道上的位置。

2）计算机控制位置伺服系统的组成和工作原理。

① 系统组成：一般，计算机控制位置伺服系统的组成如图 4－70 所示。

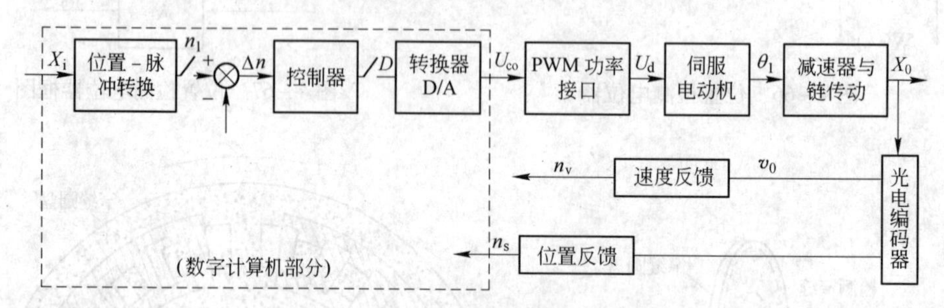

图 4－70　计算机控制位置伺服系统方框图

从图 4－70 中可以看出，控制系统由计算机、数字控制器、PWM 功率接口、直流伺服电动机、行星齿轮减速器与链传动、位置速度检测装置（光电编码器）等环节组成。其中 PWM 功率接口由模拟的功率开关器件 GTR 组成，起功率放大作用。位置、速度检测都通过共用数字式检测元件——增量式光电编码器来实现的，控制对象的运动使光电编码器产生一系列脉冲量，这些脉冲量经过计数器 8254 接口转变为数字量传给计算机。本系统的目的是控制对象移动到指定的位置。本系统可以有多种控制结构，可以实现位置、速度、加速度反馈，从而形成单环控制结构、多回路串级控制等。

② 工作原理：通过键盘发出小车的位置指令 X_i，位置指令 X_i 再经过位置－脉冲的线性变换，转换成脉冲指令 n_1。小车在轨道上的实际位置 X_0 由光电编码器检测，形成反馈位置脉冲 n_s，它与小车的实际位置 X_0 成线性对应。小车在轨道上的实际速度 v_0 也是由光电编码器来检测的，通过设定检测时间及相关参数，可以使速度反馈系数 α 为 1，这样由 8254 计数器内的计数值即脉冲数 n_v 正好等于小车的实际速度 v_0。因此，在给定目标位置 X_i 后，经微机即数字控制器计算，分解成位置脉冲指令 n_s^* 和速度脉冲指令 n_v^*，与小车实际位置脉冲 n_s 和速度脉冲 n_v 相比较，形成偏差指令 Δn。当 Δn 不为零时，该偏差作为控制器的输入，经控制器计算后产生输出电压指令数字量 D，再通过 D/A 转换器形成 PWM 驱动装置的控制电压 U_{co}。U_{co}的变化引起输出的平均电压 U_d 大小发生改变。U_d 是伺服电动机的电枢电压，它控制伺服电动机的转动。电动机通过行星齿轮减速器和链传动，驱动小车向给定位置 X_i 运动。随着小车实际位置与给定位置偏差的减小，偏差指令 Δn 的绝对值也逐渐减小。当小车实际位置与给定位置重合时，偏差电压 Δn 为零，伺服电动机停止转动。当不断改变给定目标位置时，小车就不断改变在轨道上的位置。

（4）实验要求：

1）实验前要认真阅读实验指导书，了解实验的目的、实验台的原理及实验要求。

2）观察实验台的结构组成，了解其工作原理、控制电路、测试仪器及仪表。

3）设定小车位置，采用不同控制方法使小车运行到指定位置。

4）记录小车指令位置、运行后的实际位置，然后计算出位置误差，并分析产生误差的原因。

5）写出实验报告。

（5）实验报告：

1）实验的目的。

2）实验台的结构组成（绘出结构简图）。

3）实验台的工作原理（绘出工作原理框图）。

4）实验数据及计算结果。

5）实验结果分析。

6）回答实验指导书中提出的问题。

（6）思考题：

1）位置伺服实验台除齿型带传动外还可以采用哪些传动形式，各有什么特点？

2）直线电位器的基本原理是什么？

3）位置伺服系统的模拟量控制和计算机控制各有什么特点？

4.7 基于IPC机的电磁振动定量给料系统设计实验

（1）实验目的：

1）熟练掌握IPC机、812PG卡、称重传感器、变送器、可控硅控制箱、电磁振动给料机的使用方法，灵活地用这些仪器和设备组成所需的实验系统。

2）熟练掌握GENIE组态软件的编程方法，组态软件在机电一体化产品设计中的应用，组态软件的扩展，即在组态软件中加入自己的控制算法。

3）掌握作为一个计量控制系统，系统的调试方法，常规PID算法中PID参数的整定方法。

4）提高计量控制系统的计量与控制精度的方法。

（2）基本原理：

1）实验系统。如图4－71所示，整个实验系统由以下几个部分构成：固体流量计、电磁振动给料机、垂直振动输送机、水平振动输送机、传感器、变送器、IPC及控制箱。

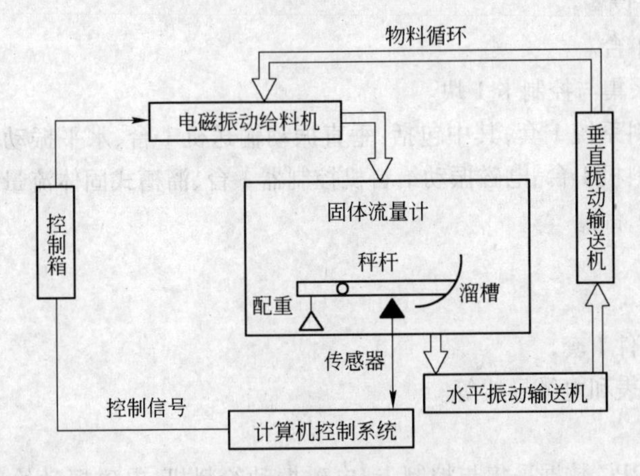

图4－71 物料循环和流量控制

作为控制对象的电磁振动给料机进行给料。给料量的大小由槽体的振幅大小决定，而振幅的大小由晶闸管控制的电压决定，这个电压的有效值与晶闸管的触发角有关，而触发角由控制电压决定。固体流量计用于检测物料流量，当物料速度一定时，压力传感器产生的电压信号与流量成正比。这个电压信号输入计算机，经过处理后，与给定值比较、运算，产生合适的控制信号，即控制电压。这个电压送进电磁振动给料机,从而使电磁振动给料机给料量与给定量趋于一致。水平振动输送机用于将固体流量计流出的物料,输送给垂直振动输送机。垂直振动输送机将物料送给电磁振动给料机,从而完成物料的循环。

2）控制策略。计算机控制系统是利用计算机来实现生产过程自动控制的系统,是一种把计算机硬件、软件技术与自动控制技术相结合的应用技术,它属于离散控制系统。如图 4－72 所示,将反馈控制系统中的比较器和控制器用计算机来代替,就是一个典型的计算机控制系统。

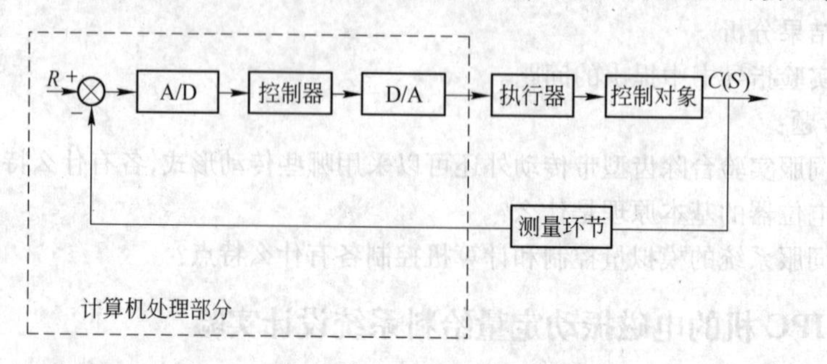

图 4－72　典型的计算机控制系统

反馈量经 A/D 将模拟量转化成数字量,然后与设定量作差值运算,经控制器运算,输出结果经 D/A 变成模拟量,调节相应的参数,控制执行机构,从而达到调节的目的。

控制器在工业上用得比较成熟的是 PID 控制。由于难以准确地建立受控对象的数学模型,在进行系统分析和系统设计时,有些参数需有较大的调整余地。这些参数的最后确定,取决于现场调试和经验。PID 有结构改变灵活,参数调整方便,调节精度高和适应能力强等优点,工业中应用广泛,研究较深。本实验采用的就是 PID 控制。由于电磁振动定量给料系统是一个强非线性系统。为了提高系统的控制精度,本实验还可以任选第二个控制方案,即模糊自整定 PID 控制。

(3) 实验仪器与设备:

1）研祥 IPC 机 1 台。

2）812PG 数据采集与控制卡 1 块。

3）物料循环给料系统 1 套,其中包括:垂直振动输送机 1 台、水平振动输送机 1 台、给料料斗 1 台、电磁振动给料机 1 台、电磁振动给料机控制器 1 台、溜槽式固体流量计 1 台。

4）称重传感器 1 台。

5）变送器 1 台。

6）接口板 1 块。

7）Genie 组态软件 1 套。

8）示波器、万用表和电缆导线等。

(4) 实验内容:

1）用 IPC 机、812PG 数据采集与控制卡、电磁振动给料机、电磁振动给料机控制器、称重传感器、变送器、接口板等组成控制系统。

2）用 Genie 组态软件和 VB 语言编写控制程序,其中包括:主控程序、初始化程序、标定程序。

3）系统调试,其中包括:主控程序调试、初始化程序调试、标定程序调试。

(5) 相关基本知识:

1）Genie 组态软件。工业过程控制中，可以将软件模块化，这种软件即所谓的组态软件。它把计算机控制通用过程模块化，只需调用，免去重复性的编程工作，用户需要做的是组态和编自己需要的模块。本实验控制软件采用研华 Genie3.0 组态软件和 VB6.0。

Genie 是一个内容丰富、使用灵活的数据采集及控制的应用环境，它支持 Windows 下开发自动化应用的所有功能和软件。Genie 提供基于图标、鼠标操作进行实时自动控制策略设计、系统监控和动态操作显示功能。它在策略编辑器中提供了图标模块库，分别代替数据采集及监控、工业控制标准数学、控制函数，用户只需在策略编辑器中排出图标模块并连好。它在显示模块中列出了动态显示模块以及用户的日报表。显示编辑器提供了很多作图工具以便设计显示和控制画面。报表编辑器具有报表格式编辑功能及报表自动生成功能。除了上述特点外，Genie 内建 VBA 兼容的编程工具，用以增强在设计复杂计算或分析等应用时的能力。Genie 3.0 具有模块化的、开放结构形式，如图 4－73 所示。在这个开放平台上，用户可以方便地将 Genie 与其他应用程序集成起来，并且可以共享实时数据采集及控制数据。由于采用这种结构，Genie 的性能以及 I/O 模块的数量都有很大的提高。

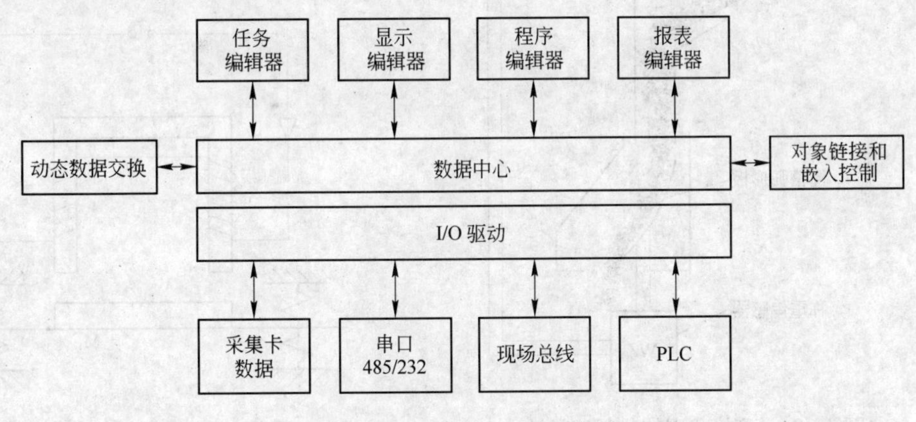

图 4－73　Genie 3.0 系统结构

从图 4－73 可以看出，数据中心为采集数据和控制参数的存储中心。它对所有 Genie 的实时数据进行管理，并且提供两个与外界相连的接口：DDE（动态数据变换）接口和 OLE 接口。通过这两个接口，其他应用软件可以与 Genie 进行数据交换。本实验要求利用 Genie 完成整个控制程序的组态设计，并利用 DDE 技术将 VB 应用程序中的数据和 Genie 中的数据进行动态交换，以实现模糊自整定 PID 参数程序的运行。

2）溜槽式固体流量计。溜槽式固体物料流量计是利用物料的动能，通过计量环节来连续检测流量。这种计量装置本身没有运动部件，结构比电子皮带秤简单，可靠耐用。其原理是利用物料的动量，通过计量环节来连续测量。整流后的物料沿切线方向进入检测板，速度基本不变，成弧形的检测板承受偏转力，偏转力与物料流量成正比。

固体物料流量计用于固体散料流量的测定，溜槽使散料流动方向发生偏转，如图 4－74 所示。称重传感器给出与瞬时流量成正比例的数字测量信号，经过微机处理后作为流量输出，对其积分可得总流量。固体物料流量计主要用于自由流动的固体物料，可测量高达 1000 m^3/h 的流量。在固体材料特性稳定的情况下，在满量程的 20%～100% 范围内，测量精度可达到全量程的 ±2%。如果还使用检查－校准系统，则精度可达 ±1%。

3）电磁振动给料机的工作原理。电振机的工作原理如图 4－75 所示。图中 M_1 由槽体、联结叉、衔铁、部分板弹簧质量以及物料质量组成。M_2 由激振器壳体、铁芯、线圈以及部分板弹簧组成。M_1 和 M_2 这两个质体通过板弹簧联结在一起，形成一个双质体的定向振动系统。当流入电振机的电流经过可控半波整流时，在电源正半周电压，晶闸管导通，有电流流过线圈，在铁芯和衔铁之间产生一脉动的电磁引力，使槽体向后运动，激振器的主弹簧发生变形，储存一定的势能。正半周结束时，电流和电磁激振力接近于最大值，根据电磁感应原理，自感电势电流并不立即截止，而要延续一段时间，电流和电磁力逐渐减小，最后消失。当电磁激振力接近最大值时，两质体靠近，当电磁激振力最小时，槽体在弹簧力的作用下与电磁铁分开，这样电振机便以 50 Hz 的电源频率往复振动。

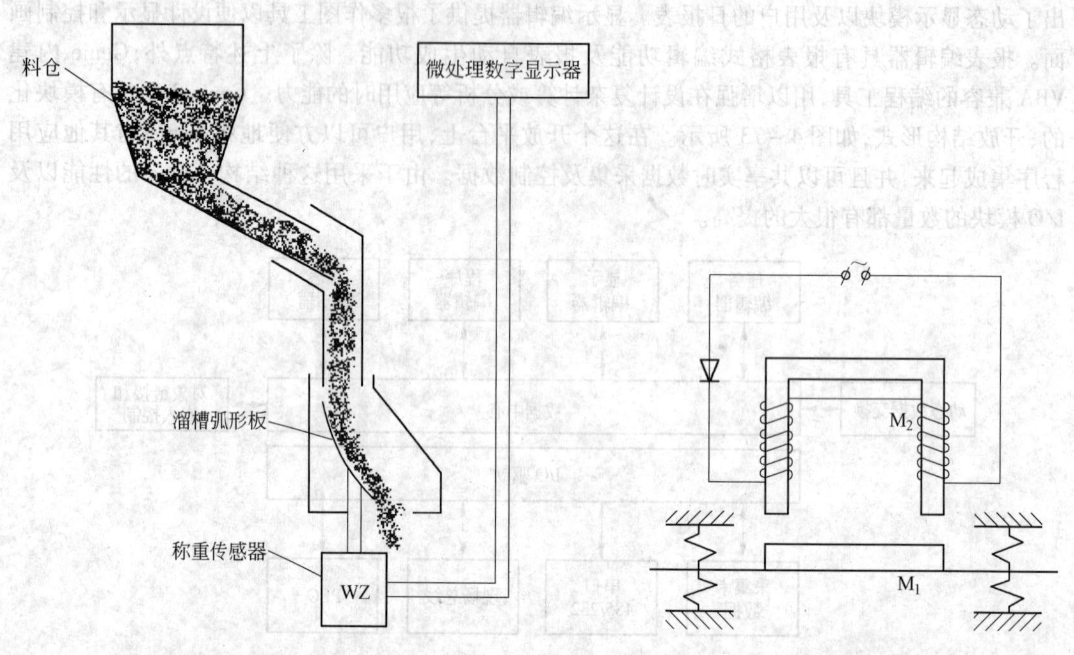

图 4－74　溜槽式固体物料流量计　　　　图 4－75　电振机的工作原理

本实验使用的电振机的控制设备采用晶闸管半波整流的控制箱，调节给料机的振幅，在额定振幅范围内，可以通过旋转控制箱电位器旋钮直接调节振幅，也可以输入 0 ~ 5 V 的标准信号，无级地调节给料机的生产率，并实现生产流程的集中控制和自动控制。

本实验以电磁力为非谐波形式的可控半波整流的线性电振机为研究对象。实验室的设备为一机部联合设计组设计的 GZ 系列产品 GZ2 型电磁振动给料机，水平安装时生产率 10 t/h，给料粒度不大于 50 mm，双振幅为 1. 75 mm，工作电压 220 V，工作电流 3. 0 A。

4.8　基于单片机的电磁振动定量给料系统设计实验

（1）实验目的：

1）熟练掌握 MCS－51 单片机应用系统、称重传感器、变送器、可控硅控制箱、电磁振动给料机的使用方法，灵活地用这些仪器和设备组成所需的实验系统。

2）熟练掌握 MCS－51 汇编语言的编程方法。

3）熟练掌握 MCS－51 开发机（仿真器）的使用方法，会用开发机对 MCS－51 应用系统的硬件和软件进行离线调试。

4）掌握作为一个计量控制系统，对整个实验系统进行在线调试的方法，以及常规 PID 算法中 PID 参数的整定方法。

5）提高计量控制系统的计量与控制精度的方法。

（2）基本原理：

1）实验系统。本实验系统由以下几个部分构成：固体流量计、电磁振动给料机、垂直振动输送机、水平振动输送机、传感器、变送器、基于 MCS－51 单片机的称重仪及电磁振动给料机控制箱。整个系统如图 4－71 所示。

作为控制对象的电磁振动给料机进行给料。给料量的大小由槽体的振幅大小决定，而振幅的大小由晶闸管控制的电压决定，这个电压的有效值与晶闸管的触发角有关，而触发角由控制电压决定。固体流量计用于检测物料流量，当物料速度一定时，压力传感器产生的电压信号与流量成正比。这个电压信号输入计算机，经过处理后，与给定值比较、运算，产生合适的控制信号，即控制电压。这个电压送进电磁振动给料机，从而使电磁振动给料机给料趋于与给定量相一致。水平振动输送机用于将固体流量计流出的物料，输送给垂直振动输送机。垂直振动输送机将物料送给电磁振动给料机，从而完成物料的循环。

2）控制策略。计算机控制系统是利用计算机来实现生产过程自动控制的系统，是一种把计算机硬件、软件技术与自动控制技术相结合的一种应用技术，它属于离散控制系统。如图 4－72 所示，将反馈控制系统中的比较器和控制器用计算机来代替，就是一个典型的计算机控制系统。

反馈量经 A/D 将模拟量转化成数字量，然后与设定量作差值运算，经控制器运算，输出结果再经 D/A 转换变成模拟量，调节相应的参数，控制执行机构，从而达到调节的目的。

控制器在工业上用得比较成熟的是 PID 控制。由于难以准确地建立受控对象的数学模型，在进行系统分析和系统设计时，有些参数需有较大的调整余地。这些参数的最后确定，取决于现场调试和经验。PID 恰有结构改变灵活，参数调整方便，调节精度高和适应能力强等优点，工业中应用广泛，研究较深。本实验采用的就是 PID 控制。由于电磁振动定量给料系统是一个强非线性系统。为了提高系统的控制精度，本实验还可以任选第二个控制方案，即模糊自整定 PID 控制。

（3）实验仪器与设备：

1）基于 MCS－51 单片机的称重仪 1 台。

2）MCS－51 开发机 1 台。

3）物料循环给料系统 1 套，其中包括：垂直振动输送机 1 台、水平振动输送机 1 台、给料料斗 1 台、电磁振动给料机 1 台、电磁振动给料机控制器 1 台、溜槽式固体流量计 1 台。

4）称重传感器 1 台。

5）变送器 1 台。

6）办公室用 PC 机 1 台。

7）示波器、万用表和电缆、导线等。

（4）实验内容：

1）以基于 MCS－51 单片机的称重仪为控制系统硬件，借助浮点数运算子程序软件包，用汇编语言编写控制源程序。

2）用基于 MCS－51 单片机的称重仪、PC 机、MCS－51 开发机组成离线软硬件调试系统，并离线进行软件调试。

3）用基于 MCS－51 单片机的称重仪、电磁振动给料机、电磁振动给料机控制器、称重传感器、变送器等组成控制系统，在物料循环系统的支持下进行控制程序的在线调试。其中包括：主控程序调试，初始化程序调试，标定程序调试。

4）进行 P、I、D 参数在线整定。

5）用编程器将调试好的控制程序固化。

（5）相关基本知识：

1）单片机开发装置。因为单片机的专用性较强，往往是针对控制应用设计的，内存较小，人机接口功能不强，所以单片机不具备，也不必具备自身开发能力。一般借助某种开发工具来对单片机应用系统进行软、硬件开发和综合调试。

目前国内的开发装置大致可分为单板式和仿真器式两大类。单板式开发装置是一个由相同类型的单片机做成的单板机，与 TP－801 单板机相似，可单独对目标机进行开发。鉴于目前 PC 机及其兼容机已相当普及，大多数单板式开发装置都可以与 PC 机及其兼容机联机通信，组成单片机开发系统。在线仿真器是目前使用最为普遍的开发装置。它用 PC 机及其兼容机作主机，充分利用主机的人机交互功能，如键盘、显示器、磁盘以及丰富的软件支持，大大加快了新产品的开发速度。

2）溜槽式固体流量计。溜槽式固体物料流量计是利用物料的动能，通过计量环节来连续检测流量。这种计量装置本身没有运动部件，结构比电子皮带秤简单，可靠耐用。其原理是利用物料的动量，通过计量环节来连续测量。整流后的物料沿切线方向进入检测板，速度基本不变，成弧形的检测板承受偏转力，偏转力与物料流量成正比。

固体物料流量计用于固体散料流量的测定，溜槽使散料流动方向发生偏转，如图 4－74 所示，称重传感器给出与瞬时流量成正比例的数字测量信号，经过微机处理后作为流量输出，对其积分可得总流量。固体物料流量计主要用于自由流动的固体物料，可测量高达 1000 m^3/h 的流量。在固体材料特性稳定的情况下，在满量程的 20%～100% 范围之内，测量精度可达到全量程的 ±2%。如果还使用检查－校准系统，则精度可达 ±1%。

3）电磁振动给料机的工作原理。电振机的工作原理如图 4－75 所示。图中 M_1 由槽体、联结叉、衔铁、部分板弹簧质量以及物料质量组成。M_2 由激振器壳体、铁芯、线圈以及部分板弹簧组成。M_1 和 M_2 这两个质体通过板弹簧联结在一起，形成一个双质体的定向振动系统。当流入电振机的电流经过可控半波整流时，在电源正半周电压，晶闸管导通，有电流流过线圈，在铁芯和衔铁之间产生一脉动的电磁引力，使槽体向后运动，激振器的主弹簧发生变形，储存一定的势能。正半周结束时，电流和电磁激振力接近于最大值，根据电磁感应原理，自感电势电流并不立即截止，而要延续一段时间，电流和电磁力逐渐减小，最后消失。当电磁激振力接近最大值时，两质体靠近，当电磁激振力最小时，槽体在弹簧力的作用下与电磁铁分开，这样电振机便以 50 Hz 的电源频率往复振动。

本实验使用的电振机的控制设备采用晶闸管半波整流的控制箱，调节给料机的振幅，在额定振幅范围内，可以通过旋转控制箱电位器旋钮直接调节振幅，也可以输入 0～5 V 的标准信号，无级地调节给料机的生产率，并实现生产流程的集中控制和自动控制。

本实验以电磁力为非谐波形式的可控半波整流的线性电振机为研究对象。实验室的设备为一机部联合设计组设计的 GZ 系列产品 GZ2 型电磁振动给料机，水平安装时生产率 10 t/h，给料粒度不大于 50 mm，双振幅为 1.75 mm，工作电压 220 V，工作电流 3.0 A。

4.9 惯性振动机停机减振系统设计实验

（1）实验目的：

1）熟练掌握 MCS－51 单片机应用系统、加速度传感器、电荷放大器、磁力启动器、水平惯性振动输送机的使用方法，灵活地用这些仪器和设备组成所需的实验系统。

2）熟悉 MCS－51 单片机应用系统硬件系统的设计与制作方法。

3）熟练掌握 MCS－51 汇编语言的编程方法。

4）熟练掌握 MCS－51 开发机（仿真器）的使用方法，会用开发机对 MCS－51 应用系统的硬件和软件进行离线调试。

5）对整个实验系统进行在线调试。

6）将应用程序固化。

（2）基本原理：

1）惯性振动机停机减振的意义。非共振惯性振动机工作在远超共振状态，一般频率比 $Z_0=3\sim10$，因此停机过程中必然要经过共振区，这时振幅将会增大 3～7 倍，对惯性振动机影响很大：容易引起复合减振橡胶弹簧损坏，金属减振弹簧断裂；导致振动给料机或振动输送机出现裂纹，大型振动筛的侧板或横梁断裂；并使螺栓甚至筛板松动，从而造成更大的破坏。对于大型惯性振动给料机、大型惯性振动输送机、大型振动筛，经过共振区时所造成的危害尤为严重。因此，多年来人们一直在设法限制过共振区时的振幅。用继电器控制电动机反接制动，虽然也能取得较好的减振效果，但控制线路复杂，调试也比较困难，特别是继电器触点多易烧损，线圈也易引起故障，因此至今没有得到推广。还有一些机械办法，如摩擦减振法，即用两个螺旋弹簧将两个橡胶块分别水平地压紧在筛箱的两侧板上，正常工作时，橡胶块与筛箱之间没有相对移动，当经过共振区振幅增大时，则产生相对位移，从而通过摩擦消耗能量。目前这种方法虽得到一定推广，但过共振时的振幅仍是工作振幅的 2～3 倍，减振效果不够理想。还有一种方法就是橡胶缓冲垫减振，当经过共振区振幅增大时，筛箱与橡胶缓冲垫产生撞击，从而起到限幅的作用。因在撞击时会产生较大的加速度，所以这种方法不够安全。随着电子技术特别是计算机技术的迅速发展，机电一体化技术越来越引起人们的重视。一开始用单板机控制电动机反接制动，获得了良好的减振效果，但由于没有采用相应的检测装置，仅靠定时控制，因而当更换轴承，或外界环境温度发生变化时，电动机阻力也发生变化，这时就必须重新调试。为了克服这一缺点，本实验采用单片机控制，并用加速度传感器作为检测装置，实现了惯性振动机的停机减振控制。

2）单片机控制减振的原理。惯性式振动机工作在远超共振状态，其振幅响应曲线如图 4－76 所示。从图中可以看到，共振区的振幅大约是工作振幅的 3～7 倍，但经过共振区时振幅是逐渐增大的，也就是说，能量需要有一个积累的过程。如果停机后，让电动机反接制动，使偏心转子迅速通过共振区，即可达到减振限幅的目的。但是如果停机后立刻反接制动，则反接制动的反向电流很大，且频繁启动对电动机是有危险的，所以停机按钮按下后，可以让偏心转子依靠惯性转动一段时间，靠摩擦及其他阻尼逐渐消耗能量，接近共振区时反接制动，使转子迅速通过共振区。但应注意，必须控制反接制动的时间，如果反接制动的时间过长，电动机就会真的反转起来。

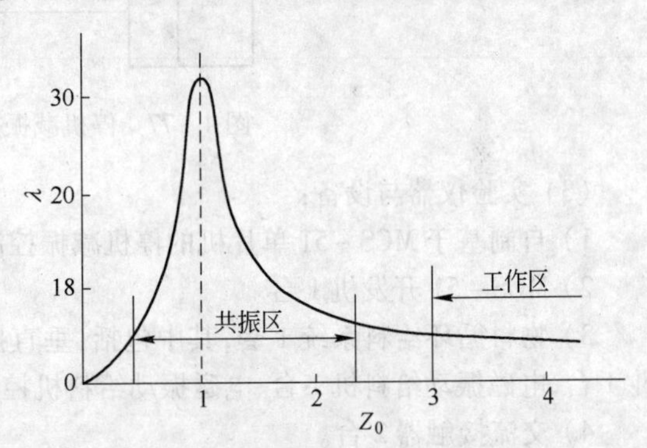

图 4－76 非共振惯性式振动机幅频曲线

用单片机进行停机减振控制的电路原理如图 4－77 所示。从图中可以看出该系统由 MCS－51 应用系统、固态继电器、交流接触器、两台异步电动机（配两台惯性激振器）和振动机的工作部分组成。启动按钮的连接方式不变，把停止按钮的常闭接点同正转线圈相连，而把常开接点的状态通过 P1 口的 P1.0 输入计算机。反接制动及停止反转命令由 P1.7 发出。当磁力启动器启动按钮按下时，电动机启动，并迅速通过共振区，但振幅增大并不显著，仍在允许范围内。当需要停机时，按下停机按钮，偏心转子依靠惯性继续旋转，并由于阻尼逐渐减速，振幅也缓慢增大。为了判断是否已经接近共振区，在按下停止按钮之前单片机应用系统已完成初始化，并分时地通过加速度传感器采集振幅值和用P1.0引脚循环检测停机按钮的状态。当检测到停止按钮已按下时，开始求取瞬时振幅与工作振幅的比值，当振幅值达到工作振幅的1.4～1.5倍时，即可认为已接近共振区，立刻使电动机处于反接制动状态。反接制动后电动机转速迅速下降，机体振动频率随着下降，振动周期也越来越长，当瞬时振动周期为工作周期的5～7倍时，即可认为电动机已接近停止，可立即停止电动机供电。

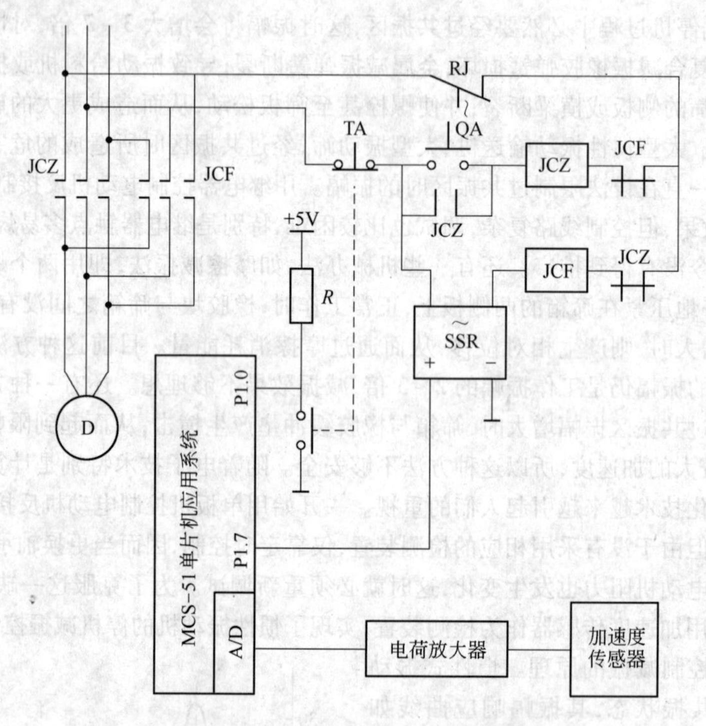

图4－77 停机减振控制的电路原理图

（3）实验仪器与设备：

1）自制基于MCS－51单片机的停机减振控制器1台。

2）MCS－51开发机1台。

3）物料循环给料系统1套，其中包括：垂直振动输送机1台、水平振动输送机1台、给料料斗1台、电磁振动给料机1台、电磁振动给料机控制器1台、溜槽式固体流量计1台。

4）交流接触器2台。

5）固态继电器1个。

6）加速度传感器1台。

7）电荷放大器1台。

8）办公室用PC机1台。

9）示波器、万用表和电缆、导线等。

（4）实验内容：

1）以自制的基于MCS－51单片机的停机减振控制器为控制系统硬件，借助浮点数运算子程序软件包，用汇编语言编写控制源程序。

2）用基于MCS－51单片机的停机减振控制器、PC机、MCS－51开发机组成离线软硬件调试系统,并离线进行软件调试。

3）用基于 MCS－51 单片机的停机减振控制器、惯性式水平振动输送机、交流接触器、固态继电器等组成控制系统,在物料循环系统的支持下进行控制程序的在线调试。

4）用编程器将调试好的控制程序固化。

(5）振幅及振动周期的检测。为了检测振幅,可以在机体上安装4个加速度传感器，测出4个位置的加速度，并取其平均值作为机体的加速度。加速度信号经电荷放大器和 A/D 转换器进入 CPU，进行数字滤波后即得到用8位二进制数表示的位移值,因为机体作简谐振动,所以可以通过式(4－9)将加速度转化为位移。

$$x = -\frac{\ddot{x}}{\omega^2} \tag{4-9}$$

因为 A/D 转换器是接成单极性的,所以可以在一个周期内采样 20 次,取其平均值,即可找到平衡点,进而作出在平衡位置附近的振动曲线如图 4－78 所示,找出偏离平衡位置的最大距离即为振幅值。停机时的振动曲线如图 4－79 所示,从图中可见振动周期越来越长,相对于平衡位置的位移两次改变符号时的时间间隔即为振动周期,第一次变号时启动定时/计数器,第二次变号时读取定时/计数器的值,即为半个周期 $T/2$。

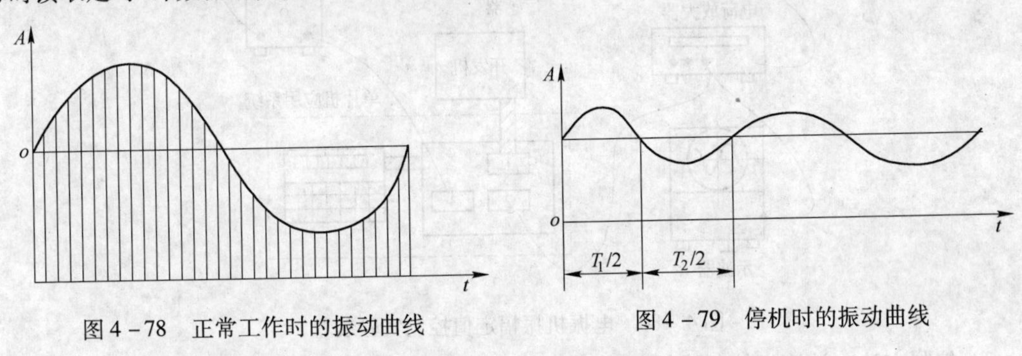

图 4－78　正常工作时的振动曲线　　图 4－79　停机时的振动曲线

4.10　基于单片机的电磁振动给料机定振幅控制设计实验

(1）实验目的：

1）熟练掌握 MCS－51 单片机应用系统、加速度传感器、电荷放大器、可控硅控制箱、电磁振动给料机的使用方法,灵活地用这些仪器和设备组成所需的实验系统。

2）熟练掌握 MCS－51 汇编语言的编程方法。

3）熟练掌握 MCS－51 开发机(仿真器)的使用方法,会用开发机对 MCS－51 应用系统的硬件和软件进行离线调试。

4）掌握对整个实验系统进行在线调试的方法,以及常规 PID 算法中 PID 参数的整定方法。

5）提高系统控制精度的方法。

(2）基本原理：

1）电磁式振动机定振幅控制的实际意义。电磁式振动机(电振机)是一种近共振型振动机。它工作在近共振状态,工作频率或固有频率稍有变化振幅就会产生较大的波动,使共振式振动机不能正常工作。例如,惯性共振式振动机和弹性连杆式振动机的橡胶主振弹簧会由于温度变化而导致刚度改变,电磁式振动机会由于电压波动或螺栓松动而导致工作点漂移。物料量的变化也会引起振幅的波动。振幅减小时会使振动机达不到额定处理量;而当振幅增大时又有可能导致惯性共振式振动机剪切橡胶弹簧撕裂和电磁式振动机的铁芯与衔铁发生碰撞,造成早期损坏。因此对共振式振动机实现振幅定值控制是非常必要的。

2）实验系统基本原理。本实验系统由以下几个部分构成：电磁振动给料机、垂直振动输送机、水平振动输送机、加速度传感器、电荷放大器、自制的基于 MCS－51 单片机的电振机定振幅控制器。本实验以电磁振动给料机为控制对象，使槽体的振幅保持恒定，而振幅的大小由晶闸管控制的电压决定，这个电压的有效值与晶闸管的触发角有关，而触发角由控制电压决定。压电石英晶体加速度传感器用于检测机体的振幅，加速度传感器产生的电压信号与机体的振幅成正比。这个电压信号输入计算机，经过处理后，与给定值比较、运算，产生合适的控制信号，即控制电压。这个电压送进电磁振动给料机，从而使电磁振动给料机的振幅趋于与设定值相一致。整个实验系统如图 4－80 所示。

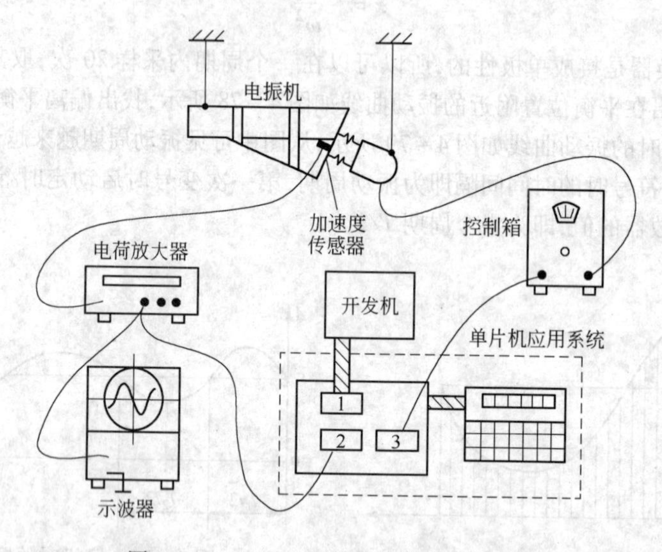

图 4－80　电振机振幅定值控制实验装置

3）控制方法。计算机控制系统是利用计算机来实现生产过程自动控制的系统，是一种把计算机硬件、软件技术与自动控制技术相结合的应用技术，它属于离散控制系统。如图 4－72 所示，将反馈控制系统中的比较器和控制器用计算机来代替，就是一个典型的计算机控制系统。

反馈量经 A/D 将模拟量转化成数字量，然后与设定量作差值运算，经控制器运算，输出结果再经 D/A 转换变成模拟量，调节相应的参数，控制执行机构，从而达到调节的目的。

控制器在工业上用得比较成熟的是 PID 控制。由于难以准确地建立受控对象的数学模型，在进行系统分析和系统设计时，有些参数需有较大的调整余地。这些参数的最后确定，取决于现场调试和经验。PID 有结构改变灵活，参数调整方便，调节精度高和适应能力强等优点，工业中应用广泛，研究较深。本实验采用的就是 PID 控制。由于电磁振动定量给料系统是一个强非线性系统。为了提高系统的控制精度，本实验还可以任选第二个控制方案，即模糊自整定 PID 控制。

（3）实验仪器与设备：

1）基于 MCS－51 单片机的电振机定振幅控制器 1 台。

2）江苏启动计算机总厂生产的 MCS－51 开发机 1 台。

3）物料循环给料系统 1 套，其中包括：垂直振动输送机 1 台、水平振动输送机 1 台、给料料斗 1 台、电磁振动给料机 1 台、电磁振动给料机控制器 1 台、溜槽式固体流量计 1 台。

4）压电式加速度传感器 1 只。

5）电荷放大器1台。

6）办公室用PC机1台。

7）示波器、万用表和电缆、导线等。

（4）实验内容：

1）以基于MCS－51单片机的电振机定振幅控制器为控制系统硬件，借助浮点数运算子程序软件包，用汇编语言编写控制源程序。

2）用基于MCS－51单片机的电振机定振幅控制器、PC机、MCS－51开发机组成离线软硬件调试系统，并离线进行软件调试。

3）用基于MCS－51单片机的电振机定振幅控制器、电磁振动给料机、电磁振动给料机控制箱、加速度传感器、电荷放大器等组成控制系统，在物料循环系统的支持下进行控制程序的在线调试。

4）进行P、I、D参数在线整定。

5）用编程器将调试好的控制程序固化。

（5）电磁振动给料机的工作原理。电振机的工作原理如图4－75所示。图中M_1由槽体、联结叉、衔铁、部分板弹簧质量以及物料质量组成。M_2由激振器壳体、铁芯、线圈以及部分板弹簧组成。M_1和M_2这两个质体通过板弹簧联结在一起，形成一个双质体的定向振动系统。当流入电振机的电流经过可控半波整流时，在电源正半周电压，晶闸管导通，有电流流过线圈，在铁芯和衔铁之间产生一脉动的电磁引力，使槽体向后运动，激振器的主弹簧发生变形，储存一定的势能。正半周结束时，电流和电磁激振力接近于最大值，根据电磁感应原理，自感电势电流并不立即截止，而要延续一段时间，电流和电磁力逐渐减小，最后消失。当电磁激振力接近最大值时，两质体靠近，当电磁激振力最小时，槽体在弹簧力的作用下与电磁铁分开，这样电振机便以50 Hz的电源频率往复振动。

本实验使用的电振机的控制设备采用晶闸管半波整流的控制箱，调节给料机的振幅，在额定振幅范围内，可以通过旋转控制箱电位器旋钮直接调节振幅，也可以输入0～5 V的标准信号，无级地调节给料机的生产率，并实现生产流程的集中控制和自动控制。

本实验以电磁力为非谐波形式的可控半波整流的线性电振机为研究对象。实验室的设备为一机部联合设计组设计的GZ系列产品GZ2型电磁振动给料机，水平安装时生产率10 t/h，给料粒度不大于50 mm，双振幅为1.75 mm，工作电压220 V，工作电流3.0 A。

5 虚拟实验

5.1 MATLAB 基础

MATLAB 的名称由 Matrix 和 Laboratory 两词的前三个字母组合而成，始创者是时任美国新墨西哥大学计算机科学系主任的 Cleve Moler 教授，1984 年由 MathWorks 公司推出（DOS 版），1993 年推出 MATLAB4.0（Windows 版）。今天 MATLAB 已成为国际上优秀的科技应用软件之一，其强大的科学计算与可视化功能、简单易用的开放式可推展环境以及多达三十余个面向不同领域扩展的工具箱的支持，使得 MATLAB 在许多学科领域成为科学计算、计算机辅助设计与分析的基本工具和首选平台。控制工程应用一直是 MATLAB 的主要功能之一，早期的版本就提供了控制系统设计工具箱。到目前为止，MATLAB 中包含的控制工程类工具箱主要包括：Control System、Fuzzy Logic、Robust Control16、Mu - Analysis and Synthesis18、LMI Control18、Model Predictive Control18 和 Model - Based Calibration 等。

5.1.1 MATLAB 的操作界面

MATLAB 打开以后，操作界面如图 5-1 所示。在这个界面上平铺着 3 个最常用的窗口：指令窗口、命令历史窗口和工作空间窗口。当前路径窗口作为一个交互界面隐藏在工作空间窗口后面，只能看见窗口名，在这个窗口中列出了当前路径中的所有文件和文件夹，包括文件的类型和最后修改时间等信息。同时在快捷工具栏中也有一个"Current Directory"下拉列表框，其中列出了已经使用过的路径，用于当前路径的选择。

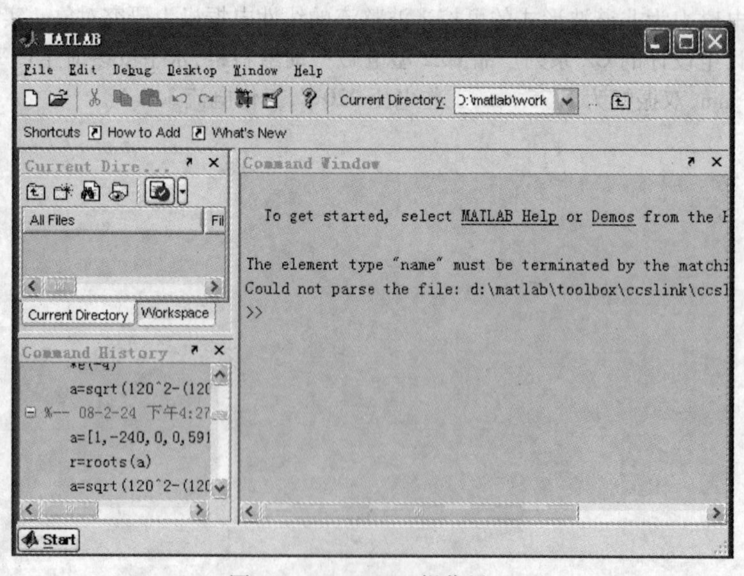

图 5-1 MATLAB 操作界面

5.1.2 MATLAB 的帮助界面

MATLAB 提供了数目繁多的函数和命令,要全部把它们记下来是不现实的。可行的办法是先掌握一些基本内容,然后在实践中不断总结和积累。MATLAB 软件系统本身提供了较丰富的帮助信息,有两种方法可以获得这些帮助信息:一是直接在命令窗口中输入“help + 函数名”,如“help bode”,即可看到与绘制伯德(Bode)图相关的信息;二是在帮助窗口中查找相应信息。常用的帮助功能的方法有:

(1) help 命令。help 命令的用法主要有以下三种:

help	弹出在线帮助总览窗
help elfun	寻求关于基本函数的帮助
help nyquist	显示具体函数的详细信息,本例为奈奎斯特函数(Nyquist)

(2) lookfor 命令。lookfor 命令可根据用户提供的完整或不完整的关键词,搜索出一组与之相关的命令和函数。当用户希望查找具有某种功能的命令或函数,但又不知道准确名字的时候可用 lookfor 命令。

5.1.3 MATLAB 定义的常用特殊变量

常见的 MATLAB 所定义的特殊变量有:

help	在线帮助命令,如用 help plot 调用命令函数 plot 的帮助说明
who	列出所有定义过的变量名称
ans	最近的计算结果的变量名
eps	MATLAB 定义的正的极小值为 $2.2204e^{-16}$
pi	π 值 3.14159265…
inf	∞ 值,无限大
NaN	非数

5.1.4 MATLAB 操作的注意事项

使用 MATLAB 软件的操作注意事项总结如下:

(1) 在 MATLAB 工作区,用户输入 MATLAB 命令后须按下 Enter 键,MATLAB 才能执行输入的 MATLAB 命令,否则 MATLAB 不执行命令。

(2) MATLAB 是区分字母大小写的。

(3) 如果对已定义的变量名重新赋值,则变量名原来的内容将自动被覆盖,而系统不会提示出错。

(4) 一般,每输入一个命令并按下 Enter 键,计算机会显示此次输入的执行结果。如果用户不希望计算机显示执行结果,则只要在所输入命令的后面再加上一个分号“;”。

(5) 在 MATLAB 工作区,如果某个命令一行输入不下,可以输入续行符“…”后回车,在下一行继续输入。注意“…”前有空格。

(6) MATLAB 工作区可以输入字母、汉字,但是标点符号必须在英文状态下书写。

(7) MATLAB 中不需要专门定义变量的类型,系统可以自动根据表达式的值或输入的值来确定变量的数据类型。

(8) 命令行与 M 文件中可用百分号“%”标明注释。在语句行中百分号后面的语句被忽略而不被执行，在 M 文件中百分号后面的语句可以用 help 命令打印出来。

(9) MATLAB 的 M 文件保存时，文件名要用英文命名，不能用中文。

(10) 在输入矩阵或向量时，每个元素之间可以用空格或者逗号（英文状态下输入）隔开。

5.2　机械工程控制系统的数学模型

(1) 实验目的：

1) 熟悉 MATLAB 软件的各种功能和基本用法。

2) 熟悉并学会建立控制系统的数学模型，包括传递函数多项式模型和零极点模型。

(2) 实验内容：

1) 传递函数多项式模型的 MATLAB 表示。

对于系统

$$G(s)=\frac{Y(s)}{U(s)}=\frac{b_m s^m+b_{m-1}s^{m-1}+\cdots+b_1 s+b_0}{a_n s^n+a_{n-1}s^{n-1}+\cdots+a_1 s+a_0}\quad(n\geqslant m)$$

在 MATLAB 中，可用其分子和分母多项式的系数（按 s 的降幂排列）所构成的两个向量 num 和 den，就可以轻易地将以上传递函数模型输入到 MATLAB 环境中，简称为 TF(Transfer Function)模型，命令格式为：

```
num = [b_m, b_m-1, …, b_0];
den = [a_n, a_n-1, …, a_0];
sys = tf(num, den)
```

例 5-1　下面列出的 $G(s)$ 为一个简单的传递函数模型，试在 MATLAB 中将 $G(s)$ 创建为 TF 模型。

$$G(s)=\frac{s+5}{s^4+2s^3+3s^2+4s+5}$$

解：在 MATLAB 命令窗依次写入下列程序：

```
>> num = [1,5];                %输入传递函数分子多项式
>> den = [1,2,3,4,5];          %输入传递函数分母多项式
>> sys = tf (num,den)          %创建 sys 为 TF 对象
```

运行结果：

```
Transfer function:
            s + 5
-------------------------------------
  s^4 + 2s^3  + 3s^2  + 4s + 5
```

这时，对象 sys 用来描述给定传递函数的 TF 模型，可作为其他函数调用的变量。

例 5-2　下面列出的 $G(s)$ 为一个稍微复杂一些的传递函数模型，试在 MATLAB 中将 $G(s)$ 创建为 TF 模型。

$$G(s)=\frac{6\times(s+5)}{(s^2+3s+1)^2(s+6)}$$

解：在 MATLAB 命令窗依次写入下列程序：

```
>> num = 6 * [1,5];                %输入传递函数分子多项式
```

```
>> den = conv(conv([1,3,1],[1,3,1]),[1,6]);          % 输入传递函数分母多项式
>> tf(num,den)                                       % 创建 G(s)为 TF 对象
```

运行结果：

```
Transfer function:
                    6s + 30
    ----------------------------------------------------
     s^5 + 12s^4 + 47s^3  + 72s^2  + 37s + 6
```

其中，conv( )函数(MATLAB 函数)用来计算两个向量的卷积，多项式乘法也可以用这个函数来计算。该函数允许任意地多层嵌套，从而表示复杂的计算。

2) 传递函数零极点模型的 MATLAB 表示。有系统

$$G(s)=\frac{Y(s)}{U(s)}=\frac{b_ms^m+b_{m-1}s^{m-1}+\cdots+b_1s+b_0}{a_ns^n+a_{n-1}s^{n-1}+\cdots+a_1s+a_0}=K\frac{(s-z_1)(s-z_2)\cdots(s-z_m)}{(s-p_1)(s-p_2)\cdots(s-p_n)}\qquad(n\geqslant m)$$

式中，z_j、$p_i(i=1,2,\cdots,n;j=1,2,\cdots,m)$分别为系统的零点和极点值，它们既可以为实数又可以为复数，K为系统增益，且为常数。可见用 m 个零点和 n 个极点及增益 K 可以唯一确定这个系统。因此，就可将该系统的传递函数模型输入到 MATLAB 环境中，命令格式为：

```
z = [z1, z2, …, zm]
p = [p1, p2, …, an]
k = K
[num, den] = zp2tf(z, p, k)
printsys(num, den)
```

例 5-3 一个系统的传递函数为 $G(s)=\frac{12\times(s+5)}{(s+11)(s+9)(s+2)}$，使用 MATLAB 建立系统的零极点模型，并转换成多项式模型。

解：在 MATLAB 命令窗依次写入下列程序：

```
>> z = [-5];                            % 赋零点值，向量
>> p = [-11, -9, -2];                   % 赋极点值，向量
>> k = 12;                              % 赋增益(比例系数)值，标量
>> [num, den] = zp2tf(z, p, k);         % 零极点模型转换成多项式模型
>> printsys(num, den)                   % 构造传递函数 G(s)并显示
```

运行结果：

```
num/den =
                 12 s + 60
    ------------------------------------
     s^3 + 22 s^2 + 139 s + 198
```

(3) 实验练习：

1) 试在 MATLAB 中将下列传递函数模型 $G(s)$ 创建为 TF 模型。

① $G(s)=\frac{7s^2+5}{s^4+2s^3+4s+1}$；② $G(s)=\frac{2\times(s+2)}{(s^2+2s+5)^2(s^2+1)}$

2) 系统传递函数为 $G(s)=\frac{12\times(s+5)(s+2)}{(s+1)(2s+8)}$，使用 MATLAB 建立系统的零极点模型，并转

换成多项式模型。

5.3　机械工程控制系统的时域分析

（1）实验目的：

1）观察学习机械工程控制系统的时域分析方法。

2）分析时域响应曲线。

3）掌握时域响应分析的一般方法。

（2）实验内容：

1）单位阶跃响应。若给定系统的数学模型，则可用 step 函数求取系统的单位阶跃响应。step 函数的调用格式有如下五种：

```
step(num,den);
step(num,den,t);
[y,x] = stem(num,den);
step(A,B,C,D);
[y,x] = step(A,B,C,D,iu,t);
```

其中，前三种用传递函数模型，后两种用状态方程模型（现代控制理论的内容）；第三种和第五种是返回变量格式，不作图，其他为自动作图格式。

例 5－4　已知一阶系统的传递函数为 $G(s)=\dfrac{4}{3s+1}$，使用 MATLAB 绘制系统的单位阶跃响应。

解：在 MATLAB 命令窗依次写入下列程序：

```
>> num = 4;                  % 输入传递函数分子多项式
>> den = [3,1];              % 输入传递函数分母多项式
>> step(num,den)             % 绘制单位阶跃响应曲线
```

运行结果如图 5－2 所示，系统的稳态值与传递函数分子的系数相等（只有当传递函数分母的常系数为 1 时，该种情况成立）。

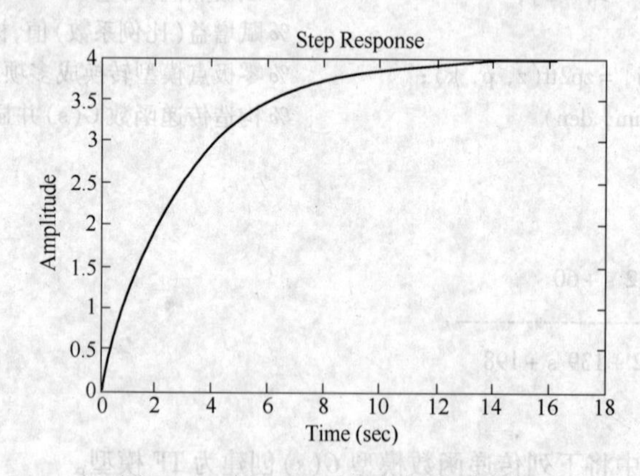

图 5－2　例 5－4 系统单位阶跃响应

例 5－5　已知系统传递函数为 $G(s)=\dfrac{36}{s^2+3s+36}$，使用 MATLAB 绘制系统在 8 s 内的单位

阶跃响应。

解：在 MATLAB 命令窗依次写入下列程序：

```
>> num = 36;                  % 输入传递函数分子多项式
>> den = [1, 3, 36];          % 输入传递函数分母多项式
>> t = 0:0.05:8;              % 设定绘制时间 8 秒
>> step(num, den, t)          % 绘制单位阶跃响应曲线
```

运行结果如图 5 -3 所示。

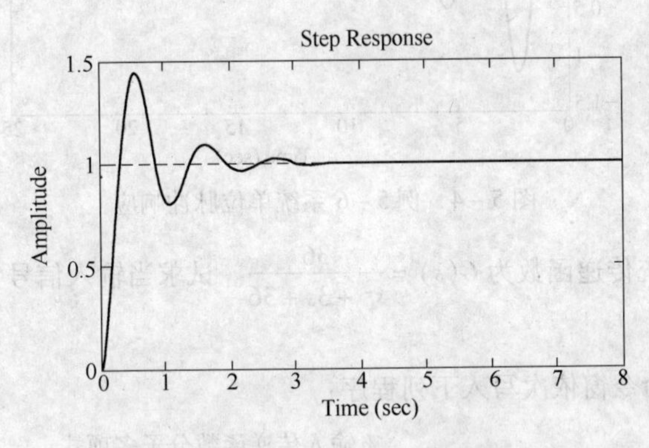

图 5 -3　例 5 -5 系统单位阶跃响应

2）单位脉冲响应。若给定系统的数学模型，则可用 impulse 函数求取系统的单位脉冲响应。impulse 函数的调用格式有如下五种：

```
impulse(num,den);
impulse(num,den,t);
[y,x] = impulse(num,den);
impulse(A,B,C,D);
[y,x] = impulse(A,B,C,D,iu,t);
```

其中，前三种用传递函数模型，后两种用状态方程模型（现代控制理论的内容）；第三种和第五种是返回变量格式，不作图，其他为自动作图格式。

例 5 -6　已知一阶系统的传递函数为 $G(s)=\dfrac{4}{s^2+0.5s+4}$，使用 MATLAB 绘制系统的单位脉冲响应。

解：在 MATLAB 命令窗依次写入下列程序：

```
>> num = 4;                   % 输入传递函数分子多项式
>> den = [1, 0.5, 4];         % 输入传递函数分母多项式
>> impulse(num, den)          % 绘制单位脉冲响应曲线
```

运行结果如图 5 -4 所示。

3）任意输入信号的时域响应曲线的绘制。若给定系统的数学模型，则可用 lsim 函数，求任意输入信号时的系统时间响应，其调用格式为：

```
lsim(num,den,u,t);
[y,x] = lsim(num,den,u,t);
```

其中，u 为任意输入变量向量。

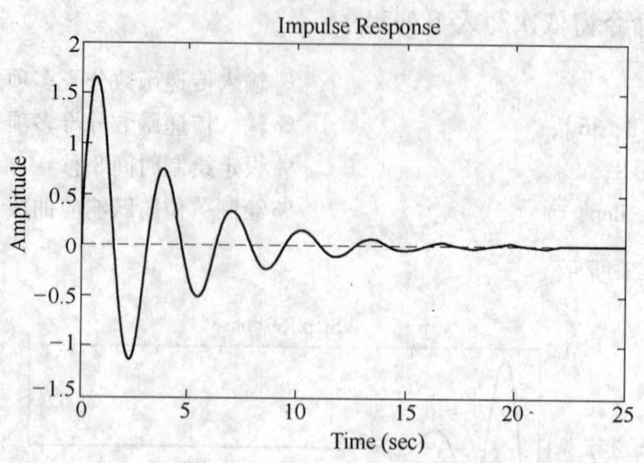

图 5－4 例 5－6 系统单位脉冲响应

例 5－7 已知系统传递函数为 $G(s)=\dfrac{36}{s^2+3s+36}$。试求当输入信号为 $u=\sin 3t$ 时系统的响应曲线。

解：在 MATLAB 命令窗依次写入下列程序：

```
>> num = 36;                    % 输入传递函数分子多项式
>> den = [1, 3, 36];            % 输入传递函数分母多项式
>> t = 0: 0.01: 10;             % 设定绘制时间 10 秒
>> u = sin(3 * t);              % 设定系统输入
>> lsim(num, den, u, t)         % 绘制响应曲线
```

运行结果如图 5－5 所示。其中，粗的曲线为系统响应曲线，细的曲线为输入信号 u。

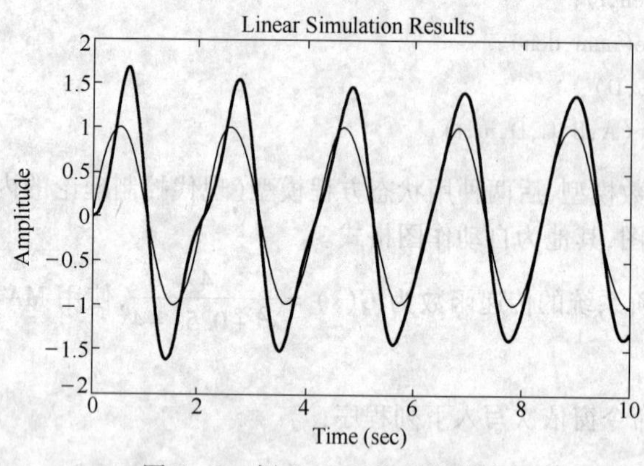

图 5－5 例 5－7 系统响应曲线

4）时域性能参数的分析与计算。若给定系统的数学模型，可以计算系统的闭环极点、阻尼比和无阻尼固有频率等性能参数，其调用格式为：

```
damp(den);
[ωn, ξ] = damp(p);
```

例 5－8 已知系统传递函数为 $G(s)=\dfrac{36}{s^2+3s+36}$，求系统的阻尼比、无阻尼固有频率和闭环极点。

解：在 MATLAB 命令窗依次写入下列程序：

```
>> den=[1, 3, 36];                  %输入传递函数分母多项式
>> damp(den)                        %求出性能参数
```

运行结果：

```
        Eigenvalue                    Damping        Freq. (rad/s)

-1.50e+000+5.81e+000i         2.50e-001      6.00e+000
-1.50e+000-5.81e+000i         2.50e-001      6.00e+000
```

可见,系统闭环极点为 $p_1=-1.5+5.81j$,$p_2=-1.5-5.81j$;阻尼比 $\xi=0.25$;无阻尼固有频率 $\omega_n=6$ rad/s。

例 5-9 已知二阶系统的极点 $p=-0.5\pm0.8j$,求系统的阻尼比和无阻尼固有频率。

解：在 MATLAB 命令窗依次写入下列程序：

```
>> p=[-0.5+0.8j, -0.5-0.8j];               %输入系统极点
>> [omegan, xi]=damp(p)                    %求出性能参数
```

运行结果：

```
omegan =
      1
xi =
     -0.4382
```

可见,系统阻尼比 $\xi=-0.4382$;无阻尼固有频率 $\omega_n=1$ rad/s。

(3) 实验练习：

1) 已知下列系统传递函数,使用 MATLAB 绘制系统的单位阶跃响应和单位脉冲响应。

① $G(s)=\dfrac{3}{4s+1}$;② $G(s)=\dfrac{9}{s^2+s+9}$

2) 已知系统传递函数为 $G(s)=\dfrac{25}{s^2+0.5s+25}$,使用 MATLAB 绘制系统在 5 s 内的单位阶跃响应。

3) 已知系统传递函数为 $G(s)=\dfrac{16}{s^2+0.2s+16}$,试求当输入信号为 $u=\sin 3t$ 时系统的响应曲线,并求该系统的阻尼比、无阻尼固有频率和闭环极点。

5.4 机械工程控制系统的根轨迹分析

(1) 实验目的：

1) 利用计算机完成控制系统的根轨迹作图。

2) 了解控制系统根轨迹图的一般规律。

3) 利用根轨迹进行系统分析。

(2) 实验内容：

利用 MATLAB 工具箱中的函数不仅可以依据控制系统的开环传递函数方便、准确地作出根轨迹图,还可以利用已绘制的根轨迹图对系统进行性能分析。MATLAB 工具箱中,关于连续系统

根轨迹的常用函数有 pzmap、rlocus、rlocfind、sgrid。

1）求系统的零、极点或绘制系统的零极点图。在 MATLAB 中，可以使用 pzmap 函数来求系统的零、极点或绘制系统的零极点图。该函数的调用格式有两种，分别为：

```
[p,z] = pzmap(num,den);
pzmap(num,den);
```

其中，第一种格式只返回参数值而不作图，返回参数值 p 为极点的列向量，z 为零点的列向量；第二种格式只能绘制零极点分布图而不返回参数值。在这两种格式中，num 表示系统开环传递函数分子系数向量（由高次到低次）；den 表示系统开环传递函数分母系数向量（由高次到低次）。

例 5－10　已知系统的开环传递函数为 $G(s)H(s)=\dfrac{s+5}{s^3+3s^2+6s+9}$，试求系统的零点和极点。

解：利用 pzmap 函数可求出该系统的零点和极点，即在 MATLAB 命令窗写入语句：

```
>> [p, z] = pzmap ([1,5], [1,3,6,9])
```

输入完毕后回车，可得到：

```
p =
   -2.1542
   -0.4229 + 1.9998i
   -0.4229 - 1.9998i
z =
   -5
```

如果要绘制该系统的零极点分布图，在 MATLAB 命令窗写入语句：

```
>> pzmap ([1,5], [1,3,6,9])
```

回车后可得到如图 5－6 所示的零极点布图。“×”表示极点，“○”表示零点。由图可以看出，该系统有 3 个极点和 1 个零点。

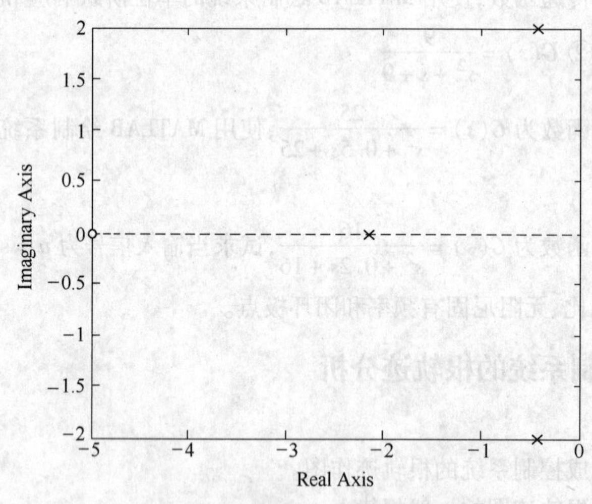

图 5－6　例 5－10 的零极点图

2）绘制系统的根轨迹图。使用 rlocus 命令可以得到系统的根轨迹图。该命令的基本调用格式为：

```
rlocus(num,den);
```

例 5-11 控制系统的开环传递函数为 $G(s)H(s)=\dfrac{K(s+5)}{s^4+2s^3+3s^2+6s+9}$，试绘制系统的根轨迹图。

解： 利用 rlocus 函数可作出该系统的根轨迹图，即在 MATLAB 命令窗写入语句：

```
>> rlocus ([1,5], [1,2,3,6,9])
```

回车后可得到如图 5-7 所示的根轨迹图，"×"表示极点，"○"表示零点。由图可以看出，该系统有 4 个极点和 1 个零点。通常，人们习惯使用如下的程序语句，运行的结果是一样的。

```
>> num = [1,5];             % 给定分子向量，系数之间用逗号或空格隔开
>> den = [1,2,3,6,9];       % 给定分母向量，系数之间用逗号或空格隔开
>> rlocus (num, den)        % 绘制根轨迹
```

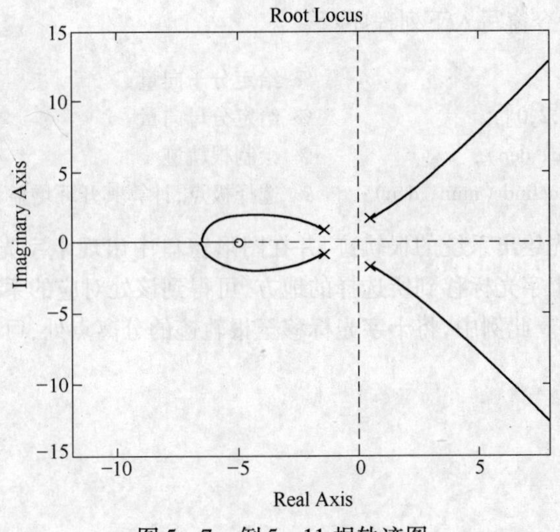

图 5-7 例 5-11 根轨迹图

此外，在生成的根轨迹图上用鼠标左键单击根轨迹上的某一点，就会自动弹出一个文字框，给出该点的增益（即 K 值）、坐标、阻尼系数、超调量、频率等详细信息，如图 5-8 所示。

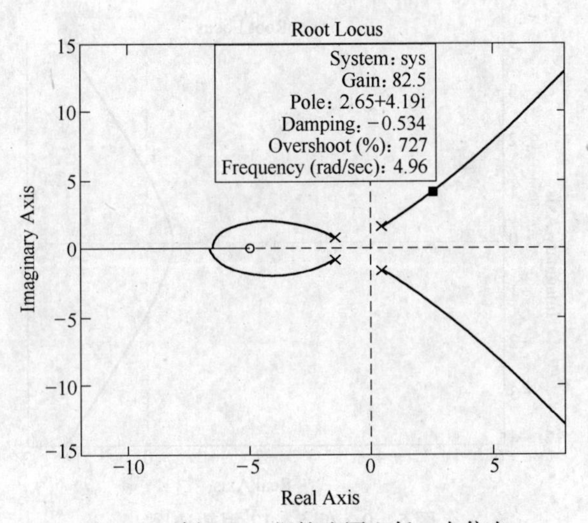

图 5-8 例 5-11 根轨迹图上任一点信息

3）计算根轨迹上给定一组极点所对应的增益。使用 rlocfind 函数可计算根轨迹上给定一组极点所对应的增益。该命令的基本调用格式为

```
[k,p] = rlocfind(num,den);
```

其中,k 为被选点对应的根轨迹增益返回值;p 为与该点增益对应的所有极点坐标返回值。

执行该函数指令后,根轨迹图形窗口中显示十字形鼠标光标,当用户移动鼠标选择根轨迹上的一点,按左键后,该极点所对应的增益 k 被赋值,与该增益对应所有极点的坐标赋值给 p。在 MATLAB 命令窗直接写入 k 或 p,回车后即可显示它们的值。

例 5－12　控制系统的开环传递函数为 $G(s)H(s)=\dfrac{K}{s^3+3s^2+2s}$,试绘制系统的根轨迹图,并确定根轨迹的分离点及相应的根轨迹增益 K_g。

解: 在 MATLAB 命令窗写入下列程序:

```
>> num = [1];                          % 给定分子向量
>> den = [1,3,2,0];                    % 给定分母向量
>> rlocus (num, den);                  % 绘制根轨迹
>> [k, p] = rlocfind (num, den);       % 选择极点,计算其开环增益和其他闭环极点
```

程序执行过程中,先绘出系统的根轨迹,并在图形窗口中出现十字光标,提示用户在根轨迹上选择一点。这时,将十字光标移到所选择的地方,可得到该处对应的系统根轨迹增益及与该增益对应的所有闭环极点。此例中,将十字光标移至根轨迹的分离点处,可得到

```
k =
    0. 3849
p =
   -2. 1547
   -0. 4259
   -0. 4194
```

理论上,若光标能准确定位在分离点处,则应有两个重极点,即 p_2 与 p_3 相等,显然用鼠标点击分离点存在一定的误差。程序执行后,得到的根轨迹图如图 5－9 所示。

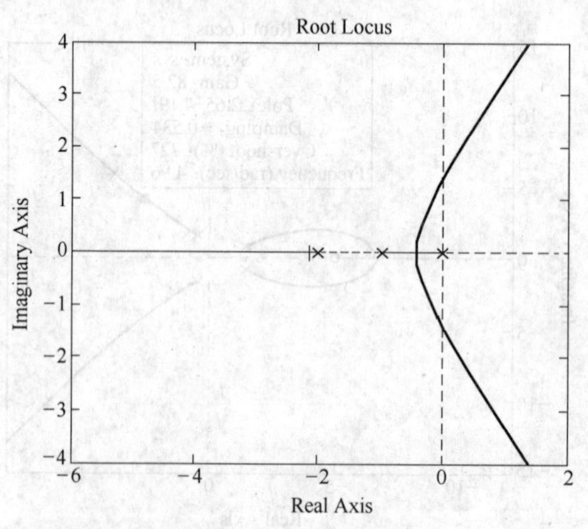

图 5－9　例 5－12 根轨迹图

4）绘制等阻尼系数和等自然频率栅格。使用 sgrid 命令可在已绘制的根轨迹图上绘制等阻尼系数和等自然频率栅格。该命令的基本格式为

```
sgrid;
```

例 5－13　单位负反馈系统的开环传递函数为 $G(s)=\dfrac{K(4s^2+3s+1)}{s(s+2)(3s+1)}$，试绘制系统的根轨迹，确定当系统的阻尼比 $\xi=0.84$ 时系统的闭环极点，并分析系统的性能。

解：将开环传递函数写为

$$G(s)=\frac{K(4s^2+3s+1)}{3s^3+7s^2+2s}$$

在 MATLAB 命令窗写入下列程序：

```
>> num = [4 3 1];                          % 给定分子向量
>> den = [3 7 2 0];                        % 给定分母向量
>> rlocus (num, den);                      % 绘制根轨迹
>> sgrid;                                  % 绘制阻尼系数和自然频率栅格
>> [k, p] = rlocfind (num, den);           % 选择极点,计算其开环增益和其他闭环极点
```

执行以上程序后，可得到绘有由等阻尼比系数和等自然频率构成的栅格线的根轨迹图，如图 5－10 所示。屏幕出现选择根轨迹上任意点的十字线，将十字线的交点移至根轨迹与 $\xi=0.84$ 的等阻尼比线相交处，可得到

```
k =
   0.5160
p =
   -2.5904
   -0.2155 + 0.1413i
   -0.2155 - 0.1413i
```

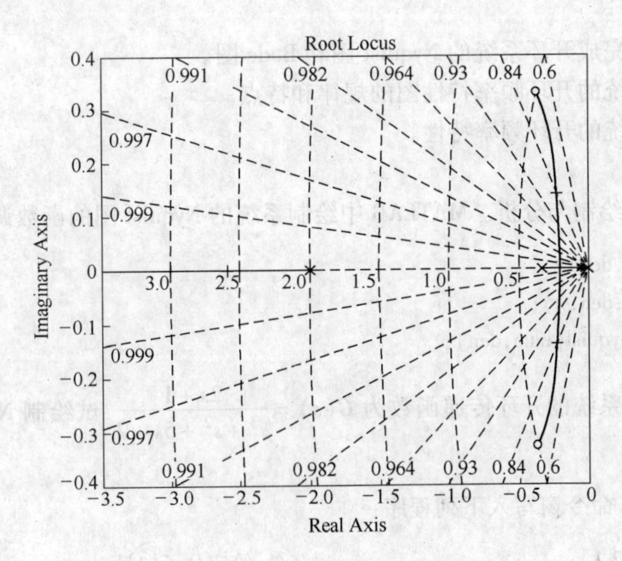

图 5－10　例 5－13 根轨迹图

此时系统有三个闭环极点：一个负实数极点，两个共轭复数极点。实数极点远离虚轴，其到虚轴的距离是复数极点的10倍，且复数极点附近无闭环零点，因此，这对共轭复数极点满足主导极点的条件，系统可简化为由主导极点决定的二阶系统，系统的性能可用二阶系统的分析方法得到。

系统的特征方程为

$$(s+0.216+j0.141)(s+0.216-j0.141)=s^2+0.432s+0.067=s^2+2\xi\omega_n s+\omega_n^2$$

系统的闭环传递函数为

$$G_b(s)=\frac{\omega_n^2}{s^2+2\xi\omega_n s+\omega_n^2}=\frac{0.067}{s^2+0.432s+0.067}$$

所以，该系统的性能可按上式表示的二阶系统进行分析。

（3）实验练习：

1）试求下列系统开环传递函数的零点和极点。

① $G(s)H(s)=\frac{s+5}{s^2+5s+1}$；② $G(s)H(s)=\frac{s^2+5}{s^3+9s^2+6s+1}$；③ $G(s)H(s)=\frac{s}{s^3+2s^2+s}$

2）一单位负反馈系统的开环传递函数为 $G(s)=\frac{K(s+1)}{s(s+2)(s+3)(s+4)}$，试用MATLAB绘制该系统的根轨迹。

3）控制系统的开环传递函数为 $G(s)H(s)=\frac{K}{3s^3+2s^2+s}$，试绘制系统的根轨迹图，并确定根轨迹的分离点及相应的根轨迹增益 K_g。

4）单位负反馈系统的开环传递函数为 $G(s)=\frac{K(3s^2+2s+1)}{s(s+3)(2s+1)}$，试绘制系统的根轨迹，确定当系统的阻尼比 $\xi=0.84$ 时系统的闭环极点，并分析系统的性能。

5.5　机械工程控制系统的频域分析

（1）实验目的：

1）利用计算机完成开环系统的Nyquist图和Bode图。

2）分析控制系统的开环频率特性图的规律和特点。

3）分析控制系统的开环频率特性。

（2）实验内容：

1）Nyquist图的绘制与分析。MATLAB中绘制系统的Nyquist图的函数调用格式为：

```
nyquist(num,den);
nyquist(num,den,w);
[Re,Im] = nyquist(num,den);
```

例5－14　已知系统的开环传递函数为 $G(s)=\frac{2s+1}{s^3+s^2+5s+2}$，试绘制Nyquist图，并判断系统的稳定性。

解：在MATLAB命令窗写入下列程序：

```
>> num = [2 1];                          % 给定分子向量
>> den = [1 1 5 2];                      % 给定分母向量
>> [z, p, k] = tf2zp(num, den); p        % 求出极点值,从而判断其稳定性
```

```
>> nyquist(num, den)                  % 绘制 Nyquist 图
```

运行结果:

```
p =
    -0.2898 + 2.1616i
    -0.2898 - 2.1616i
    -0.4205
```

三个极点 p 的实部全为负数,所以闭环系统稳定。此外,从图 5-11 也可看出,Nyquist 曲线没有逆时针包围(-1, j0)点,所以闭环系统稳定。

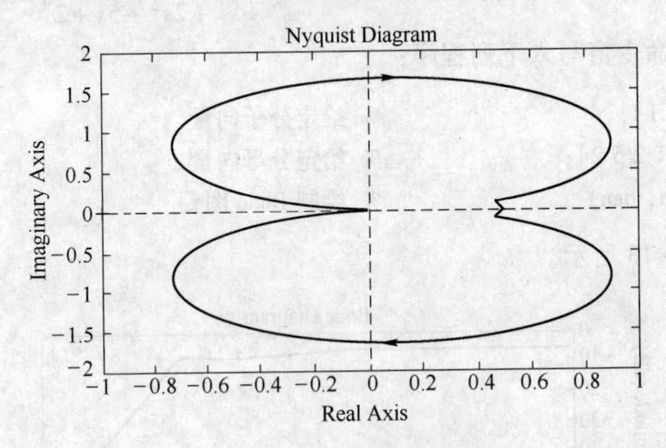

图 5-11　例 5-14Nyquist 图

例 5-15　已知系统的开环传递函数为 $G(s)=\dfrac{2s+1}{s^3+s^2+5s+2}$,试绘制 ω 在 1~5 间的 Nyquist 图。

解: 在 MATLAB 命令窗写入下列程序:

```
>> num = [2 1];                       % 给定分子向量
>> den = [1 1 5 2];                   % 给定分母向量
>> w = 1:0.01:5;                      % 给定 ω 的范围
>> nyquist(num, den, w)               % 绘制 Nyquist 图
```

运行结果如图 5-12 所示。

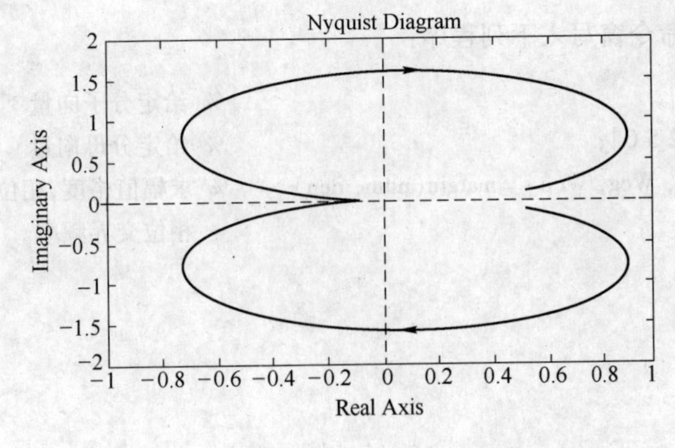

图 5-12　例 5-15Nyquist 图

2）Bode 图的绘制与分析。MATLAB 中绘制系统的 Bode 图和求幅值裕度与相位裕度的函数调用格式为：

```
bode(num, den);
bode(num, den, w);
[Gm, Pm, Wcg, Wcp] = margin(num, den);
```

其中，w 表示频率 ω；Gm 和 Pm 分别为系统的幅值裕度和相位裕度；而 Wcg 和 Wcp 分别为幅值裕度和相位裕度处对应的频率值，即幅值交界频率和相位交界频率。

例 5－16　已知系统的开环传递函数为 $G(s)=\dfrac{s+1}{s^4+s^3+2s^2+5s+2}$，试绘制 Bode 图。

解：在 MATLAB 命令窗写入下列程序：

```
>> num = [1 1];                % 给定分子向量
>> den = [1 1 2 5 2];          % 给定分母向量
>> bode(num, den)              % 绘制 Bode 图
```

运行结果如图 5－13 所示。

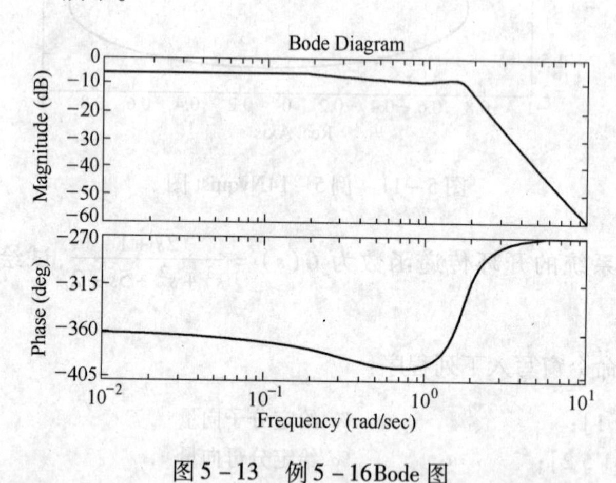

图 5－13　例 5－16Bode 图

例 5－17　已知单位负反馈系统的开环传递函数为 $G(s)=\dfrac{2}{s^3+2s^2+5s}$，试求系统的稳定裕度。

解：在 MATLAB 命令窗写入下列程序：

```
>> num = [2];                               % 给定分子向量
>> den = [1 2 5 0];                         % 给定分母向量
>> [Gm, Pm, Wcg, Wcp] = margin(num, den)    % 求幅值裕度，相位裕度，幅值交界频率和
                                              相位交界频率。
```

运行结果：

```
Gm =
    5.0000
Pm =
    80.4164
```

```
Wcg =
    2.2361

Wcp =
0.4080
```

可见,该系统的幅值裕度为5,相位裕度为80.41°,幅值交界频率为2.23 rad/s,相位交界频率为0.41 rad/s。

另外,还可以先作Bode图,再在图上标注幅值裕度和对应的幅值交界频率、相位裕度和对应的相位交界频率,其函数调用格式为:

```
margin(num,den);
```

如例5-17,在MATLAB命令窗写入下列程序:

```
>> num = [2];                 % 给定分子向量
>> den = [1 2 5 0];           % 给定分母向量
>> margin(num, den)           % 在图上标出幅值裕度,相位裕度,幅值交界频率和相位交界频率。
```

运行结果如图5-14所示。图中标出了幅值裕度、相位裕度、幅值交界频率和相位交界频率,其中幅值裕度是用分贝表示的,即20lg5 = 14 dB。

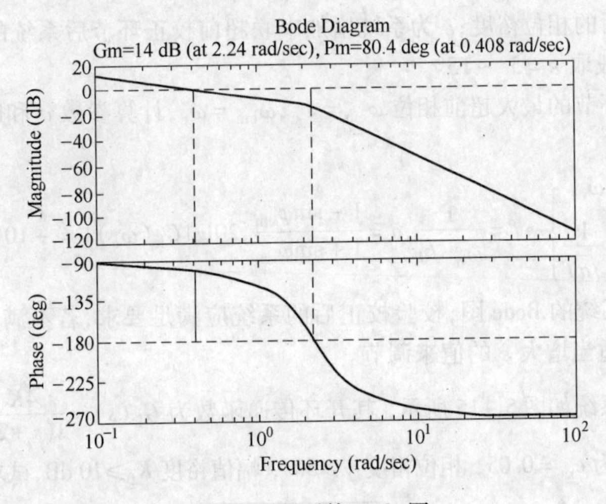

图5-14 系统Bode图

(3)实验练习:

1)试绘制具有下列传递函数的各系统的Nyquist图和Bode图。

① $G(s)=\dfrac{1}{1+0.01s}$; ② $G(s)=\dfrac{1}{s(1+0.1s)}$; ③ $G(s)=\dfrac{1}{1+0.1s+0.01s^2}$;

④ $G(s)=\dfrac{1}{s(0.1s+1)(0.5s+1)}$; ⑤ $G(s)=\dfrac{50\times(0.6s+1)}{s^2(4s+1)}$

2)已知系统的开环传递函数为 $G(s)=\dfrac{s+2}{s^3+3s+2}$,试绘制 ω 在0.1~5间的Nyquist图。

3)已知下列单位负反馈系统的开环传递函数,试求系统的稳定裕度。

① $G(s)=\dfrac{1}{1-0.2s}$；② $G(s)=\dfrac{2.5\times(s+10)}{s^2(0.2s+1)}$；③ $G(s)=\dfrac{10\times(0.02s+1)(s+1)}{s(s^2+4s+100)}$

5.6 机械工程控制系统的设计与校正

（1）实验目的：

1）利用计算机完成系统的相位超前校正、相位滞后校正和相位超前－滞后校正。

2）观察和分析各种校正方法的特点和步骤。

3）分析控制系统的开环频率特性。

（2）实验内容：

1）相位超前校正。相位超前校正装置的主要作用是通过其相位超前效应来改变频率响应曲线的形状，产生足够大的相位超前角，以补偿原来系统中过大的相位滞后。关于控制系统的校正，MATLAB 没有专门的命令函数。

设已知超前校正环节的传递函数为 $G_c(s)=\dfrac{Ts+1}{aTs+1}$，$(a<1)$，其设计步骤一般为：

① 根据稳态误差要求，确定开环增益 K（如果增益已知，这步省略）。

② 画出校正前系统的 Bode 图，并计算校正前系统的相位裕度 γ_q 和幅值裕度 K_{fq}。

③ 确定为使校正后系统的相位裕度达到要求值，应使校正环节的相位为

$$\varphi_c=\gamma-\gamma_q+\varepsilon$$

式中，γ 为系统校正后的相位裕度；ε 为系统增加串联超前校正环节后系统的剪切频率要向右移而附加的相位角，一般取 $\varepsilon=5°\sim15°$。

④ 令超前校正环节的最大超前相位 $\varphi_{cm}=\varphi_c$，$\omega_{cm}=\omega_c$，计算参数 a 和时间常数 T。其主要依据是：

$$\left.\begin{aligned}\omega_m&=\omega_c\\ \omega_m&=\frac{1}{\sqrt{a}T}\end{aligned}\right\}\rightarrow T=\frac{1}{\omega_m\sqrt{a}},a=\frac{1-\sin\varphi_{cm}}{1+\sin\varphi_{cm}},20\lg|G_k(\omega_c)|=-10\lg\frac{1}{a}$$

⑤ 画出校正后系统的 Bode 图，校验校正后的系统应满足要求，若不满足要求，从第③步开始重新设计，可通过适当增大 ε 的值来调节。

例 5－18 设一系统如图 5－15 所示，其开环传递函数为 $G_k(s)=\dfrac{4K}{s(s+2)}$。若使系统单位速度输入下的稳态误差为 $e_{ss}=0.05$，相位裕度 $\gamma\geqslant50°$，幅值裕度 $K_f\geqslant10$ dB，试求系统校正装置。

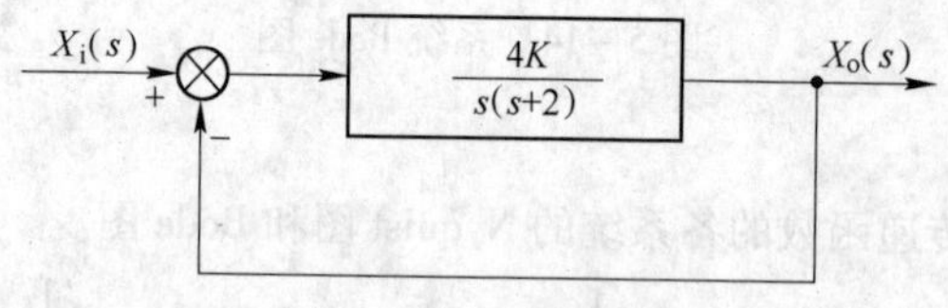

图 5－15 系统框图

解： 可以根据对系统稳态误差的要求，确定系统开环放大系数 K 的大小。

$$e_{ss}=\lim_{s\to0}s\frac{1}{1+H(s)G(s)}\cdot\frac{1}{s^2}=\frac{1}{2K}=0.05$$

所以，当 $K=10$ 时，可满足系统稳态精度的要求。此时开环传递函数可写为

$$G_k(s)=\frac{40}{s(s+2)}=\frac{40}{s^2+2s}$$

根据以上超前校正环节的设计步骤,可编写如下 MATLAB 程序:

```
>> numq = 40;                                   % 校正前系统开环传递函数分子向量
>> denq = [1 2 0];                              % 校正前系统开环传递函数给定分母向量
>> [Gmq, Pmq, Wcgq, Wcpq] = margin(numq, denq); % 校正前系统的幅值裕度,相位裕度,幅值交界频率和相位交界频率
>> r = 50; rq = Pmq;                            % 设定校正后的相位裕度和校正前的相位裕度
>> w = 0.1:1000;                                % 设定频率范围
>> [magq, phaseq] = bode(numq, denq, w);        % 计算校正前系统的幅值和相角
>> e = 6;                                       % 设定 ε = 6°
>> phic = (r - rq + e) * pi/180;                % 求出校正环节的相位(弧度)
>> a = (1 - sin(phic))/(1 + sin(phic));         % 计算参数 a
>> wcm = sqrt((sqrt(4 * 40 * 40 * a + 16 * a * a) - 4 * a)/(2 * a));   % 求出剪切频率 ωcm = ωc
>> T = 1/(wcm * sqrt(a));                       % 求时间常数 T
>> numc = [T 1];                                % 校正环节传递函数分子向量
>> denc = [a * T 1];                            % 校正环节传递函数给定分母向量
>> [num, den] = series(numq, denq, numc, denc); % 求出校正后系统的传递函数的分子、分母向量
>> [Gm, Pm, Wcg, Wcp] = margin(num, den);       % 校正后系统的幅值裕度,相位裕度,幅值交界频率和相位交界频率
>> printsys(numc, denc)                         % 输出校正环节的传递函数
>> printsys(num, den)                           % 输出校正后系统的传递函数
>> [magc, phasec] = bode(numc, denc, w);        %计算校正环节的幅值和相角
>> [mag, phase] = bode(num, den, w);            %计算校正后系统的幅值和相角
>> subplot(2, 1, 1);                            % 绘图分两部分显示,下图形显示在上方
>> semilogx(w, 20 * log10(mag), w, 20 * log10(magq), '--', w, 20 * log10(magc), '-.');
                                                % 绘制幅频曲线
>> grid;                                        % 绘制栅格
>> ylabel('幅值(dB)');                          % 标注 y 轴
>> title('---Gq, -.,Gc, -GqGc');                % 定义标题
>> subplot(2, 1, 2);                            % 绘图分两部分显示,下图形显示在下方
>> semilogx(w, phase, w, phaseq, '--', w, phasec, '-.');   % 绘制相频曲线
>> grid;                                        % 绘制栅格
>> ylabel('相位(°)');                           % 标注 y 轴
>> xlabel('频率(rad/sec)');                     % 标注 x 轴
>> title(['校正前:幅值裕度=', num2str(20 * log10(Gmq)), 'dB,','相位裕度=', num2str
   (Pmq), '°';'校正后:幅值裕度=', num2str(20 * log10(Gm)), 'dB,','相位裕度=', num2str
   (Pm),'°']);                                  %显示相关数值
```

运行结果:

```
num/den =

    0.22927 s + 1
    -------------------------                   % 校正环节的传递函数
```

```
   0.054452 s + 1
  num/den =
            9.1707 s + 40
   -----------------------------------------        % 校正后系统的传递函数
   0.054452 s^3 + 1.1089 s^2 + 2 s
```

图 5 - 16 为系统校正前后的 Bode 图，由图可知所设计的串联超前校正装置改变了控制系统的瞬态性能，提高了相位裕度。

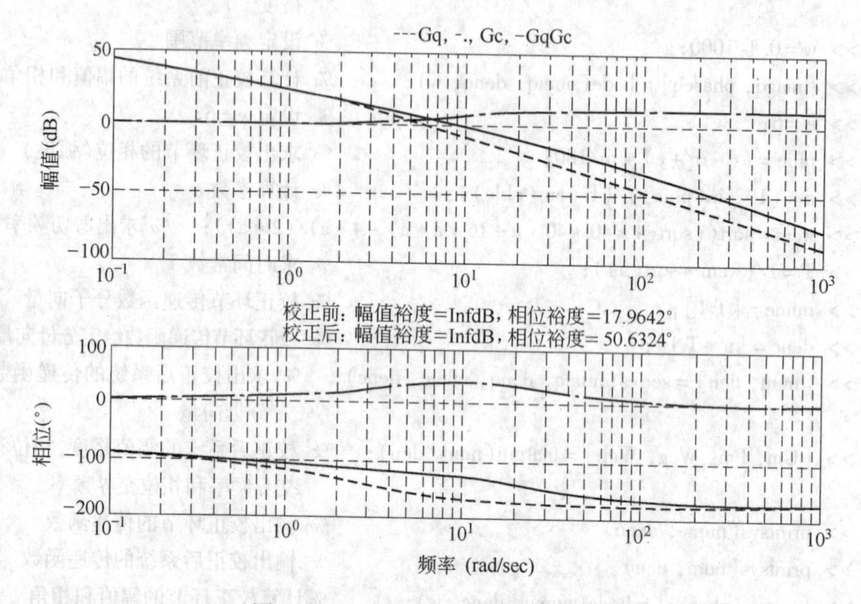

图 5 - 16　系统校正前后的 Bode 图

2）相位滞后校正。相位滞后环节在高频段产生较大的衰减，而相位滞后作用较小。利用相位滞后环节的这一特性，使校正后的系统具有较大的相位稳定裕度。

设已知滞后校正环节的传递函数为 $G_c(s)=\dfrac{Ts+1}{\beta Ts+1}(\beta>1)$，其设计步骤一般为：

① 根据稳态误差要求，确定开环增益 K（如果增益已知，这步省略）。

② 画出校正前系统的 Bode 图，并计算校正前系统的相位裕度 γ_q 和幅值剪切频率 ω_{cq}。

③ 根据校正后系统的相位裕度 γ 的要求值，确定剪切频率 ω_c，即在一定的频率变化范围内，将校正前系统相位幅值 γ_q 与校正环节相位幅值 γ_c 差值绝对值的最小值所对应的频率作为校正后系统的剪切频率 ω_c。通常，γ_c 的计算方法如下：

$$\gamma_c=\gamma-180^\circ+\varepsilon$$

式中，一般取 $\varepsilon=6^\circ\sim14^\circ$。

④ 确定参数 β 和时间常数 T。其主要依据是：

$$L_q(\omega_c)-20\lg\beta=20\lg A_q(\omega_c)-20\lg\beta=0,\ T=k_0/\omega_c$$

式中，$A_q(\omega_c)$ 表示校正前系统幅频特性在 ω_c 的值；k_0 为一常数，一般取 $k_0=5\sim15$。

⑤ 画出校正后系统的 Bode 图，校验校正后的系统应满足要求，若不满足要求，从第③步开始重新设计，可通过适当增大 ε 的值来调节。

例 5 - 19　设单位负反馈系统的开环传递函数为 $G_k(s)=\dfrac{5}{s(s+1)(0.5s+1)}$。经校正，使系

统幅值稳定裕度 $K_f \geq 10$ dB，相位稳定裕度 $\gamma \geq 40°$。

解：根据以上滞后校正环节的设计步骤，可编写如下 MATLAB 程序：

```
>> numq = 5;                                       % 校正前系统开环传递函数分子向量
>> denq = conv([1 0], conv([1 1], [0.5 1]));       % 校正前系统开环传递函数给定分母向量
>> [Gmq, Pmq, Wcgq, Wcpq] = margin(numq, denq);    % 校正前系统的幅值裕度,相位裕度,幅值交界频率和相位交界频率
>> r = 50; rq = Pmq;                               % 设定校正后的相位裕度和校正前的相位裕度
>> e = 6;                                          % 设定ε=6°
>> rc = -180 + r + e;                              % 计算校正环节的相位裕度
>> w = 0.01:1000;                                  % 设定频率范围
>> [magq, phaseq] = bode(numq, denq, w);           % 计算校正前系统的幅值和相角
>> [il, ii] = min(abs(phaseq - rc));               % 求出不同频率下,校正前系统相位与校正环节差值绝对值的最小值
>> wc = w(ii);                                     % 找出校正后系统的剪切频率ωc
>> beta = magq(ii);                                % 根据β=Aq(ωc),计算参数a
>> T = 10/wc;                                      % 求时间常数T,这里的10是一个概数,通常取5~15
>> numc = [T 1];                                   % 校正环节传递函数分子向量
>> denc = [beta * T 1];                            % 校正环节传递函数给定分母向量
>> [num, den] = series(numq, denq, numc, denc);    % 求出校正后系统的传递函数的分子、分母向量
>> [Gm, Pm, Wcg, Wcp] = margin(num, den);          % 校正后系统的幅值裕度,相位裕度,幅值交界频率和相位交界频率
>> printsys(numc, denc)                            % 输出校正环节的传递函数
>> printsys(num, den)                              % 输出校正后系统的传递函数
>> [magc, phasec] = bode(numc, denc, w);           % 计算校正环节的幅值和相角
>> [mag, phase] = bode(num, den, w);               % 计算校正后系统的幅值和相角
>> subplot(2, 1, 1);                               % 绘图分两部分显示,下图形显示在上方
>> semilogx(w, 20 * log10(mag), w, 20 * log10(magq), '--', w, 20 * log10(magc), '-.');
                                                   % 绘制幅频曲线
>> grid;                                           % 绘制栅格
>> ylabel('幅值(dB)');                             % 标注y轴
>> title('---Gq, -., Gc, -GqGc');                  % 定义标题
>> subplot(2, 1, 2);                               % 绘图分两部分显示,下图形显示在下方
>> semilogx(w, phase, w, phaseq, '--', w, phasec, '-.');   % 绘制相频曲线
>> grid;                                           % 绘制栅格
>> ylabel('相位(°)');                              % 标注y轴
>> xlabel('频率(rad/sec)');                        % 标注x轴
>> title(['校正前:幅值裕度=', num2str(20 * log10(Gmq)), 'dB,', '相位裕度=', num2str(Pmq), '°'; '校正后:幅值裕度=', num2str(20 * log10(Gm)), 'dB,', '相位裕度=', num2str(Pm), '°']);
                                                   % 显示相关数值
```

运行结果：

```
num/den =
      24.3902 s + 1
      -------------                    % 校正环节的传递函数
      269.6021 s + 1

num/den =
                    121.9512 s + 5
      ------------------------------------------   % 校正后系统的传递函数
      134.801 s^4 + 404.9031 s^3 + 271.1021 s^2 + s
```

由图 5－17 可见，系统的相位稳定裕度约为 50.8°，幅值稳定裕度约为 15.9 dB，满足本题要求。

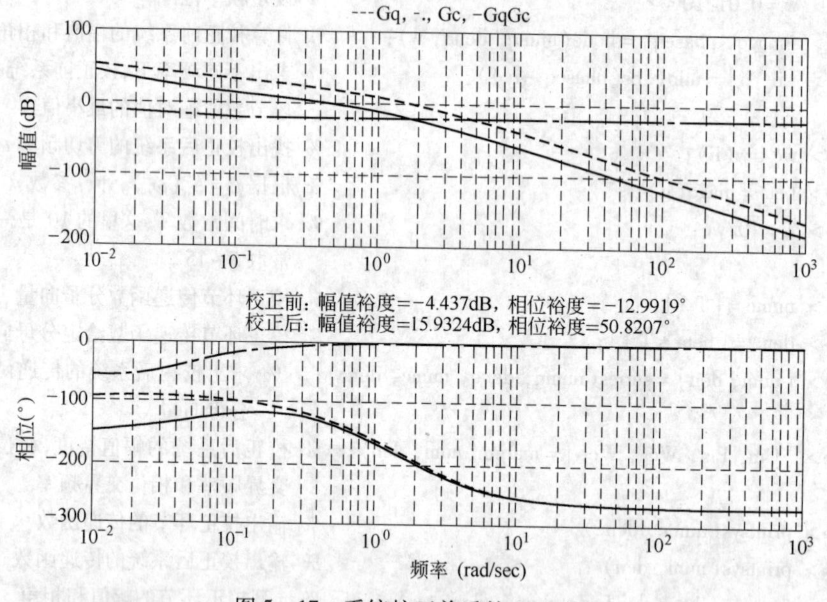

图 5－17　系统校正前后的 Bode 图

3）相位滞后－超前校正。单纯地采用相位超前校正或相位滞后校正只能改善系统单方面的性能。如果要使系统同时具有较好的动态性能和稳定性，应该采用滞后－超前校正。设已知滞后－超前校正环节的传递函数为 $G_c(s)=\dfrac{\alpha T_1 s+1}{T_1 s+1}\cdot\dfrac{\frac{T_2}{\alpha}s+1}{T_2 s+1}$，$(\alpha>1)$，其设计步骤如例 5－20 所示。

例 5－20　设单位负反馈系统的开环传递函数为

$$G_k(s)=\frac{180}{s(0.167s+1)(0.5s+1)}$$

试校正系统使其幅值穿越频率 $\omega_c\geqslant 2.5$，相位裕度 $\gamma\geqslant 45°$。

解： 根据给出的校正前系统开环传递函数，用 MATLAB 画出系统频率特性，如图 5－18 中虚线所示。

由图 5－18 可知，校正前的幅值剪切频率 ω_{cp} 约为 13，根据校正前系统开环传递函数及相位裕度的定义，可计算其相位裕度为

$$\gamma_q=180°-90°-\arctan(0.5\times 13)-\arctan(0.167\times 13)=-56°$$

可见,系统是不稳定的。若用一个相位超前环节校正,是不可能将系统的相位裕度由 $\gamma=-56°$ 提高到 $\gamma=45°$ 的。若用一个相位滞后环节校正,由图 5-18 可知,为了使系统有足够的相位裕度,必须使幅值穿越频率 $\omega_c<2$。这不仅不符合 $\omega_c=3.5$ 的要求,而且在开环增益较大的情况下,导致相位滞后环节的时间常数过大而难以实现。在这种情况下,可采用相位滞后-超前校正。

首先让此校正环节的相位超前部分的零点抵消未校正系统的一个时间常数最大的极点,为此,使 $\alpha T_1 s+1=0.5s+1$,即

$$\alpha T_1=0.5$$

根据此题要求,选校正后的幅值剪切频率 $\omega_c=3.5$,并使校正后的幅频特性以 -20 dB 的斜率穿越 0 dB 线,它比未校正系统的斜率为 -20 dB 的幅频特性在纵坐标方向上低大约 34 dB,它应由相位滞后环节的幅值衰减作用产生。由滞后环节幅频特性 Bode 图上的几何关系可导出关系

$$20\left(\lg\frac{\alpha}{T_2}-\lg\frac{1}{T_2}\right)=20\lg\alpha=34$$

解得

$$\alpha=50$$

进而有

$$T_1=0.5/\alpha=0.5/50=0.01$$

滞后环节的时间常数 T_2 由对相位裕度的要求 $\gamma=45°$ 确定。

$$\begin{aligned}\gamma&=180°-90°-\arctan 3.5T_2+\arctan\frac{3.5T_2}{50}-\arctan 3.5\times0.167-\arctan 3.5\times0.01\\&=\arctan 0.07T_2-\arctan 3.5T_2+58°=45°\end{aligned}$$

解得

$$T_2=60.6$$

可取 $T_2=65$,那么校正环节的传递函数为

$$G_c(s)=\frac{0.5s+1}{0.01s+1}\cdot\frac{1.3s+1}{65s+1}$$

根据以上超前校正环节的设计步骤,可编写如下 MATLAB 程序:

```
>> numq = 180;                                        % 校正前系统开环传递函数分子向量
>> denq = conv([1 0], conv([0.167 1], [0.5 1]));     % 校正前系统开环传递函数给定分母
                                                      向量
>> [Gmq, Pmq, Wcgq, Wcpq] = margin(numq, denq);      % 校正前系统的幅值裕度,相位裕度,
                                                      幅值交界频率和相位交界频率
>> numc = conv([0.5 1], [1.3 1]);                     % 校正环节传递函数分子向量
>> denc = conv([0.01 1], [65 1]);                     % 校正环节传递函数给定分母向量
>> [num, den] = series(numq, denq, numc, denc);       % 求出校正后系统的传递函数的分子、
                                                      分母向量
>> [Gm, Pm, Wcg, Wcp] = margin(num, den);             % 校正后系统的幅值裕度,相位裕度,
                                                      幅值交界频率和相位交界频率
>> w = 0.01:1000;                                     % 设定频率范围
>> [magq, phaseq] = bode(numq, denq, w);              % 计算校正前系统的幅值和相角
>> printsys(numc, denc)                               % 输出校正环节的传递函数
>> printsys(num, den)                                 % 输出校正后系统的传递函数
>> [magc, phasec] = bode(numc, denc, w);              %计算校正环节的幅值和相角
```

```
>> [mag, phase] = bode(num, den, w);                      % 计算校正后系统的幅值和相角
>> subplot(2, 1, 1);                                      % 绘图分两部分显示,下图形显示在上方
>> semilogx(w, 20 * log10(mag), w, 20 * log10(magq), '--', w, 20 * log10(magc), '-.');
                                                          % 绘制幅频曲线
>> grid;                                                  % 绘制栅格
>> ylabel('幅值(dB)');                                    % 标注 y 轴
>> title('---Gq, -., Gc, -GqGc');                         % 定义标题
>> subplot(2, 1, 2);                                      % 绘图分两部分显示,下图形显示在下方
>> semilogx(w, phase, w, phaseq, '--', w, phasec, '-.');  % 绘制相频曲线
>> grid;                                                  % 绘制栅格
>> ylabel('相位(°)');                                     % 标注 y 轴
>> xlabel('频率(rad/sec)');                               % 标注 x 轴
>> title(['校正后:幅值裕度 =', num2str(20 * log10(Gm)), 'dB,', '相位裕度 =', num2str
   (Pm), '°']);                                           % 显示相关数值
```

运行结果:

```
num/den =
 0.65 s^2 + 1.8 s + 1
 ----------------------------                             % 校正环节的传递函数
 0.65 s^2 + 65.01 s + 1

num/den =
                    117 s^2 + 324 s + 180
 ------------------------------------------------------   % 校正后系统的传递函数
 0.054275 s^5 + 5.8619 s^4 + 44.0952 s^3 + 65.677 s^2 + s
```

由图 5 − 18 可见,系统的相位稳定裕度约为 46.6°,幅值稳定裕度约为 28.1 dB,满足本题要求。

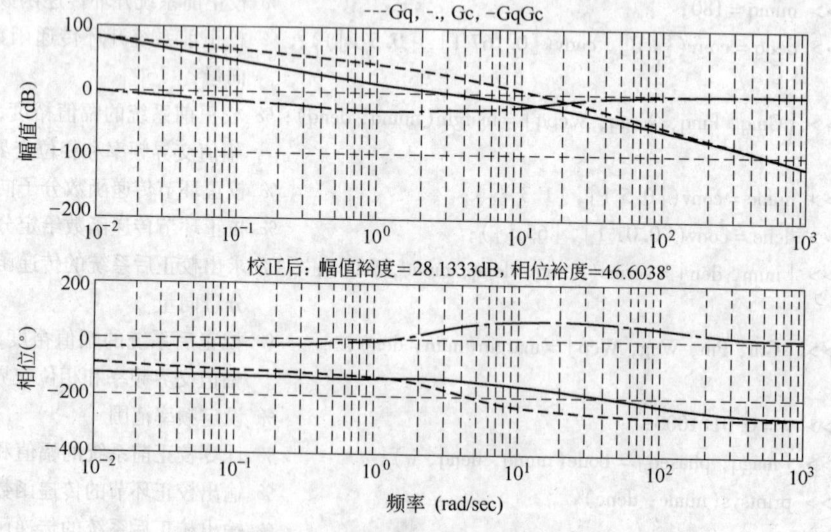

图 5 − 18　系统校正前后的 Bode 图

4）PID 控制器的控制特性。PID 控制有多种应用形式，如 P、PI、PID 等。下面通过具体实例分析比例、积分、微分各环节的控制作用。

例 5-21 一个三阶对象模型 $G(s)=\dfrac{1}{(s+1)^3}$，研究分别采用 P、PI、PID 控制策略下闭环系统的阶跃响应。

解：

首先建立加入 PID 控制器的系统模型，即 PID 由比例模块和两个传递函数模块组成。其具体建立步骤为：

（1）Simulink 的启动：在 MATLAB 命令窗口中键入“simulink”，就会弹出一个名为 Simulink Library Browser 的浏览器窗口，如图 5-19 所示。该窗口的左下分窗以树状列表的形式列出了当前 MATLAB 系统中安装的 Simulink 模块。

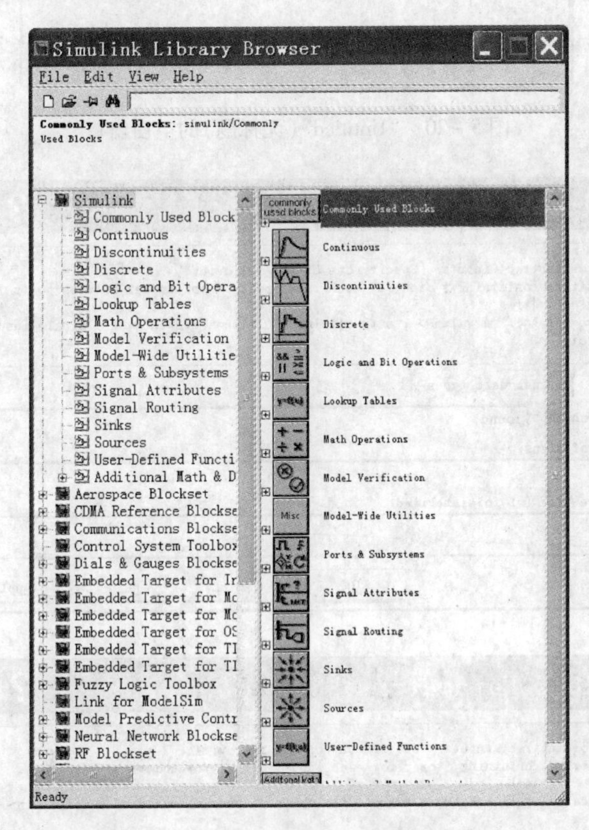

图 5-19 Simulink 模块库浏览器窗口

（2）在“Simulink Library Browser”浏览器上方的工具栏中选择“建立新模型”的图标🗋，弹出一个名为“Untitled”（无标题）的空白窗口，如图 5-20 所示，所有控制模块框图都在这个窗口中创建。可以将“Untitled”文件保存为名为“ex21”的文件。

（3）在 Simulink Library Browser 的浏览器窗口中依次查找“Step”、“Sum”、“Gain”、“Transfer fcn”、“Zero-pole”和“Scope”模块，并直接用鼠标拖曳（选中模块，按住鼠标左键不放）到“pid”窗口。其中，“Sum”和“Transfer fcn”模块分别拖曳两个。

（4）用鼠标可以在功能模块的输入与输出端之间直接连线。其方法是先移动鼠标到输出端，鼠标的箭头会变成十字形光标，这时按住鼠标左键，拖曳至另一个模块的输入端，当十字形光标出现“重影”时释放鼠标即完成连接。在连线之前,需对“Sum1”模块进行重新设置,因为该模块的默认输入是2个正输入,而本例题需要3个正输入。其具体设置方法是用鼠标双击“Sum1”模块,出现如图5－21(a)所示的参数设置对话框,在“List of signs:”一栏中再输入一个“+”,如图5－21(b)所示。用同样的方法,将“Sum”模块原来的2个正输入,重新设定为1个正输入和1个负输入,如图5－22所示。在连线时,比例模块“Gain”的输出需要做连线的分支,其具体方法是按住鼠标右键,在需要分支的地方拉出即可。

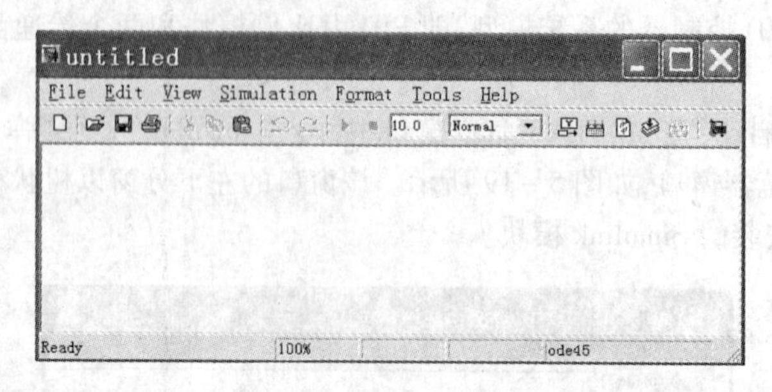

图5－20　“Untitled”(无标题)的空白窗口

Block Parameters: Sum1

Sum

Add or subtract inputs. Specify one of the following:
a) string containing + or - for each input port, | for spacer between ports (e.g. ++|-|++)
b) scalar >= 1. A value > 1 sums all inputs; 1 sums elements of a single input vector

Main | Signal data types

Icon shape: round

List of signs:

|++

Sample time (-1 for inherited):

-1

OK　Cancel　Help　Apply

(a)

Block Parameters: Sum1

Sum

Add or subtract inputs. Specify one of the following:
a) string containing + or - for each input port, | for spacer between ports (e.g. ++|-|++)
b) scalar >= 1. A value > 1 sums all inputs; 1 sums elements of a single input vector

Main | Signal data types

Icon shape: round

List of signs:

|+++

Sample time (-1 for inherited):

-1

OK　Cancel　Help　Apply

(b)

图5－21　“Sum1”模块的参数设定窗口

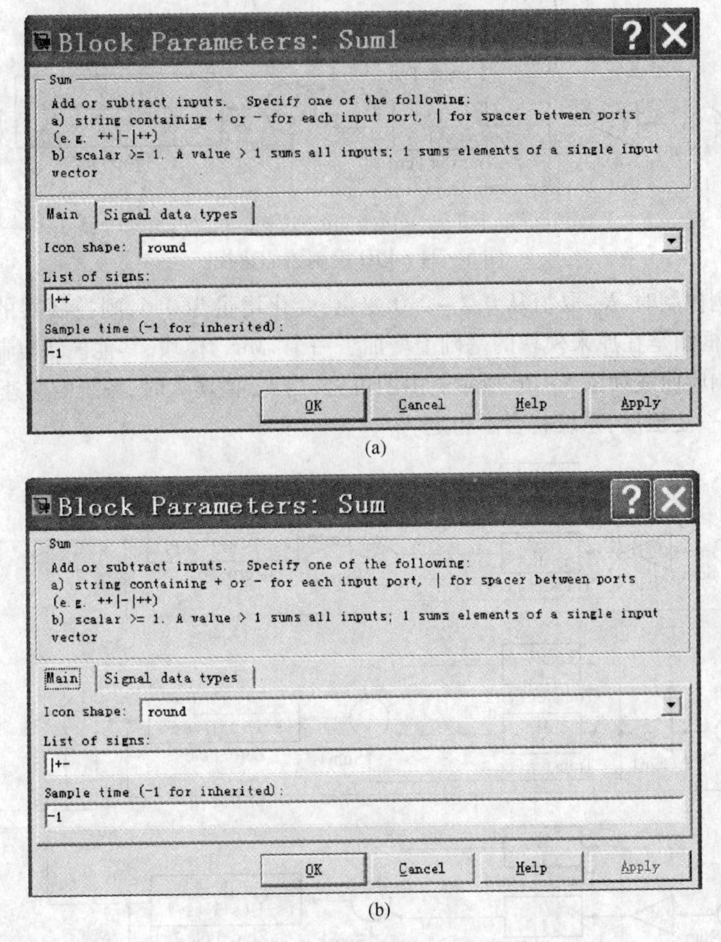

图 5 - 22 "Sum"模块的参数设定窗口

(5) 定义系统传递函数:用鼠标双击"Zero-Pole"模块,弹出如图 5 - 23(a)所示的参数设定模块,题目给定传递,其三个极点均为 -1,没有零点,且增益是 1,所以设置如图 5 - 23(b)所示。最终建立的框图如图 5 - 24 所示。

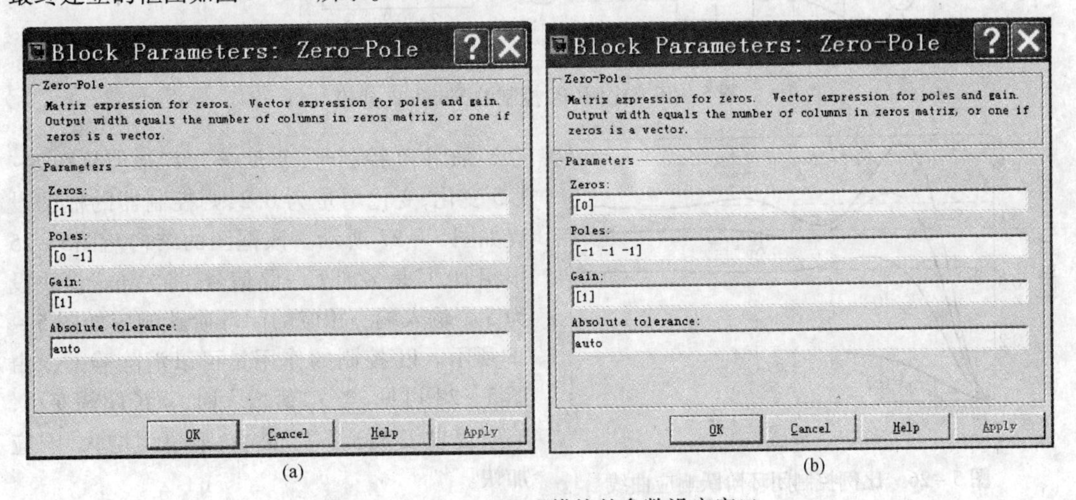

图 5 - 23 "Zero-Pole"模块的参数设定窗口

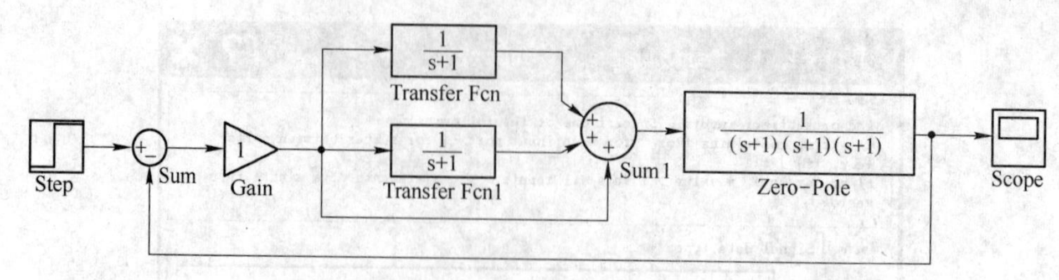

图 5－24　PID 控制器的建模

当只有比例控制时，K_p 取值从 0.2～2.0 变化，变化增量为 0.6，则控制器的框图设置如图 5－25所示。该框图是在原来模块的基础上增加了一个“Mux”模块，其他模块复制然后连接就可以。闭环阶跃响应曲线如图 5－26 所示。由图可见，当 K_p 值增大时，系统响应速度加快，幅值增高。当 K_p 达到一定值后，系统将会不稳定。

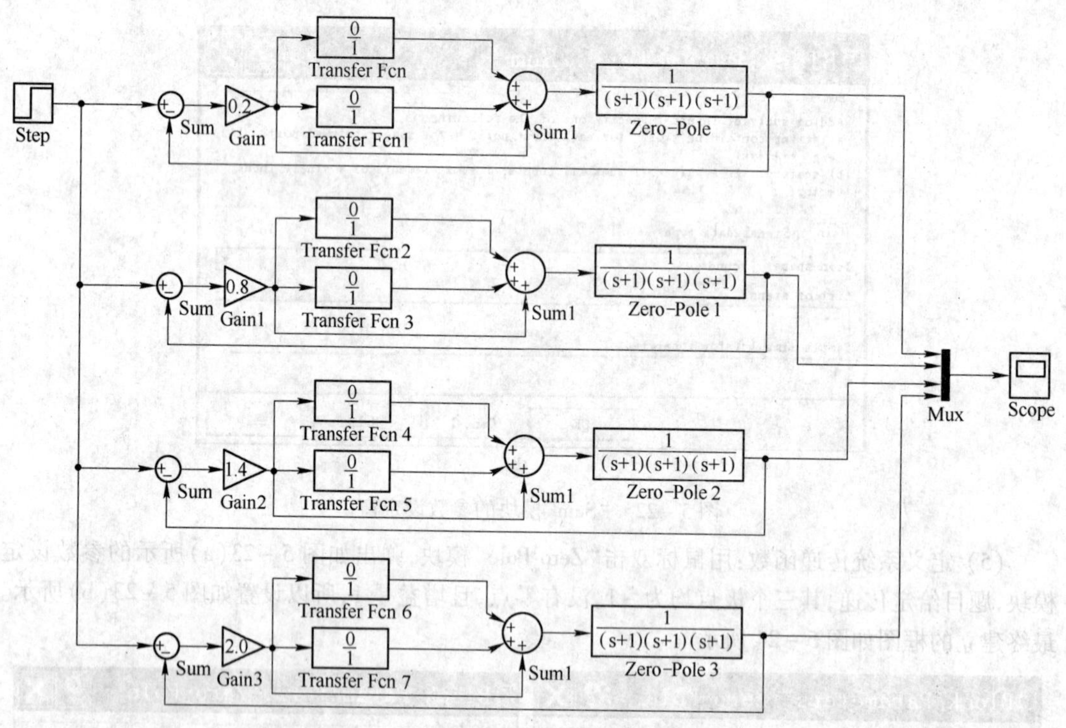

图 5－25　比例(P)控制的 Simulink 建模

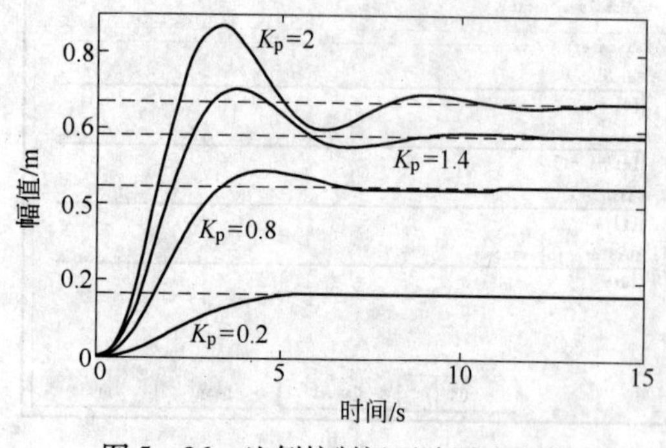

图 5－26　比例控制闭环阶跃响应曲线

采用 PI 控制时，令 $K_p=1$，T_i 取值从 0.7～1.5 变化，变化增量为 0.2，则控制器的框图设置如图 5－27 所示。该框图的结构与图5－25很相似，只是多加了一路信号，将“Mux”模块设为 5 个输入端。相应的闭环阶跃响应如图 5－28 所示。PI 控制的作用是可以消除静差。由图 5－28 可见，当 T_i 值增大时，系统超调变小，响应速度变慢；若 T_i 变小，则超调增大，响应加快。

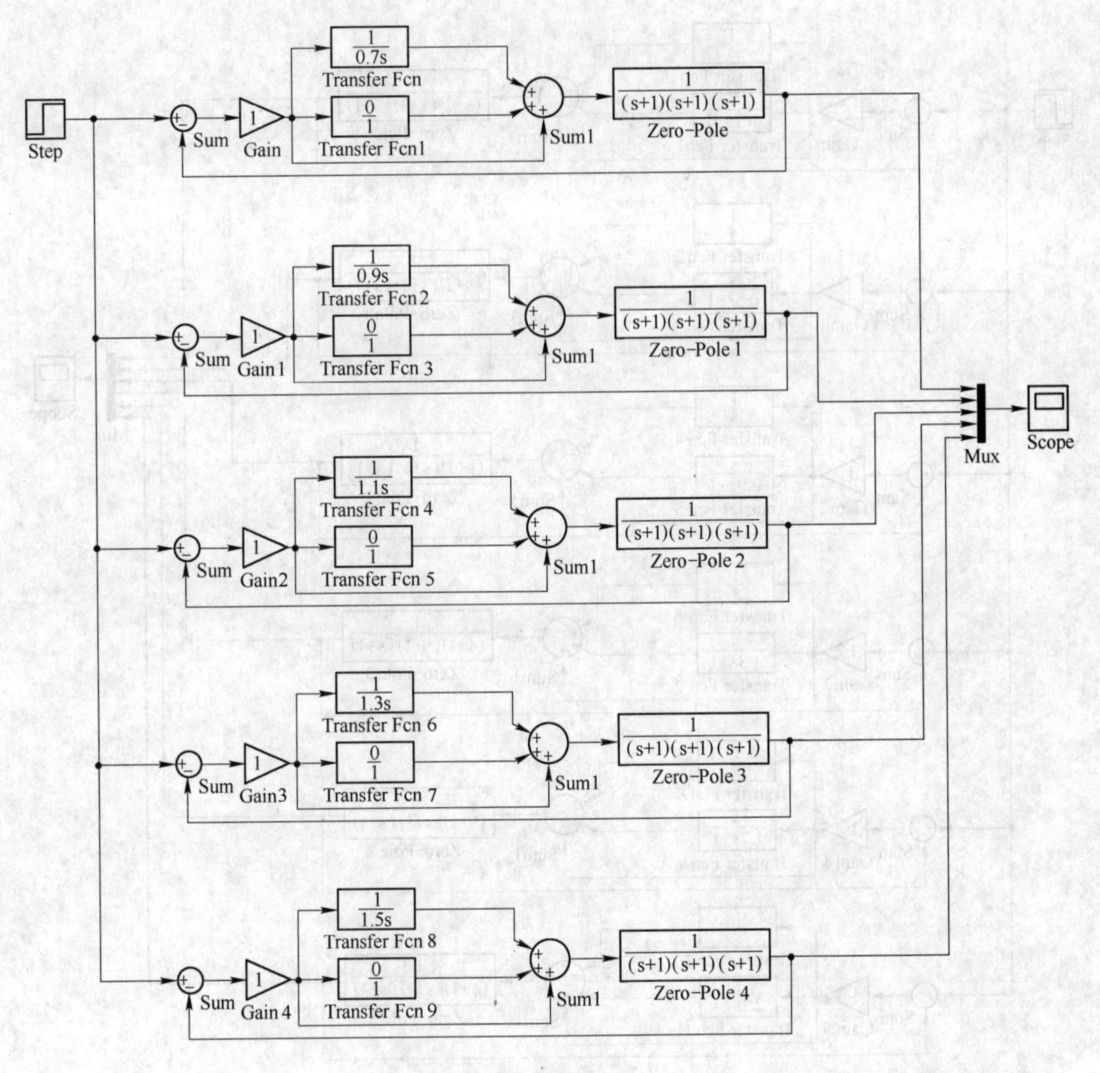

图 5-27 PI 控制的 Simulink 建模

若采用 PID 控制，令 $K_p = T_i = 1$，T_d 取值从 0.1 ~ 2.1 变化，变化增量为 0.4，则控制器的框图设置如图 5-29 所示。该框图的结构与图 5-25 也很相似，只是“Mux”模块变为 6 个输入端。相应的闭环阶跃响应如图 5-30 所示。由图 5-30 可以看出，当 T_d 增大时，系统的响应速度加快，超调量减小。

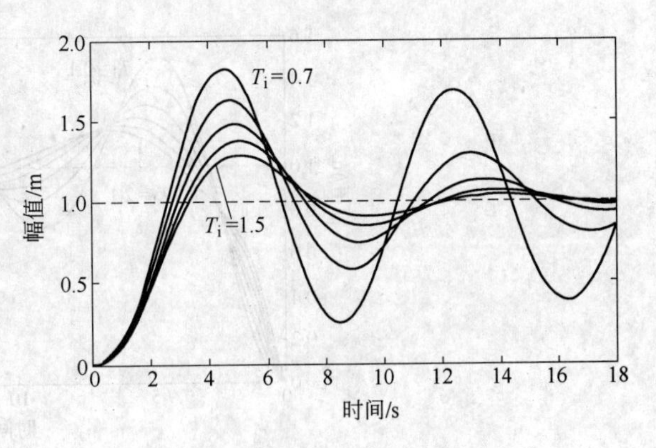

图 5-28 PI 控制闭环阶跃响应曲线

(3) 实验练习：

1）系统如图 5-31 所示，请调节 PID 参数，使系统的输出状态达到最佳。

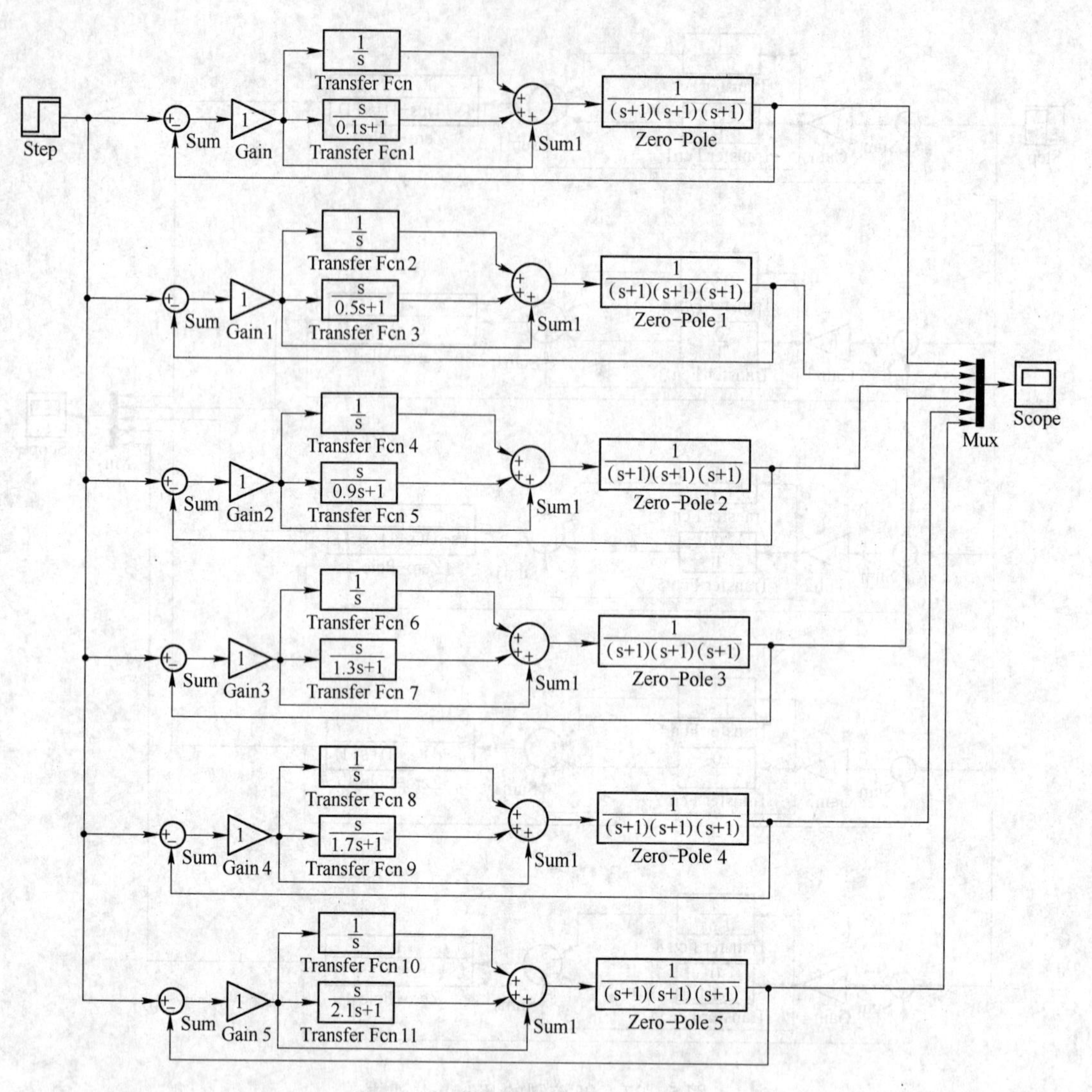

图 5－29　PID 控制的 Simulink 建模

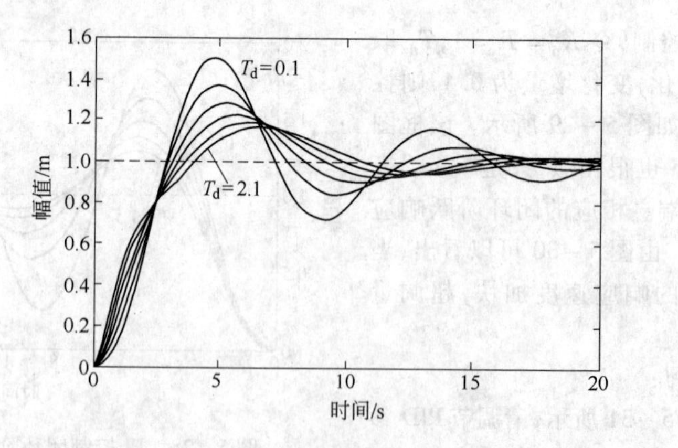

图 5－30　PID 控制闭环阶跃响应曲线

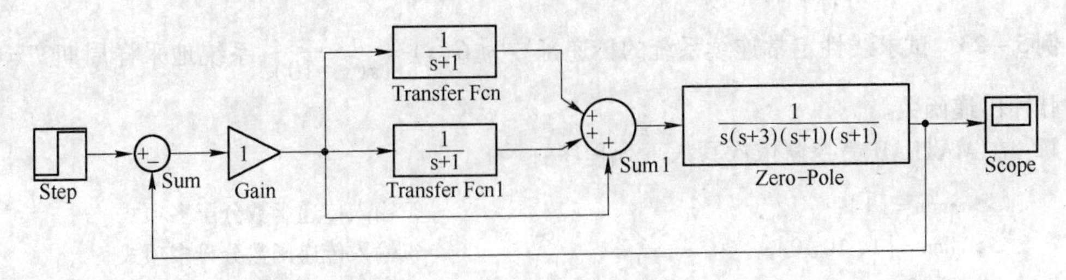

图 5-31　PID 控制系统

5.7　离散控制系统

(1) 实验目的:

1) 利用计算机完成离散控制系统的建模与转换。

2) 分析离散系统的响应。

(2) 实验内容:

1) 离散控制系统的建模与转换。对于离散时间系统,通过 z 变换可得系统的脉冲传递函数

$$G(z)=\frac{Y(z)}{U(z)}=\frac{f_m z^m+f_{m-1}z^{m-1}+\cdots+f_1 z+f_0}{g_n z^n+g_{n-1}z^{n-1}+\cdots+g_1 z+g_0}$$

在 MATLAB 中,用其分子和分母多项式的系数(按 z 的降幂排列)所构成的两个向量 num 和 den,就可以轻易地将以上传递函数模型输入到 MATLAB 环境中,命令格式为:

```
num = [f_m, f_m-1, …, f_0]
den = [g_n, g_n-1, …, g_0]
printsys(num, den, 'z')
```

例 5-22　已知离散控制系统的脉冲传递函数为 $G(z)=\frac{z+2}{z^3+3z^2+2z+4}$,试建立系统的 MATLAB 模型。

解: 在 MATLAB 命令窗依次写入下列程序

```
>> num=[1, 2];                    %输入传递函数分子多项式
>> den=[1, 3, 2, 4];              %输入传递函数分母多项式
>> printsys (num, den,'z')        %创建对象
```

运行结果:

```
num/den =
          z + 2
    ---------------------------
    z^3 + 3 z^2 + 2 z + 4
```

此外,MATLAB 提供了连续系统经采样而进行离散化的函数。该函数的功能为将连续系统的传递函数模型变换为离散系统的传递函数模型,其调用格式为:

```
[numz,denz] = c2dm(num,den,T,method)
```

其中,T 为采样周期;method 为离散化方法选择变量,它可以为 'zoh'、'foh'、'tustin' 或 'matched' 等,分别对应于基于零阶和一阶保持器的离散化法、双线性法和零极点匹配法。

例 5－23 试求线性定常连续系统的传递函数为 $G(s)=\dfrac{1}{s(s+10)}$，系统地采样周期 $T=0.1$ 时的脉冲传递函数。

解： 在 MATLAB 命令窗依次写入下列程序：

```
>> num=[1];                              %输入传递函数分子多项式
>> den=[1, 10, 0];                       %输入传递函数分母多项式
>> T=0.1;                                %确定采样周期
>> [numz, denz]=c2dm(num, den, T, 'zoh'); %离散化
>> printsys(numz, denz, 'z')             %创建对象
```

运行结果：

```
num/den =
    0.0036788 z + 0.0026424
  ----------------------------------------
    z^2 - 1.3679 z + 0.36788
```

2）离散系统的响应分析。MATLAB 提供的离散系统响应函数的调用格式为：

```
dstep(num, den)
dimpules(num, den)
dlsim(num, den)
```

其中，第一个命令函数用于生成单位阶跃响应；第二个命令函数用于生成单位脉冲响应；第三个命令函数用于生成任意指定输入的响应。

例 5－24 已知系统的闭环 z 传递函数为 $G(z)=\dfrac{0.2z}{z^2+z+0.4}$，求系统的单位阶跃响应。

解： 在 MATLAB 命令窗依次写入下列程序：

```
>> num=[0.2 0];           %输入传递函数分子多项式
>> den=[1, 1, 0.4];       %输入传递函数分母多项式
>> dstep(num, den);       %求阶跃响应
```

运行结果如图 5－32 所示。

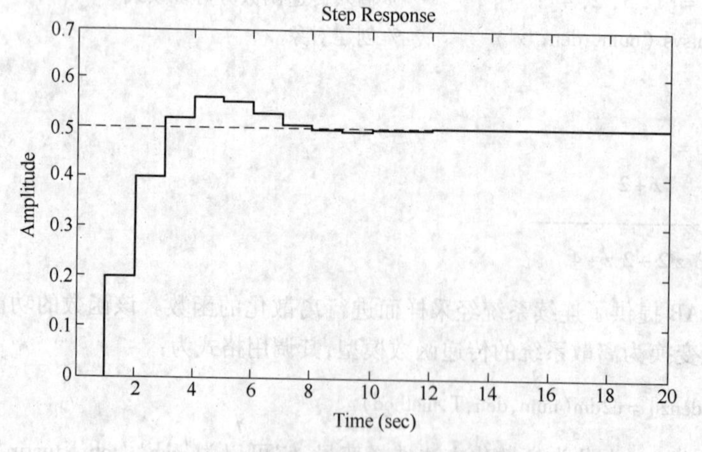

图 5－32 系统的阶跃响应

MATLAB 还提供了离散控制系统的其他命令函数，这里不作过多的讲解，有兴趣的学生请参考其他相关文献。

（3）实验练习：

1）已知离散控制系统的脉冲传递函数为 $G(z)=\dfrac{z^2+2}{z^4+3z^2+2z+4}$，试建立系统的 MATLAB 模型。

2）试求线性定常连续系统的传递函数为 $G(s)=\dfrac{1}{s(s+1)^2}$，系统地采样周期 $T=0.1$ 时的脉冲传递函数。

3）已知系统的闭环 z 传递函数为 $G(z)=\dfrac{0.2}{z^3+2z+0.1}$，求系统的单位阶跃响应。

5.8 现代控制理论基础

（1）实验目的：

1）利用计算机完成状态空间模型的建立与转换。

2）熟悉矩阵指数函数的计算与状态空间表达式的求解和系统的可控性和可观测性判断。

3）熟悉李雅普诺夫稳定性分析。

4）掌握控制系统的开环频率特性分析。

（2）实验内容：

1）状态空间模型的建立与转换。对于同一个系统可以采用微分方程、传递函数、状态空间等不同形式的数学模型来表示，这些不同形式的数学模型适用于不同的场合，因此进行模型之间的相互转换是必要的。对状态空间表达式的建立与转换，在 MATLAB 中可调用下列函数，其基本调用格式为

```
sys = ss(A,B,C,D)
sys = ss(G )
[A,B,C,D] = tf2ss(num,den )
G = tf(sys)
```

其中，A、B、C、D 为系统状态空间表达式系数矩阵。在 MATLAB 中可直接将状态空间表达式输入到相应的 4 个常数矩阵 A、B、C、D 中作为状态空间模型，简称为 SS 对象。第二个命令函数表示由微分方程转换为状态空间表达式的 MATLAB 命令。在控制系统工具箱中定义的 ss( ) 函数，不仅可以直接创建 SS 模型，而且它可以从给定的对象 G 得出等效的状态空间 SS 对象。第三个命令函数表示由传递函数转为状态空间表达式，不过由于系统的状态变量可以有不同的选择方式，因此，从传递函数矩阵到状态方程的转换并不是唯一的。第四个命令函数表示由状态空间表达式转换为传递函数。

例 5－25 设线性系统的状态空间表达式为

$$\begin{bmatrix}\dot{x}_1\\ \dot{x}_2\end{bmatrix}=\begin{bmatrix}0 & 1\\ -2 & -3\end{bmatrix}\begin{bmatrix}x_1\\ x_2\end{bmatrix}+\begin{bmatrix}1 & 0\\ 2 & 0\end{bmatrix}\begin{bmatrix}u_1\\ u_2\end{bmatrix}$$

$$\begin{bmatrix}\dot{y}_1\\ \dot{y}_2\end{bmatrix}=\begin{bmatrix}0 & 3\\ 1 & 3\end{bmatrix}\begin{bmatrix}x_1\\ x_2\end{bmatrix}+\begin{bmatrix}1 & 0\\ 0 & 2\end{bmatrix}\begin{bmatrix}u_1\\ u_2\end{bmatrix}$$

在 MATLAB 中创建状态空间模型。

解：可以由下面 MATLAB 语句创建为 SS 模型。

```
>> A=[0  1;-2,-3];                    %输入状态空间矩阵
>> B=[1  0;  2  0];
>> C=[0  3;  1  3];
>> D=[1  0;  0  2];
>> sys=ss(A,B,C,D)                    %创建状态空间 SS 对象
```

运行结果：

```
a =                              b =
          x1     x2                        u1    u2
   x1     0      1                  x1     1     0
   x2    -2     -3                  x2     2     0

c =                              d =
          x1     x2                        u1    u2
   y1     0      3                  y1     1     0
   y2     1      3                  y2     2     0
Continuous-time model
```

例 5-26　已知系统微分方程为$\dddot{y}+3\ddot{y}+2\dot{y}+y=\ddot{u}+2\dot{u}+u$，求该系统的状态空间表达式。

解：可以由下面 MATLAB 语句实现。

```
>> num=[1  2  1];                     %输入微分方程右侧多项式
>> den=[1  3  2  1];                  %输入微分方程左侧多项式
>> G=tf(num,den );                    %创建 G(s)为 TF 对象
>> sys=ss(G)                          %将 TF 对象转换为 SS 对象
```

运行结果：

```
a =                                          b =
          x1      x2       x3                        u1
   x1     -3     -0.5     -0.25                x1    1
   x2      4      0        0                   x2    0
   x3      0      1        0                   x3    0
c =                                          d =
          x1      x2       x3                        u1
   y1      1      0.5      0.25                y1    0
Continuous-time model
```

由结果显示可知，系统的状态空间表达式为：

$$
\begin{bmatrix} \dot{x}_1 \\ \dot{x}_2 \\ \dot{x}_3 \end{bmatrix} = \begin{bmatrix} -3 & -0.5 & -0.25 \\ 4 & 0 & 0 \\ 0 & 1 & 0 \end{bmatrix} \begin{bmatrix} x_1 \\ x_2 \\ x_3 \end{bmatrix} + \begin{bmatrix} 1 \\ 0 \\ 0 \end{bmatrix} u
$$

$$
y = \begin{bmatrix} 1 & 0.5 & 0.25 \end{bmatrix} \begin{bmatrix} x_1 \\ x_2 \\ x_3 \end{bmatrix}
$$

例 5-27 已知系统的闭环传递函数为

$$G(s)=\frac{s^3+12s^2+44s+48}{s^4+16s^3+86s^2+176s+105}$$

在 MATLAB 中创建状态空间模型。

解：根据传递函数的多项式形式 TF 模型，状态空间 SS 对象可用以下命令得出：

```
>> num = [1  12  44  48 ];                    % 输入传递函数分子多项式
>> den = [1  16  86  176  105];               % 输入传递函数分母多项式
>> [ A,B,C,D ] = tf2ss(num,den );             % 创建 G(s)为 TF 对象
```

运行结果：

```
A =                                                     B =
        x1        x2         x3         x4                    u1
  x1   -16     -2.688    -0.6875    -0.2051              x1    1
  x2    32        0          0          0                x2    0
  x3     0        8          0          0                x3    0
  x4     0        0          2          0                x4    0
C =                                                     D =
        x1        x2         x3         x4                    u1
  y1     1     0.375     0.1719    0.09375               y1    0
Continuous-time model
```

由结果显示可知，系统的状态空间表达式为：

$$\dot{\boldsymbol{x}}=\begin{bmatrix}-16 & -2.688 & -0.6875 & -0.2051\\ 32 & 0 & 0 & 0\\ 0 & 8 & 0 & 0\\ 0 & 0 & 2 & 0\end{bmatrix}\boldsymbol{x}+\begin{bmatrix}1\\0\\0\\0\end{bmatrix}u$$

$$y=[1\quad 0.375\quad 0.1719\quad 0.09375]\boldsymbol{x}$$

例 5-28 已知系统的状态空间表达式为

$$\begin{bmatrix}\dot{x}_1\\ \dot{x}_2\\ \dot{x}_3\end{bmatrix}=\begin{bmatrix}0 & 1 & 0\\ -4 & -1 & 1\\ 0 & 0 & -20\end{bmatrix}\begin{bmatrix}x_1\\ x_2\\ x_3\end{bmatrix}+\begin{bmatrix}0\\0\\20\end{bmatrix}u$$

$$y=[1\quad 0\quad 0]\begin{bmatrix}x_1\\ x_2\\ x_3\end{bmatrix}$$

求其相应的传递函数 TF 模型。

解：可由下面 MATLAB 命令得出。

```
>> A = [0  1  0; -4  -1  1;0  0  -20];        % 输入状态空间矩阵
>> B = [0;0;20];
>> C = [1  0  0];
>> D = 0;
>> sys = ss(A,B,C,D);                         % 创建状态空间 SS 对象
>> G = tf(sys)                                % 将 SS 对象转换成 TF 对象
```

运行结果：

```
Transfer function:

            20
  ---------------------------
  s^3 + 21s^2 + 24s + 80
```

2）矩阵指数函数的计算与状态空间表达式的求解。矩阵指数函数的计算与状态空间表达式的求解，在 MATLAB 中命令的基本调用格式为：

```
y = expm(x);
expA = expm(A);
initial(sys, x0, t);
[y, t, x] = initial(sys, x0, t);
step(sys, t);
[y, t] = step(sys, t);
[y, t, x] = step(sys, t);
lsim(A, B, C, D, u, t, x0);
[y, t, x] = lsim(A, B, C, D, u, t, x0);
```

其中：

第 1 个命令函数表示给定矩阵 $\boldsymbol{A}$ 和时间 t 的值，计算矩阵指数 e^{At} 的值，$\boldsymbol{x}$ 为需计算矩阵指数的矩阵；$\boldsymbol{y}$ 为计算结果。

第 2 个命令函数表示给定矩阵 $\boldsymbol{A}$，用符号计算工具箱计算变量 t 的矩阵指数 e^{At} 的表达式，输入矩阵 $\boldsymbol{A}$ 为 MATLAB 的符号矩阵；输出矩阵 exp$\boldsymbol{A}$ 为计算所得的 e^{At} 的 MATLAB 符号矩阵。

第 3 ~ 4 个命令函数主要是计算状态空间模型 $\sum(\boldsymbol{A},\boldsymbol{B},\boldsymbol{C},\boldsymbol{D})$ 的初始状态响应，sys 为输入的状态空间模型；x0 为给定的初始状态；t 为指定仿真计算状态响应的时间区间变量（数组）。

第 5 ~ 7 个命令函数用于计算在单位阶跃输入和零初始状态（条件）下传递函数模型的输出响应，或状态空间模型的状态和输出响应。

第 8 ~ 9 个命令函数用于计算在给定的输入信号序列（输入信号函数的采样值）下传递函数模型的输出响应，或状态空间模型的状态和输出响应，A、B、C、D 分别为系统的系数矩阵、输入矩阵、输出矩阵和直接转移矩阵；x0 为给定的初始状态；t 为指定仿真计算状态响应的时间区间变量（数组）；u 为输入信号 $u(t)$ 对应于时间坐标数组 t 的各时刻输入信号采样值组成的数组，是求解系统响应必须给定的。

例 5－29　试用 MATLAB 计算矩阵 $\boldsymbol{A}=\begin{bmatrix}0 & 1\\ -2 & -3\end{bmatrix}$ 在 $t=0.3$ s 时的矩阵指数 e^{At} 的值。

解：在 MATLAB 命令窗依次写入下列程序：

```
>> A=[0 1; -2 -3];                %输入矩阵 A
>> t=0.3;                         %输入时间 t 值
>> eAt=expm(A*t)                  %计算矩阵 A 对应的矩阵指数值
```

运行结果：

```
eAt = 0.9328    0.1920
```

-0.3840 0.3568

MATLAB 中有 3 个计算矩阵指数的函数,分别是 expmdemo1(),expmdemo2()和 expmdemo3()。其中,expmdemo1()就是 expm(),expmdemo2()的计算精度最低,expmdemo3()的计算精度最高。但 expmdemo3()只能计算矩阵的独立特征向量数等于矩阵维数的矩阵指数,因此,在不能判断矩阵是否能变换为对角线矩阵时,应尽量采用函数 expm()。

例 5-30 试用 MATLAB 计算矩阵 $\boldsymbol{A}=\begin{bmatrix}0 & 1\\ -2 & -3\end{bmatrix}$的矩阵指数 e^{At}。

解:在 MATLAB 命令窗依次写入下列程序:

```
>> syms t;                  %定义符号变量 t
>> A=[0 1; -2 -3];          %输入矩阵 A
>> eAt=expm(A*t)            %计算矩阵 A 对应的矩阵指数函数
```

运行结果:

```
eAt =
    [ -exp(-2*t)+2*exp(-t),       exp(-t)-exp(-2*t)]
    [ -2*exp(-t)+2*exp(-2*t),     2*exp(-2*t)-exp(-t)]
```

上述计算结果与例 5-29 的计算结果完全一致。

例 5-31 试用 MATLAB 计算下列系统在[0,5 s]的初始状态响应。

$$\dot{\boldsymbol{x}}=\begin{bmatrix}0 & 1\\ -2 & -3\end{bmatrix}\boldsymbol{x},\boldsymbol{x}_0=\begin{bmatrix}1\\ 2\end{bmatrix}$$

解:在 MATLAB 命令窗依次写入下列程序:

```
>> A=[0 1; -2 -3];                      %输入矩阵 A
>> B=[ ];C=[ ];D=[ ];                   %输入状态空间模型各矩阵,若没有相应值,可赋
                                          空矩阵
>> x0=[1; 2];                           %输入初始状态
>> sys=ss(A, B, C, D);                  %定义系统
>> [y, t, x]=initial(sys, x0, 0:0.1:5); %求系统在[0,5s]的初始状态响应
>> plot(t, x)                           %绘制以时间为横坐标的状态响应曲线图
```

其运行结果如图 5-33 所示。

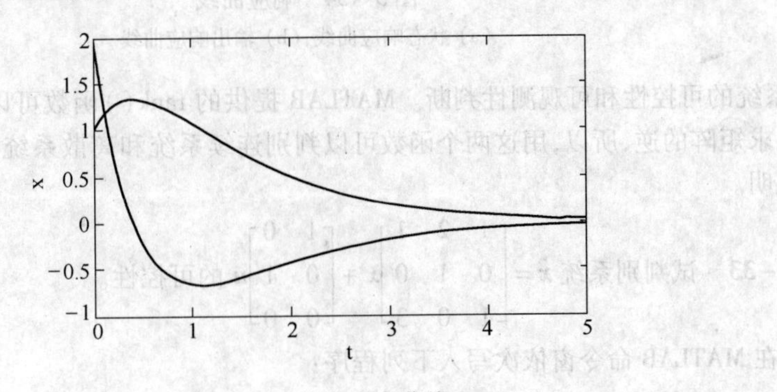

图 5-33 状态响应曲线

例 5－32　已知系统状态方程

$$\dot{x}=\begin{bmatrix}0 & 1\\ -2 & -3\end{bmatrix}x+\begin{bmatrix}0\\1\end{bmatrix}u, y=\begin{bmatrix}1 & 0\end{bmatrix}x$$

试求 $x(0)=0, u(t)=1(t)$ 时，系统的状态响应和输出响应。

解：在 MATLAB 命令窗依次写入下列程序：

```
>> A=[0 1; -2 -3];                          %输入系数矩阵 A
>> B=[0; 1];                                %输入输入矩阵 B
>> C=[1 0];                                 %输入输出矩阵 C
>> D=0;                                     %输入直接转移矩阵 D
>> x0=[0; 0];                               %输入初始状态
>> t=0:100;                                 %设定时间
>> [y, x]=lsim(A, B, C, D, 1+0*t, t, x0);   %计算系统在输入序列 u 下的响应
>> figure                                   %打开一个新的图框
>> plot(x)                                  %绘制以时间为横坐标的状态响应曲线图
>> figure                                   %打开另一个新的图框
>> plot(y)                                  %绘制以时间为横坐标的输出响应曲线图
```

程序响应如图 5－34 所示，其中，图 5－34(a) 为系统的状态响应曲线，图 5－34(b) 为系统的输出响应曲线。

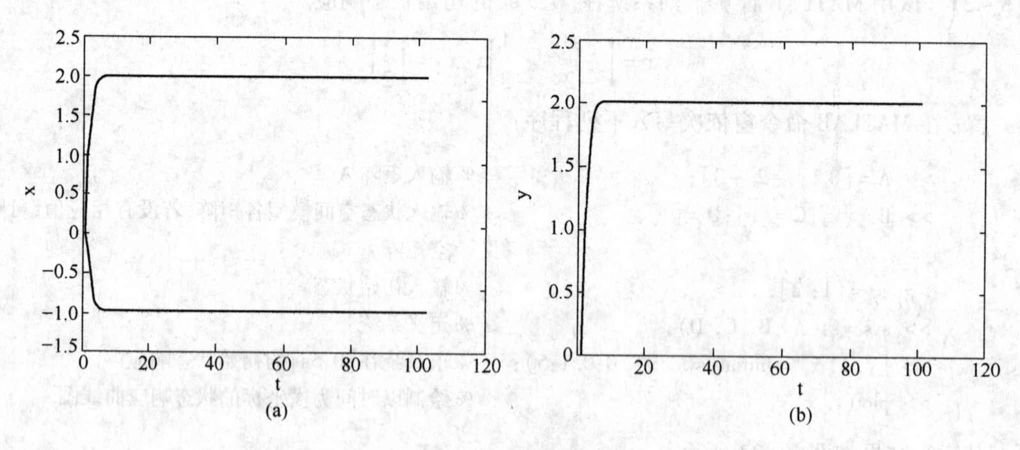

图 5－34　响应曲线

(a) 状态响应曲线；(b) 输出响应曲线

3）系统的可控性和可观测性判断。MATLAB 提供的 rank( ) 函数可以求解矩阵的秩，inv( ) 函数可以求矩阵的逆，所以，用这两个函数可以判别连续系统和离散系统的可控性和可观测性，现举例说明。

例 5－33　试判别系统 $\dot{x}=\begin{bmatrix}1 & 2 & 1\\ 0 & 1 & 0\\ 1 & 0 & 3\end{bmatrix}x+\begin{bmatrix}1 & 0\\ 0 & 1\\ 0 & 0\end{bmatrix}u$ 的可控性。

解：在 MATLAB 命令窗依次写入下列程序：

```
>> A=[1 2 1; 0 1 0; 1 0 3];       %输入矩阵 A
>> B=[1 0; 0 1; 0 0];             %输入矩阵 B
```

```
>> U=[B A*B A* A*B];              %输入可控性判断矩阵
>> r=rank(U)                      %求解可控性判断矩阵的秩
```

程序运行结果如下：

```
r =

    3
```

可控性判断矩阵的秩和系统的维数相等，所以系统可控。

例 5－34 考虑如下系统 $\dot{\boldsymbol{x}}=\begin{bmatrix}-4 & 5\\ 1 & 0\end{bmatrix}\begin{bmatrix}x_1\\ x_2\end{bmatrix}+\begin{bmatrix}1\\ 0\end{bmatrix}u, y=\begin{bmatrix}1 & -1\end{bmatrix}\begin{bmatrix}x_1\\ x_2\end{bmatrix}$的可观测性。

解：在 MATLAB 命令窗依次写入下列程序：

```
>> A=[-4 5; 1 0];                 %输入矩阵 A
>> C=[1 -1];                      %输入矩阵 C
>> U=[C; C*A];                    %输入可观测性判断矩阵
>> r=rank(U)                      %求解可观测性判断矩阵的秩
```

程序运行结果如下：

```
r =

    1
```

可观测性判断矩阵的秩小于系统的维数，所以系统不可观测。

另外，可用 MATLAB 中专门的可控矩阵计算函数和可观测性判别函数来判断系统的可控性和可观测性。命令的基本调用格式为：

```
Qc=ctrb(A,B)
Qo=ctrb(A,C)
```

例 5－35 已知系统的状态方程为：

$$\dot{\boldsymbol{x}}=\begin{bmatrix}1 & 2 & 0\\ 1 & 1 & 0\\ 0 & 0 & 1\end{bmatrix}\boldsymbol{x}+\begin{bmatrix}0 & 1\\ 1 & 0\\ 1 & 1\end{bmatrix}\boldsymbol{u}$$

试确定该系统的可控性。

解：在 MATLAB 命令窗依次写入下列程序：

```
>> A=[1 2 0; 1 1 0; 0 0 1];       %输入矩阵 A
>> B=[0 1; 1 0; 1 1];             %输入矩阵 B
>> n=3;                           %给出系统维数大小
>> Qc=ctrb(A, B);                 %计算系统的可控性矩阵
>> rn=rank(Qc);                   %求解可控性判断矩阵的秩
>>if rn==n                        %判断可控性矩阵的秩是否等于系统的维数，
         disp('System is controlled')    从而判断系统是否可控
>>else
         disp('System is not controlled')
>>end
```

运行结果如下：

```
System is controlled
```

即表示该系统是可控的。

例5－36 已知系统

$$\dot{x}(t)=\begin{bmatrix}1 & 1\\ -2 & -1\end{bmatrix}x(t)+\begin{bmatrix}0\\1\end{bmatrix}u(t)$$

$$y(t)=\begin{bmatrix}1 & 0\end{bmatrix}x(t)$$

试判断该系统的可观测性。

解：在MATLAB命令窗依次写入下列程序：

```
>> A=[1 1; -2 -1];                 %输入矩阵A
>> C=[1 0];                        %输入矩阵C
>> Qo=ctrb(A, C)                   %计算系统的可观测性矩阵
>> rn=rank(Qo)                     %求解可观测性判断矩阵的秩
```

程序运行结果如下：

```
Qo =
     1     0
     1    -1
rn =
     2
```

可观测性判断矩阵的秩和系统的维数相等，所以系统可观测。

在MATLAB中同样也可以完成系统可控标准型和观测标准型的变换，这里不再赘述，感兴趣的学生请查阅相关文献。

4）李雅普诺夫稳定性分析。MATLAB提供了求解连续李雅普诺夫矩阵代数方程的函数lyap()。基于此函数求解李雅普诺夫方程得出对称矩阵解后，通过判定该解矩阵的正定性来判定线性定常连续系统的李雅普诺夫稳定性。函数lyap()的主要调用格式为

```
P=lyap(A,Q)
```

其中，矩阵$\boldsymbol{A}$和$\boldsymbol{Q}$分别为连续时间李雅普诺夫矩阵代数方程$\boldsymbol{PA}+\boldsymbol{A}^{\mathrm{T}}\boldsymbol{P}=-\boldsymbol{Q}$的已知矩阵，即输入条件；而$\boldsymbol{P}$为该矩阵代数方程的对称矩阵解。在求得对称矩阵$\boldsymbol{P}$后，通过判定$\boldsymbol{P}$是否正定，可以判定系统的李雅普诺夫稳定性。

例5－37 设线性定常连续系统的系数矩阵为

$$\boldsymbol{A}=\begin{bmatrix}-2 & 1 & 1\\ 0 & -1 & 0\\ 1 & 1 & -2\end{bmatrix}$$

试利用李雅普诺夫稳定性分析方法分析系统的稳定性。

解：在MATLAB命令窗依次写入下列程序：

```
>> A=[-2 1 1;0 -1 0;1 1 -2];          %输入矩阵A
>> Q=[1 0 0;0 1 0;0 0 1];             %取Q矩阵为与A矩阵同维的单位矩阵
>> P=lyap(A, Q)                       %解李雅普诺夫代数方程,得对称矩阵P
```

```
>> K = -( P *A + A' * P)                    %解代数矩阵,观测 K 是否等于 Q
```

执行该程序后,输出结果为:

```
P =     0.5833    0.2500    0.4167
        0.2500    0.5000    0.2500
        0.4167    0.2500    0.5833
K =     1.0000   -0.0000   -0.0000
       -0.0000    1.0000   -0.0000
       -0.0000   -0.0000    1.0000
```

由输出结果可以清楚地看出,系统是稳定的。这是因为对于给定的单位矩阵 $\boldsymbol{Q}$,找到正定矩阵 $\boldsymbol{P}$,使得连续系统李雅普诺夫方程 $\boldsymbol{PA}+\boldsymbol{A}^{\mathrm{T}}\boldsymbol{P}=-\boldsymbol{Q}$ 得到满足。

例 5-38 设线性定常连续系统的状态方程为

$$\dot{\boldsymbol{x}}=\begin{bmatrix}0 & 1\\ -1 & -1\end{bmatrix}\boldsymbol{x}$$

试利用李雅普诺夫稳定性分析方法分析系统的稳定性。

解: 在 MATLAB 命令窗依次写入下列程序:

```
>> A = [0 1;  -1  -1];                 %输入矩阵 A
>> Q = eye(size(A, 1));                %取 Q 矩阵为与 A 矩阵同维的单位矩阵
>> P = lyap(A, Q);                     %解李雅普诺夫代数方程,得对称矩阵 P
>> P_eig = eig(P);                     %求 P 的所有特征值
>> if min(P_eig) >0                    %若 P 的所有特征值大于 0,则 P 正定,即系统稳定
           disp('The system is Lypunov stable')
>> else                                %否则系统不稳定
           disp('The system is not Lypunov stable')
>> end
```

执行该程序后,输出结果为:

```
The system is Lypunov stable
```

5) MATLAB 在系统设计中的应用。本节讨论现代机械自动控制系统的设计问题,涉及的主要内容有线性定常连续系统的状态反馈、极点配置、状态观测器设计等问题。MATLAB 提供了单输入单输出系统状态反馈极点配置函数 acker( )和多输入多输出系统状态反馈极点配置函数 place( )。若需要进行其他极点配置方法,则需要用户自己编程设计相应的函数。命令的基本调用格式为:

```
K = acker(A,B,P)
K = place(A,B,P)
```

其中,A、B 分别为系统的系数矩阵和输入矩阵,P 为期望极点向量,K 为所求的状态反馈矩阵。第 1 个命令函数用于单输入单输出系统极点配置。由于单输入单输出系统状态反馈极点配置问题的反馈矩阵 K 的解具有唯一性,因此,MATLAB 在求得反馈矩阵后,就可以构造反馈系统,进而可以进行反馈系统的仿真与分析。第 2 个命令函数用于多输入多输出系统极点配置。由于多输入多输出系统极点配置问题求得的状态反馈矩阵解可能不唯一,因此根据不同的设计要求与

目的，存在多种多输入系统极点配置方法。

例 5－39　已知控制系统的系数矩阵和输入矩阵为

$$A=\begin{bmatrix}-2.0 & -2.5 & -0.5\\ 1 & 0 & 0\\ 0 & 1 & 0\end{bmatrix},B=\begin{bmatrix}1\\0\\0\end{bmatrix}$$

期望的闭环系统极点为 －1、－2 和 －3，试对其进行极点配置。

解：在 MATLAB 命令窗依次写入下列程序：

```
>> A = [ -2, -2.5, -0.5; 1, 0, 0; 0, 1, 0];     %输入矩阵 A
>> B = [1; 0; 0];                               %输入矩阵 B
>> P = [ -1, -2, -3];                           %输入期望的闭环极点
>> K = acker(A, B, P)                           %计算基于极点配置的状态反馈矩阵
>> Ac = A - B * K                               %计算闭环系统的系数矩阵
```

运行结果：

```
K =
    4.0000    8.5000    5.5000
Ac =
    -6   -11   -6
     1     0    0
     0     1    0
```

例 5－40　试在 MATLAB 中计算下列系统在期望的闭环极点为 $-1\pm j2$ 时的状态反馈矩阵，计算闭环系统的初始状态响应并绘出响应曲线。

$$\dot{x}=\begin{bmatrix}-1 & -2\\ -1 & 3\end{bmatrix}x+\begin{bmatrix}2\\1\end{bmatrix}u$$

已知系统的初始状态为 $x_0=[2\quad -3]^{\mathrm{T}}$。

解：在 MATLAB 命令窗依次写入下列程序：

```
>> A = [ -1, -2; -1, 3];                  %输入矩阵 A
>> B = [2; 1];                            %输入矩阵 B
>> x0 = [2; -3];                          %输入初始状态
>> P = [ -1 +2j, -1 -2j];                 %输入期望的闭环极点
>> K = acker(A, B, P)                     %计算基于极点配置的状态反馈矩阵
>> Ac = A - B * K;                        %计算闭环系统的系数矩阵
>> sys = ss(Ac, B, [ ], [ ]);             %定义系统
>> [y, t, x] = initial(sys, x0);          %求系统在[0,0.5s]的初始状态响应
>> plot(t, x)                             %绘制以时间为横坐标的状态响应曲线图
```

运行结果：

```
K =
    -2.3333    8.6667
```

输出的闭环系统初始状态响应曲线如图 5－35 所示。

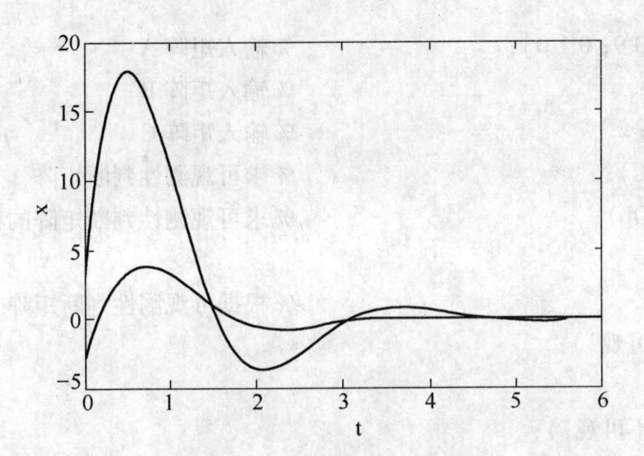

图 5-35 系统响应曲线

例 5-41 已知控制系统的系数矩阵和输入矩阵为

$$\boldsymbol{A}=\begin{bmatrix}-0.1 & 5 & 0.1\\ -5 & -0.1 & 5\\ 0 & 0 & -10\end{bmatrix},\boldsymbol{B}=\begin{bmatrix}0\\0\\10\end{bmatrix}$$

期望的闭环系统极点为 $-1+j5$、$-1-j5$、-10，试对其进行极点配置。

解：在 MATLAB 命令窗依次写入下列程序：

```
>> A=[-0.1, 5, 0.1; -5, -0.1, 5; 0, 0, -10];   %输入矩阵A
>> B=[0; 0; 10];                                 %输入矩阵B
>> P=[-1+5j, -1-5j, -10];                        %输入期望的闭环极点
>> K=place(A, B, P)                              %计算基于极点配置的状态反馈矩阵
>> ceig=eig(A -B*K)                              %检验计算闭环系统的特征值
```

运行结果：

```
K =
     -0.1404   0.3754   0.1800
ceig =
   -1.0000 +5.0000i
   -1.0000 -5.0000i
   -10.0000
```

计算结果表明闭环系统的极点准确配置在期望的极点位置上。

状态观测器是实现状态反馈控制系统的关键环节。MATLAB 没有提供直接设计状态观测器的函数，需要用户自己设计相应的程序和函数。

例 5-42 设系统的状态空间表达式为

$$\dot{\boldsymbol{x}}=\begin{bmatrix}0 & 0 & 2\\ 1 & 0 & 9\\ 0 & 1 & 0\end{bmatrix}\boldsymbol{x}+\begin{bmatrix}3\\2\\1\end{bmatrix}u,y=\begin{bmatrix}0 & 0 & 1\end{bmatrix}\boldsymbol{x}$$

试设计一个状态观测器，使极点为 -3、-4、-5。

解：

首先判断可观测性，程序如下：

```
A = [0 0 2; 1 0 9; 0 1 0];                    % 输入矩阵 A
B = [3; 2; 1];                                % 输入矩阵 B
C = [0, 0, 1];                                % 输入矩阵 C
Ob = obsv(A, C);                              % 求可观测性判断矩阵
Roam = rank (Ob);                             % 求可观测性判断矩阵的秩
n = 3;
if Roam == n                                  % 根据可观测性判断矩阵的秩判断是否可观
   disp('系统可观');
else
   disp('系统不可观');
End
```

运行结果:

```
系统可观
```

设计状态观测器,程序如下:

```
A = [0, 0, 2; 1, 0, 9; 0, 1, 0];              % 输入矩阵 A
B = [3; 2; 1];                                % 输入矩阵 B
C = [0, 0, 1];                                % 输入矩阵 C
P = [ -3, -4, -5];                            % 输入期望的闭环极点
A1 = A';                                      % 求矩阵 A 的转置
B1 = C';                                      % 求矩阵 C 的转置
K = acker(A1, B1, P);                         % 计算基于极点配置的状态反馈矩阵
M = K'                                        % 求反馈矩阵 M
ahc = A - H * C                               % 验证极点配置后的系数矩阵
```

运行结果:

```
M =
    62
    56
    12
ahc =
     0   0   -60
     1   0   -47
     0   1   -12
```

(3) 实验练习:

1) 试将下列传递函数用 MATLAB 数学模型转换函数转换成状态空间表达式。

① $\dfrac{Y(s)}{U(s)}=\dfrac{1}{s^3+3s^2+2s+1}$;② $\dfrac{Y(s)}{U(s)}=\dfrac{s^2+4s+3}{s^3+8s^2+16s}$;

③ $\dfrac{Y(s)}{U(s)}=\dfrac{25.04s+5.008}{s^3+5.03247s^2+25.1026s+5.008}$

2) 试用 MATLAB 计算矩阵 $\boldsymbol{A}=\begin{bmatrix}0 & 1\\ -3 & -2\end{bmatrix}$的矩阵指数 e^{At},并求出在 $t=0.3s$ 时的矩阵指数

e^{At}的值。

3) 已知系统状态方程

$$\dot{x} = \begin{bmatrix} 0 & 1 \\ -3 & -2 \end{bmatrix} x + \begin{bmatrix} 1 \\ 1 \end{bmatrix} u, y = \begin{bmatrix} 1 & 0 \end{bmatrix} x$$

试求 $x(0) = 0, u(t) = 1(t)$时,系统的状态响应和输出响应。

4) 用 MATLAB 判断下列系统状态的可控性。

$$\dot{x} = \begin{bmatrix} -3 & -2 & -1 \\ 0 & -1 & 1 \\ -1 & 0 & 1 \end{bmatrix} x + \begin{bmatrix} 0 \\ 2 \\ 1 \end{bmatrix} u$$

5) 已知线性定常系统

$$\begin{cases} \dot{x} = \begin{bmatrix} -3 & 1 \\ 1 & -3 \end{bmatrix} x + \begin{bmatrix} 1 & 1 \\ 1 & 1 \end{bmatrix} u \\ y = \begin{bmatrix} 1 & 1 \\ 1 & -1 \end{bmatrix} x \end{cases}$$

用 MATLAB 判断系统的可控性和可观测性。

6) 试用李雅普诺夫稳定性分析法确定系统的稳定性,并用 MATLAB 编写其程序。设系统状态方程如下:

$$\dot{x} = \begin{bmatrix} -1 & -1 \\ 1 & -4 \end{bmatrix} x$$

7) 已知控制系统的系数矩阵和输入矩阵为

$$A = \begin{bmatrix} -3.0 & -5 & -1 \\ 1 & 0 & 0 \\ 0 & 1 & 0 \end{bmatrix}, B = \begin{bmatrix} 1 \\ 0 \\ 0 \end{bmatrix}$$

期望的闭环系统极点为 -1, -2 和 -3, 试对其进行极点配置。

8) 试在 MATLAB 中计算下列系统在期望的闭环极点为 $-1 \pm j$ 时的状态反馈矩阵,计算闭环系统的初始状态响应并绘出响应曲线。

$$\dot{x} = \begin{bmatrix} -1 & -2 \\ -1 & 3 \end{bmatrix} x + \begin{bmatrix} 2 \\ 1 \end{bmatrix} u$$

已知系统的初始状态为 $x_0 = \begin{bmatrix} 1 & -1.5 \end{bmatrix}^T$。

9) 已知控制系统的系数矩阵和输入矩阵为

$$A = \begin{bmatrix} -0.1 & 5 & 0.1 \\ -5 & -0.1 & 5 \\ 0 & 0 & -10 \end{bmatrix}, B = \begin{bmatrix} 0 \\ 0 \\ 10 \end{bmatrix}$$

期望的闭环系统极点为 $-1 + j3$、$-1 - j3$、-5,试对其进行极点配置。

10) 设系统的状态空间表达式为

$$\dot{x} = \begin{bmatrix} 0 & 0 & 2 \\ 1 & 0 & 9 \\ 0 & 1 & 0 \end{bmatrix} x + \begin{bmatrix} 3 \\ 2 \\ 1 \end{bmatrix} u, y = \begin{bmatrix} 0 & 0 & 1 \end{bmatrix} x$$

试设计一个状态观测器,使极点为 -2、-3、-4。

5.9 S7 - 200 仿真软件认识及模块扩展地址分配虚拟实验

(1) 实验目的:

1) 学习使用 S7 - 200 仿真软件。

2) 熟悉 S7 - 200 扩展后地址分配规则。

(2) 实验原理:

1) S7 - 200 仿真软件介绍。如图 5 - 36 所示,可以利用 S7 - 200 仿真软件对 S7 - 200 的程序进行仿真。该仿真软件支持 S7 - 200 的 CPU212、CPU214、CPU215、CPU216、CPU221、CPU222、CPU224、CPU224XP、CPU226、CPU226XM 模块,EM221、EM222、EM223 数字量扩展模块,EM231、EM232、EM235 模拟量扩展模块以及文本显示模块 TD200。

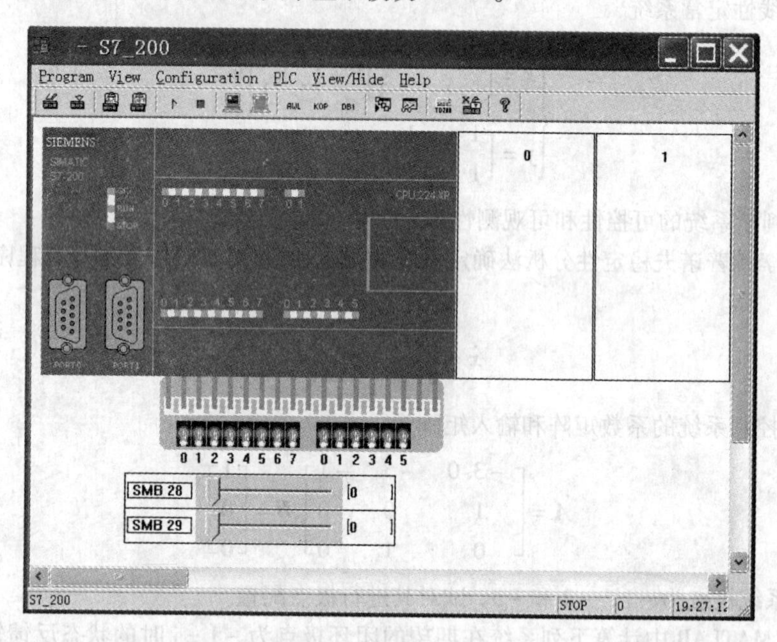

图 5 - 36 S7 - 200 仿真软件主界面

2) S7 - 200 仿真步骤。

① 选择 CPU 型号。双击 CPU 主模块,弹出如图 5 - 37 所示对话框。单击下拉列表框会弹出所有仿真软件支持的 CPU 类型。Version 2.0 的软件可以支持最新的 CPU224XP 和 CPU226XM。单击 Accept 后主界面的 CPU 模块随即更改。CPU 模块集成的数字量输入输出、模拟量输入输出以及模拟电位器都自动显示出来。每一种 CPU 的扩展性不同,在主界面 CPU 模块后面的可扩展"插槽"也有所不同。例如,CPU221 不可扩展,则 CPU 模块后面不带扩展"插槽";CPU222 带 2 个扩展"插槽";CPU224XP 带 7 个扩展"插槽",地址为 0 到 6。

② 扩展模块组态。根据真实硬件组态进行仿真模块的组态,即选择扩展模块。在 CPU 后面的扩展"插槽"内双击即可弹出扩展模块配置对话框,如图 5 - 38 所示。该对话框里的内容也会根据 CPU 的型号不同有所区别。利用这一特性可以检查所设计系统的硬件组态是否合理。例如,设计系统的模拟量输入输出过多,则继续扩展时会禁止扩展,弹出警告,提醒用户。单击数字量或模拟量模块前的单选框后单击 Accept 即可。选定的扩展模块同样出现在主界面,如 CPU222 扩展一个 EM223 和一个 EM232 后的主界面如图 5 - 39 所示。

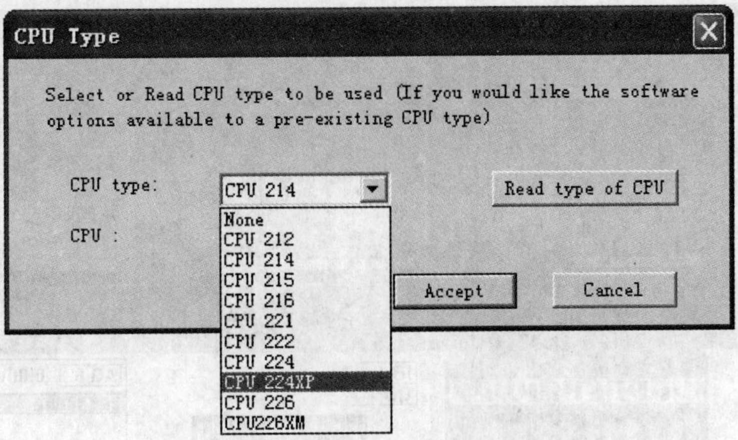

图 5－37　CPU 选择对话框

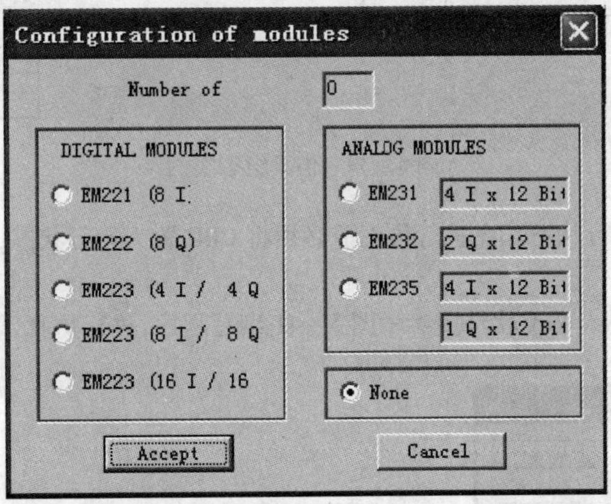

图 5－38　仿真软件支持的扩展模块

组态后系统的所有数字量、模拟量输入输出的地址即自动确定，利用该功能可以自动计算真实系统的硬件地址。模块的数字量输入为一个 2 位的拨码开关，分别代表输入的逻辑 0 和逻辑 1。数字量输出为一个灰色的显示区域，当输出逻辑 1 时显示为绿色，当输出逻辑 0 时显示为默认灰色。模拟量输入为一滚动条，拖动滚动条则右侧的数值随之改变，对应的模拟量输入随之改变。可以通过“模块配置”功能对模拟量输入端口进行配置。不同的扩展模块的配置选项不同，EM231 模拟量共有 0～5 V、0～10 V 和 0～20 mA 三种。EM235 的模拟量输入共有单极性和双极性输入 2 类 16 种，这与真实的扩展模块电气特性有关。

③ 装载程序。S7－200 仿真软件自己不带软件编译功能，用户必须使用西门子的编程工具 STEP 7－MicroWin 编写软件。编译成功后导出为 *.awl 文件。S7－200 仿真软件能够读入 *.awl软件进行仿真。单击 Program 菜单下的子菜单 Load Program，即可弹出图 5－40 对话框。

装载 *.awl 文件可以选择只装载程序块、数据块或系统块。程序块包含用户编写的程序，数据块包含程序中初始化的各类存取变量。例如，利用文本显示向导配置 TD200 文本显示模块后生成的一系列 V 存储变量。系统块包括了硬件组态信息。倘若装载不成功，可以手动将数据块复制至仿真软件的 DB1。

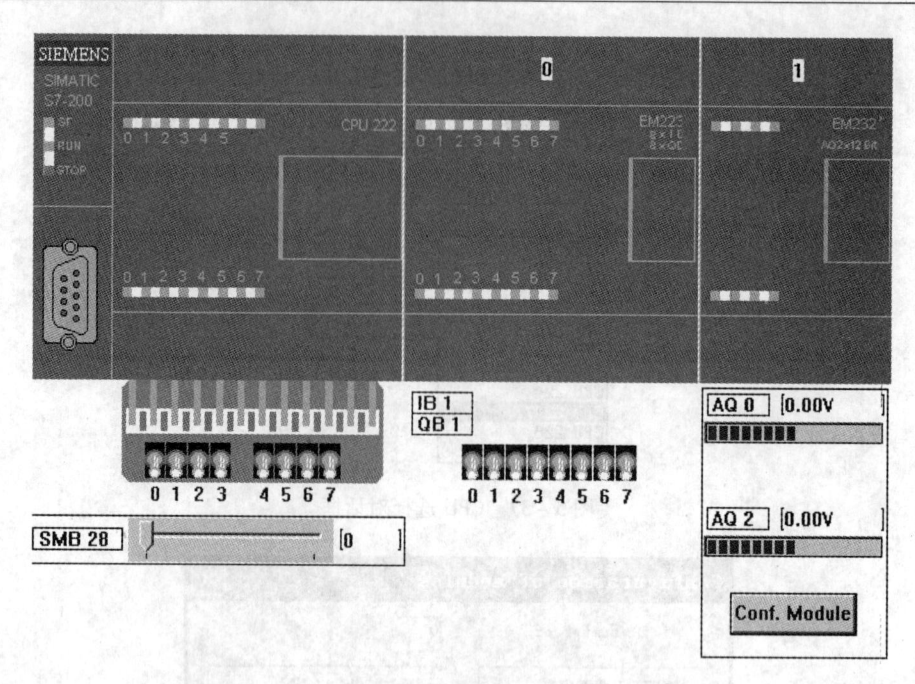

图5-39 仿真组态实例

④ 将CPU置为运行状态。在进行仿真前必须将CPU置为运行状态,然后进行仿真。

(3) 实验步骤:

1) 在STEP 7-MicroWIN软件中参考图5-41编写程序,进行仿真,熟悉仿真流程。

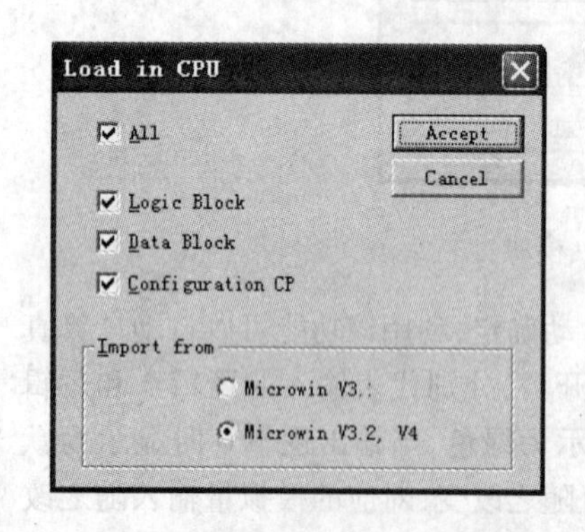

图5-40 Load Program 对话框

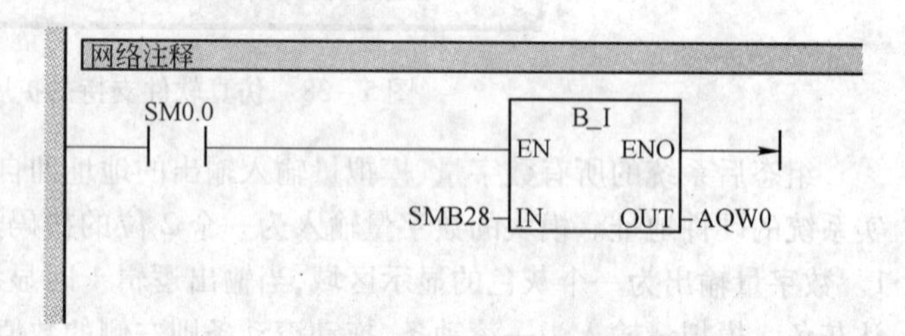

图5-41 模拟电位器控制模拟量输出实例

2) 数字量扩展实验。选择CPU224XP并扩展1个EM222,2个EM223。这样系统共有数字量输入22个,数字量输出24个。在仿真程序中进行硬件组态如图5-42所示。

进行硬件组态后,系统自动计算出EM222的8个输出地址为Q2.0~Q2.7,1号扩展槽内EM223的地址4个输入地址为I2.0~I2.3,4个输出地址为Q3.0~Q3.3,2号扩展槽内EM223的地址4个输入地址为I3.0~I3.3,4个输出地址为Q4.0~Q4.3。因此,可以得知S7-200地址分配的时候是以字节为单位的。如果不足一个字节,空的地址不再参加分配。例如,CPU模块剩余的输出地址Q1.2~Q1.7,1号扩展槽剩余的地址范围I2.4~I2.7和Q3.4~Q3.7都没有相应的输出端子对应。

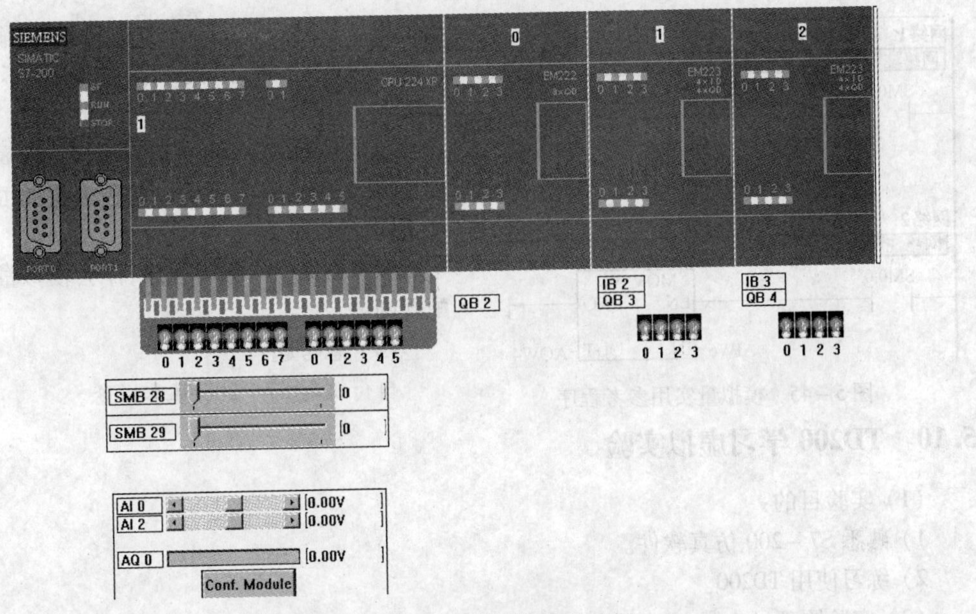

图 5－42　CPU224XP 硬件组态实例

参考图 5－43 编写程序，体会数字量地址分配规则。

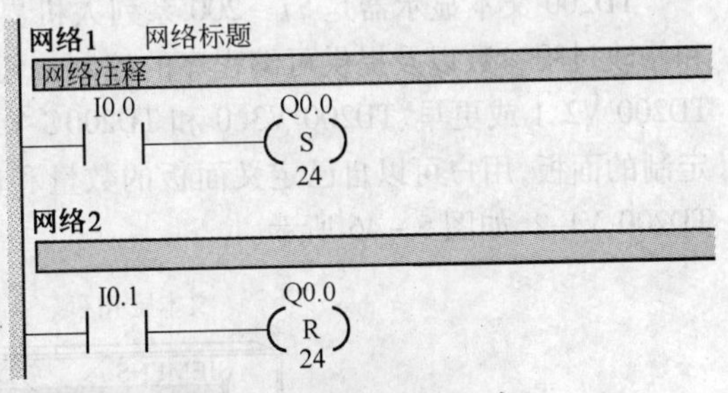

图 5－43　置位复位程序

3）模拟量扩展实验。删除步骤 2）中的数字量扩展模块。注意删除的时候应该从右向左删除。对 CPU 模块进行扩展，增加 1 个 EM235，1 个 EM231 和 1 个 EM232。观察仿真软件自动分配的模拟量地址，如图 5－44 所示。模拟量输入输出地址都是从偶数开始的，EM235 具有

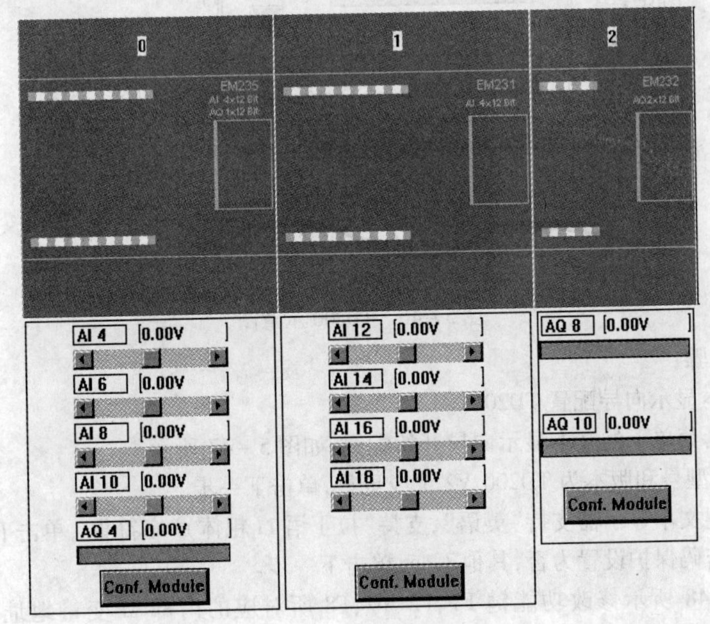

图 5－44　模拟量扩展实例

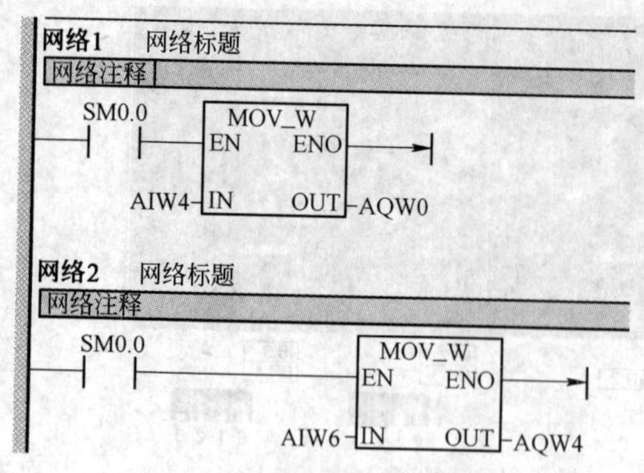

图 5 - 45　模拟量实用参考程序

一个模拟量输出,由于分配规则是输入输出都以 2 为增量进行的,因此剩余的 AQ6 不再参加分配。

单击 Conf. Module 可以对模拟量的属性进行配置,使其符合真实系统。各种模块的可配置属性不同。

参考图 5 - 45 编写程序,体会模拟量地址分配规则。

(4) 思考题:

自行练习 S7 - 200 基本指令。

5.10　TD200 学习虚拟实验

(1) 实验目的:

1) 熟悉 S7 - 200 仿真软件。

2) 练习使用 TD200。

(2) 实验原理:

TD200 文本显示器是 S7 - 200 系列人机界面的最佳解决方法。它主要有两大功能,即显示和修改过程参数以及提供可编程序的控制按钮。TD200 文本显示器具有不同的版本,一般分为 TD200 V2. 1 或更早、TD200 V3. 0 和 TD200C V1. 0。其中 TD200C 最大的不同是允许用户建立可定制的面板,用户可以自己定义面板的数量和位置。S7 - 200 仿真软件支持的文本显示功能是 TD200 V1. 2,如图 5 - 46 所示。

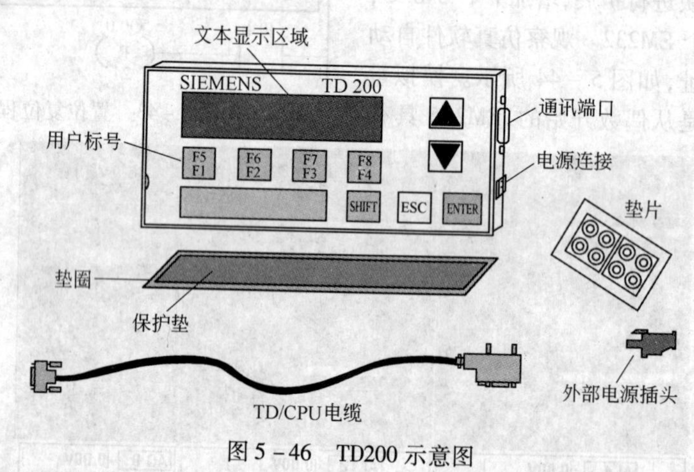

图 5 - 46　TD200 示意图

(3) 实验步骤:

1) 利用文本显示向导配置 TD200。

① 双击工具菜单下的文本显示向导开始配置,如图 5 - 47 所示。

② 选择 TD 型号和版本为 TD200 V2. 1 或更早,单击下一步。

③ 选择希望文本显示器支持"英语",支持"拉丁语 1(粗体)"字符集 ,单击下一步。

④ 将希望密码保护设置为否,其他不变,单击下一步。

⑤ 如图 5 - 48 所示修改功能键 F1、F2、…、F8 所对应的内部 M 变量地址,图中 F1 对应 M0. 0,F2 对应 M0. 1,…,F8 对应 M0. 7。单击下一步。

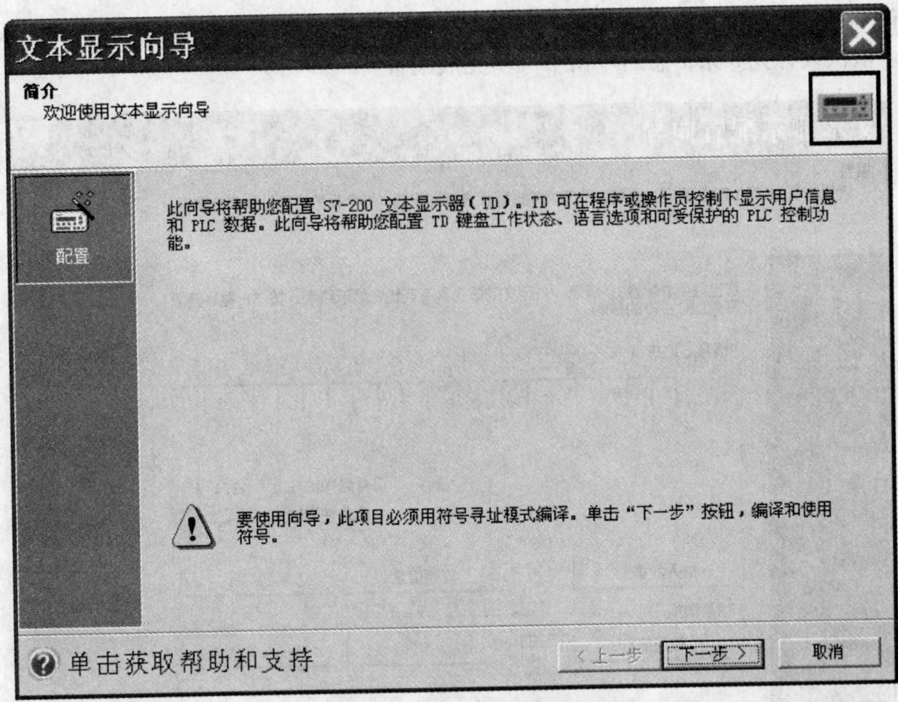

图 5－47 文本显示向导配置页

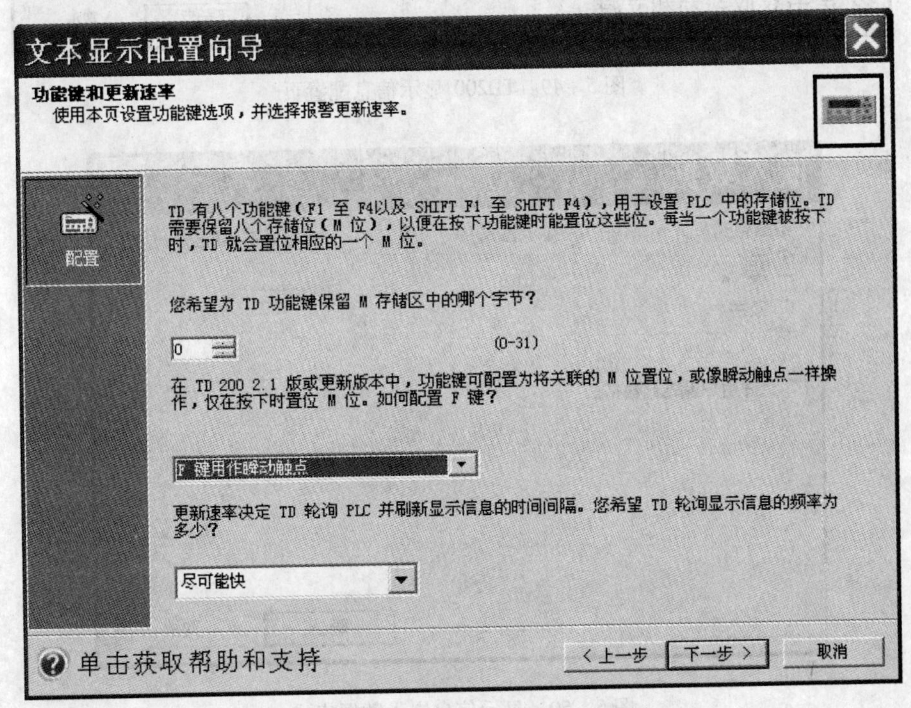

图 5－48 功能键和更新速率配置页

⑥ 设置信息格式为 20 个字符，每次显示 2 行，需要显示信息条数为 3，单击下一步。

⑦ 分配存储区按照默认值进行配置后单击下一步，如图 5－49 所示，该页配置想要显示的信息。每条信息可以在文本之间嵌入数据，配置好的信息文本直接显示，嵌入的数据将会随内存中的值实时改变。嵌入数据格式如图 5－50 所示。无格式占 2 个字符；字分有符号和无符号两

类，均占4个字符；双字根据显示格式不同所占字符数不同。不同的格式对应的内部变量的类型也不同。依次设计完3条信息后单击下一步完成配置。

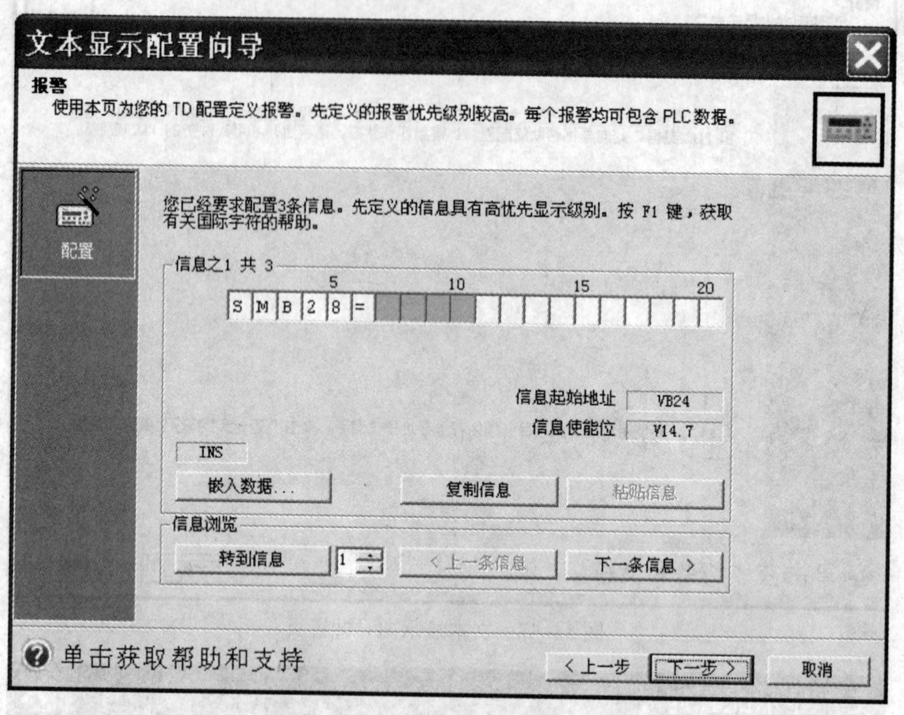

图5-49　TD200显示信息配置页

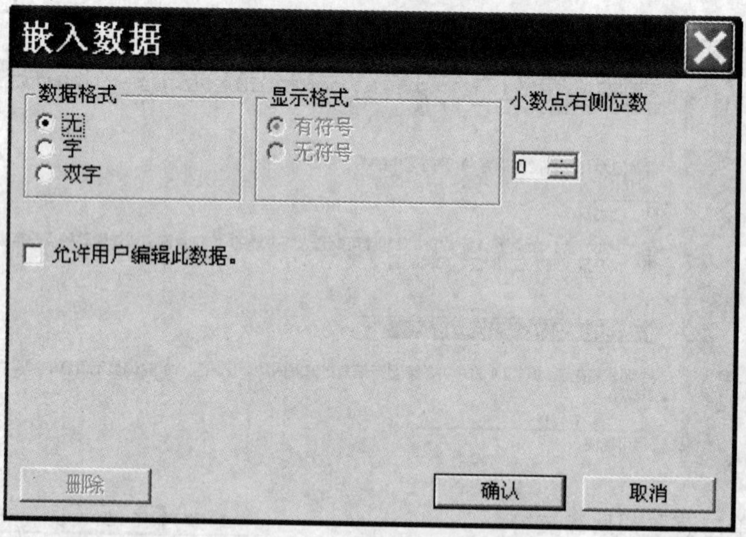

图5-50　显示信息嵌入数据格式

按照上述步骤配置完后，系统自动生成数据页。可以从中得知几条重要信息：第一条信息的数据地址是VW32，使能位为V14.7；第二条信息的数据地址是VW52，使能位为V14.6；第三条信息的数据地址是VW71，使能位为V14.5。

```
VB0    'TD'        //
VB2    16#10       //设置'语言'为英语,设置'更新速率'为尽可能快
VB3    16#B0       //设置显示为 20 字符模式; ENTER 键 V3.1;'向上'
                     键 V3.2;'向下'键 V3.3;
VB4    3           //设置信息条数
VB5    16#00       //设置功能键对应位为 M0.0 - M0.7,F 键已配置为置
                     位 M 位
VW6    24          //将信息起始地址设为 VB24
VW8    14          //将信息使能位起始地址设为 VW14
VW10   65535       //全局密码(如使能)
VW12   2           //字符集 = 拉丁语 1(粗体)
//MESSAGE 1
//信息使能位 V14.7
VB24   'smb28 ='   //
VB30   16#00       //无编辑;无确认;无密码;
VB31   16#30       //无符号字; 小数点右侧保留 0 位小数;
VW32   16#0000     //嵌入数据:将数据传送到此处显示。
VB34   '     '     //
//MESSAGE 2
//信息使能位 V14.6
VB44   'smb29 ='   //
VB50   16#00       //无编辑;无确认;无密码;
VB51   16#30       //无符号字; 小数点右侧保留 0 位小数;
VW52   16#0000     //嵌入数据:将数据传送到此处显示。
VB54   '     '     //
//MESSAGE 3
//信息使能位 V14.5
VB64   'aiw0 ='    //
VB69   16#00       //无编辑;无确认;无密码;
VB70   16#10       //有符号字; 小数点右侧保留 0 位小数;
VW71   16#0000     //嵌入数据:将数据传送到此处显示。
VB73   '     '     //
//END TD200_BLOCK ------------------------------
//
//数据页注释
//
//按 F1 键获取帮助和示范数据页
```

2）编程。在 STEP 7 - MicroWin 软件环境下参考图 5 - 51 编写程序,编译无错后导出为 *.awl文件,供仿真软件使用。

3）仿真。打开 S7 - 200 仿真软件,选择 CPU 信号为 CPU224XP,导入 *.awl 文件后单击 Program 菜单下的 Paste Data,将编程软件内的 TD200 数据页粘贴进仿真软件的 DB1。将仿真软件设为运行后,单击 View 菜单下的 TD200,弹出 TD200 显示窗口,如图 5 - 52 所示。调整 SMB 28、SMB29 的值,TD200 窗口的数值也会发生改变。程序中编写了 M0.0 和 M0.1 对应的 F1 和 F2 按

钮的程序,点击 F1 和 F2 后会输出 Q0.0 和 Q0.1 发生相应的变化。

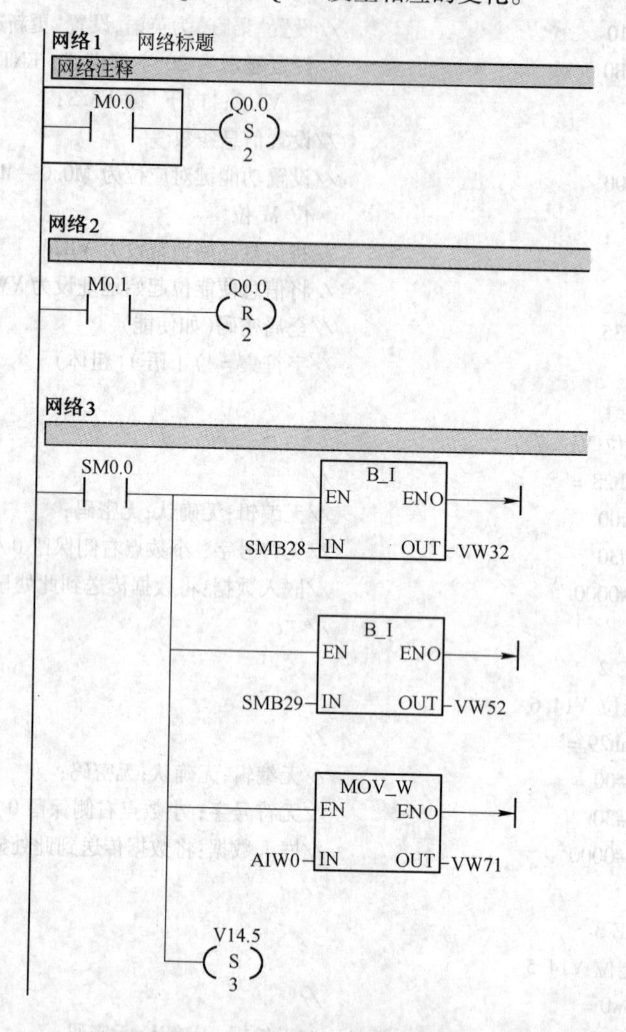

图 5-51 TD200 使用编程实例

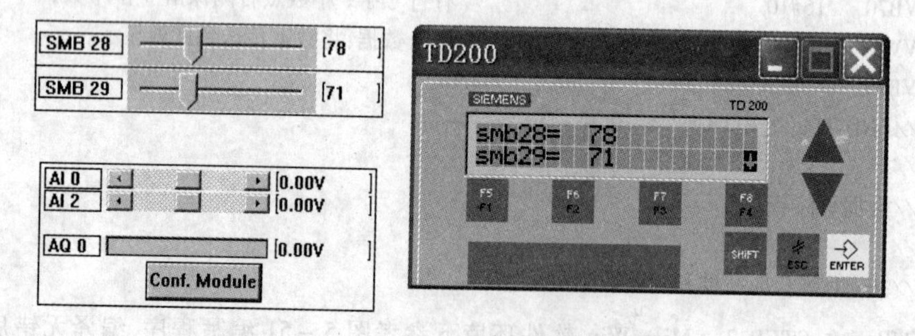

图 5-52 TD200 仿真效果

(4) 思考题:

编写程序练习使用 TD200。

5.11 “乐高”机电一体化系统设计实验

（1）实验目的：

1）认识“乐高”NXT机器人套装中的各种硬件。

2）了解机器人控制程序编制的基本知识。

3）了解机器人各种传感器和执行器应用。

4）建立对机电一体化产品的认识，培养学生机电一体化产品设计能力。

（2）实验器材：

1）“乐高”NXT机器人套装。

2）乐高专用USB连接线。

3）个人计算机。

4）Mindstorms NXT软件。

（3）实验前准备：

1）课前预习Mindstorms NXT软件中的乐高模型内容。

2）认识“乐高”创意模型使用手册中已搭建的示例模型。

（4）实验内容：

1）轮式行走机器人：是一个能够声音控制，完成准确定向行走和感知距离光亮的多种环境信息并能执行抓取物体的机器人。

① 完成模型组装。

② 在个人计算机上的Mindstorms NXT软件中编写机器人控制程序。

③ 用USB连接线连接个人计算机和“乐高”机器人，将机器人控制程序下载到“乐高”机器人中。

④ 在“乐高”机器人上运行给定的控制程序，测试机器人行为的正确性。

⑤ 写出实验报告，说明模型的工作原理，指出程序中是如何对声音作出反应，实现行走功能，如何判断被抓取物体的位置，如何探测距离，实现抓取物体，附上所编程序。

2）机器人手臂：是一个能够学习完成简单任务，对不同颜色作出反应，包括一个能够抓起球的手（用接触传感器探测物体）的机器人。

① 完成模型组装。

② 在个人计算机上的Mindstorms NXT软件中编写机器人控制程序。

③ 用USB连接线连接个人计算机和“乐高”机器人，将机器人控制程序下载到“乐高”机器人中。

④ 在“乐高”机器人上运行给定的控制程序，测试机器人行为的正确性。

⑤ 写出实验报告，说明模型的工作原理，指出程序是如何实现分辨两种不同颜色的球以及如何实现抓取球的，附上所编程序。

3）双足步行机器人：是一个人形机器人，能够双足行走、转身、看（感知距离、光亮）、听（并对声音作出反应）以及感觉对它的触碰。

① 完成模型组装。

② 在个人计算机上的Mindstorms NXT软件中编写机器人控制程序。

③ 用USB连接线连接个人计算机和“乐高”机器人，将机器人控制程序下载到“乐高”机器人中。

④ 在“乐高”机器人上运行给定的控制程序，测试机器人行为的正确性。

⑤ 写出实验报告,说明模型的工作原理,指出程序是如何实现行走、转身、对声音作出反应、感知光和距离的,附上所编程序。

注意:构件的配合,用力要柔和,避免元件的损坏。

(5) 实验报告:

1) 实验目的。

2) 实验内容。

3) 实验结果,包括所建模型的工作原理、机构简图、所编写的控制程序、实验的体会。

(6) 思考题:

1) 将转动变为移动有几种方法,各用多少种构件,都是什么构件,如何实现?

2) 控制物体转动到一定角度后停止,有几种方法,用什么构件,如何实现?

3) 控制物体移动一定距离后停止,有几种方法,用什么构件,如何实现?

4) 两个机械手如何实现协同工作?

5) 如何实现用光控制小车停止、运动,用什么构件?

6　课外科技实践

6.1　运动控制器的调整

(1) 实验目的:

了解数字滤波器的基本控制作用,掌握调整数字滤波器的一般步骤和方法,调节运动控制器的滤波器参数,使电动机运动达到要求的性能。

(2) 基础知识:

目前,大多数工业控制器内起核心控制作用的通常是一个滤波器,该滤波器具有几个基本的控制作用:比例控制作用、微分控制作用和积分控制作用。

运动控制器通常是一个数字控制器,因此其核心通常是一个数字滤波器。除了上面提到的比例、积分和微分控制作用外,许多运动控制器还具有速度前馈和加速度前馈等控制作用。

比例控制器实质上是一种增益可调的放大器。在具有积分控制作用的控制器中,控制器的输出量 $u(t)$ 的值,是与作用误差信号 $e(t)$ 成正比的速率变化的。积分控制器表示成拉普拉斯变换量的形式为:$U(s)/E(s)=K_i/s$。如果 $e(t)$ 的值加倍,则 $u(t)$ 的变化速度也加倍,当作用误差信号为零时,$u(t)$ 的值保持不变。积分控制作用有时也称为复位控制。

微分控制作用是控制器输出中与作用误差信号变化率成正比的那一部分,有时又称为速率控制。微分控制作用具有预测的优点,但它同时又放大了噪声信号,并且还可能在执行器中造成饱和效应,因此微分控制作用不能单独使用。

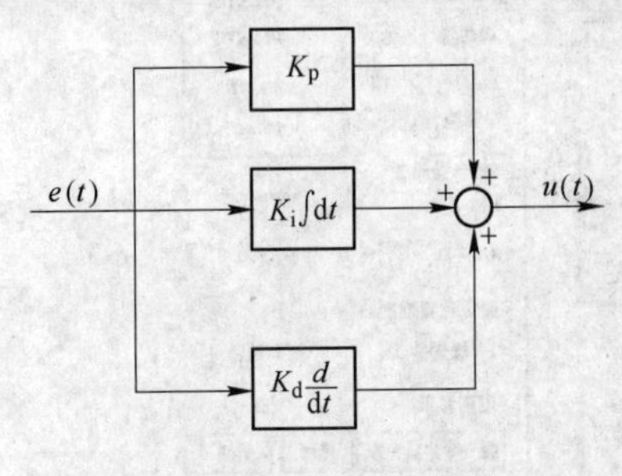

图 6 - 1　PID 控制器

将上述三种基本控制作用进行组合,可以得到不同类型的控制器,目前在工业界经常采用的有比例加积分(PI)控制器,比例加微分(PD)控制器和比例加积分加微分(PID)控制器等。图 6 - 1 所示为 PIP 控制器。

(3) 实验设备:

1) 交流伺服 XY 平台 1 套。

2) GT - 400 - SV 卡 1 块。

3) PC 机 1 台。

(4) 实验步骤:

在运动控制平台实验软件中完成实验,步骤如下:

1) 检查系统电气连线是否正确,确认后,给实验平台上电。

2) 在桌面新建一个文件夹“实验数据”用于保存实验结果。

3) 双击桌面“MotorControlBench. exe”按钮,进入运动控制平台实验界面。

4) 点击界面下方“系统测试”按钮,进入界面如图 6 - 2 所示,依次点击“卡初始化”、“轴开启”、“1 轴回零”按钮,使 X 轴位置回零,点击界面下方“单轴电机实验”按钮,进入如图 6 - 3 所示界面。

5) 选取实验电动机,如选取“1 轴”即实验平台中的 X 轴为当前轴。

6) 电动机控制模式栏将根据实际电动机的配置情况自动设置,“脉冲量”表示控制信号为脉冲信号,“模拟电压”表示控制信号为模拟电压。

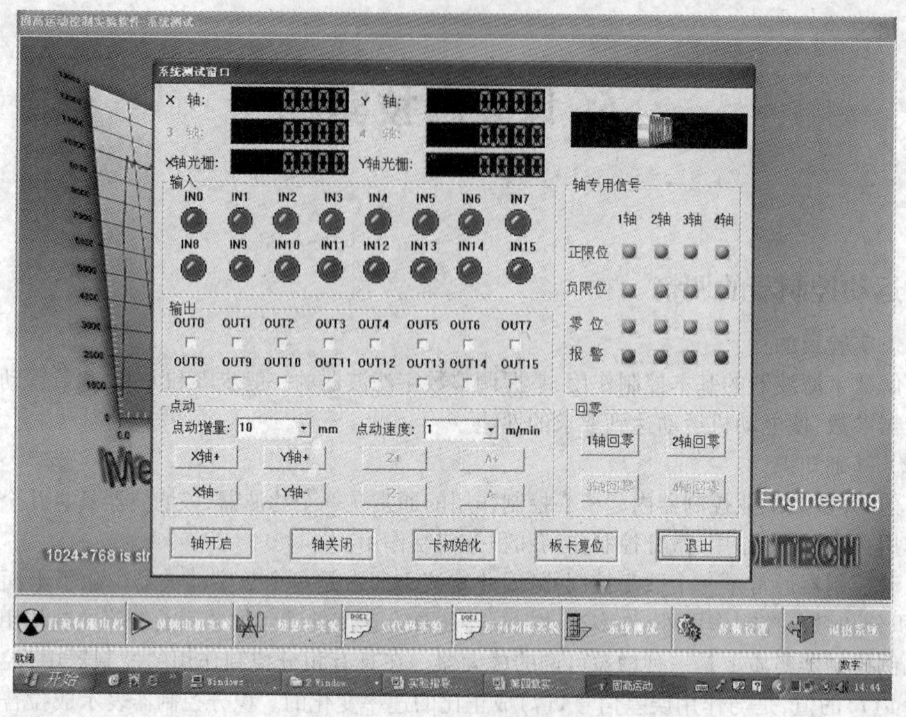

图 6－2　实验系统界面

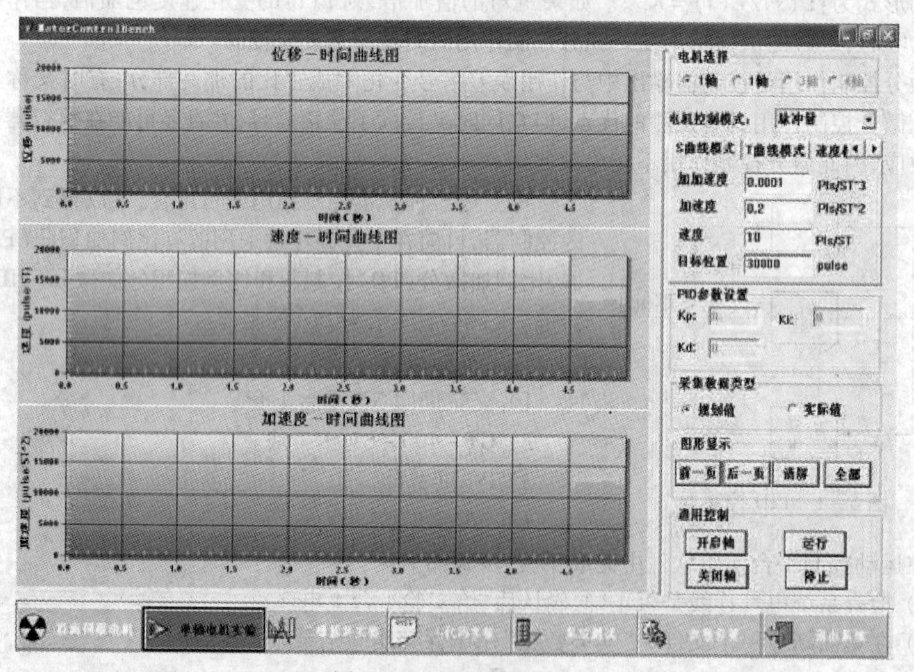

图 6－3　实验系统界面

7）设置位置环 PID 参数,PID 参数在电动机控制模式为“模拟电压”下有效,“脉冲量”下无效。为了防止电动机震动,调节参数 K_p 时应在教师指导下逐步增大。

8）选择速度规划模式为 S 曲线模式。

9）在 S 曲线模式参数输入页面中设置各运动参数,参考设置如图 6－4 所示。

10）在教师指导下，设置 PID 参数值。

Kp 设置范围在 3 到 21 之间，若超过 21 则震动剧烈，可能造成设备损坏。参考设置如图 6－5 所示。

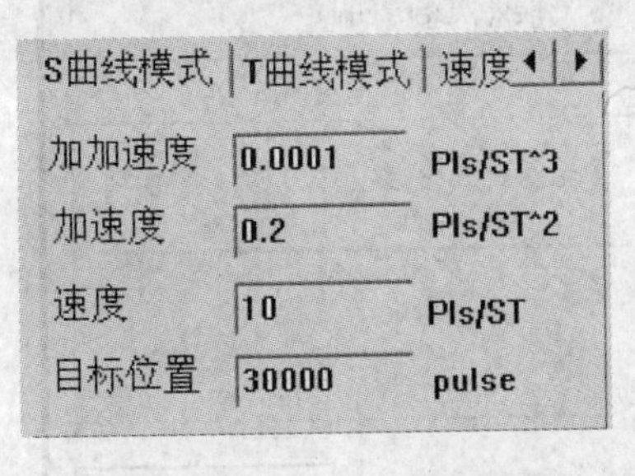

图 6－4　S 曲线参数设置表

图 6－5　PID 参数设置表

11）将采集数据类型设置为实际值。

12）点击“开启轴”按钮，将 PID 参数载入运动控制器中，点击“运行”按钮，电动机开始转动。同时程序读取板卡对编码器采样得到的数据，位于程序界面左侧的绘图区域中的三个坐标轴分别显示采集到的实际位置、速度、加速度。

13）单轴运动停止。用户设置运动停止后，程序停止读取采样数据，显示曲线不再更新。

14）运动完成后，可将采集数据或图形保存（具体操作方法见软件使用说明书）。图形数据保存的一般方法和步骤为：

① 电动机运动停止后，在界面中绿色的绘图区域双击鼠标左键。

② 屏幕中出现如图 6－6 所示曲线图设置对话框。

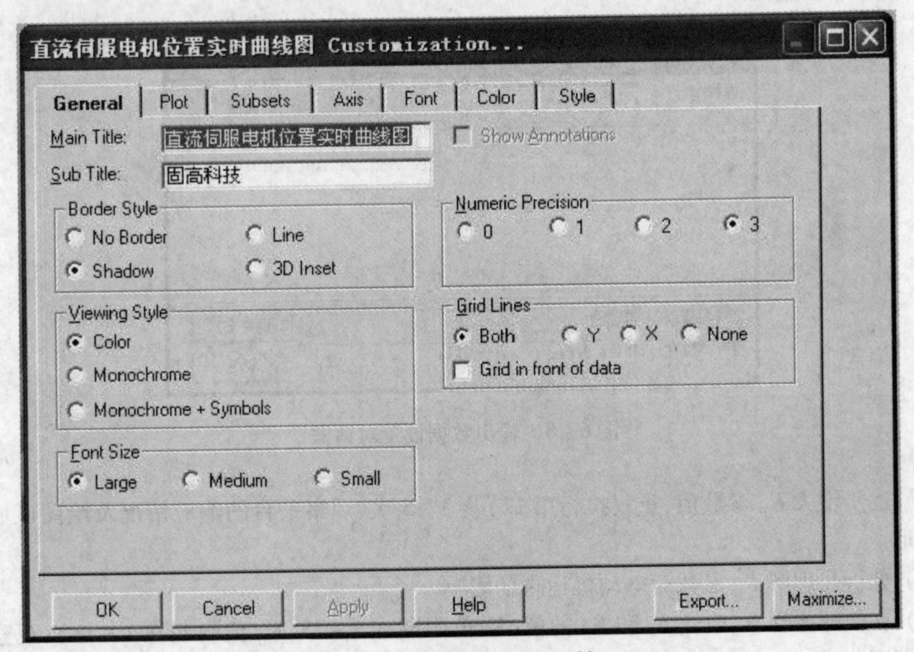

图 6－6　曲线图设置对话框

③ 点击对话框中右下角“Export”按钮，屏幕中将出现如图 6－7 所示的对话框。

④ “Export”栏用于选择曲线图输出的格式，其中，MetaFile、BMP、JPG、PNG 表示输出为图形时的文件格式，Text/Data Only 表示输出为纯数据文件。

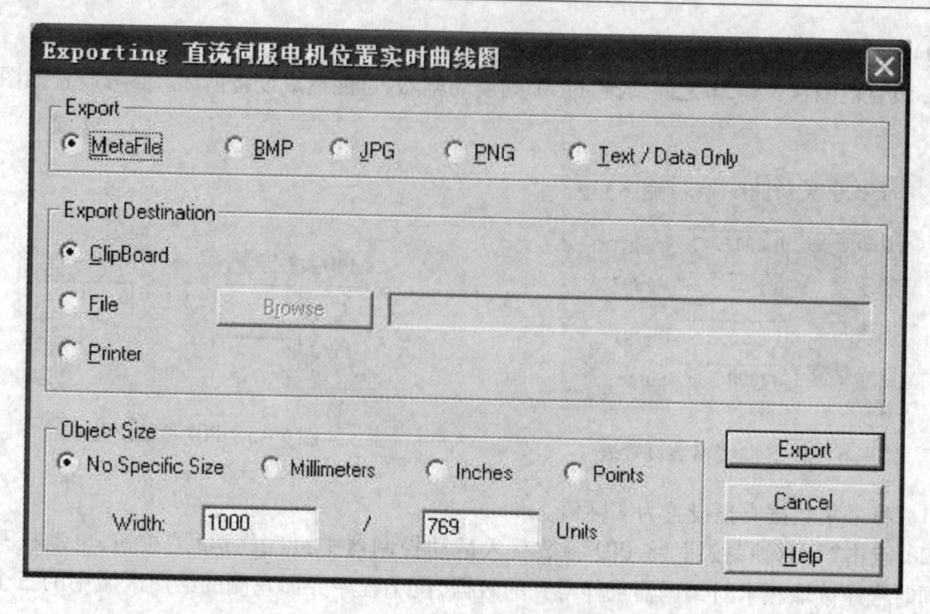

图 6－7　输出设置对话框

⑤ 在“Export Destination”栏中选择输出目标位置为“File”，此时，“Browse”按钮有效。“Export Destination”栏用于设置输出的目标位置，其中，“ClipBoard”表示输出至剪贴板，“File”表示将数据或图形输出至文件，“Printer”表示将数据或图形输出至打印机。

⑥ 点击“Browse”按钮，出现如图 6－8 所示保存对话框，用户在其中选择保存路径，输入文件名，点击“保存”按钮。

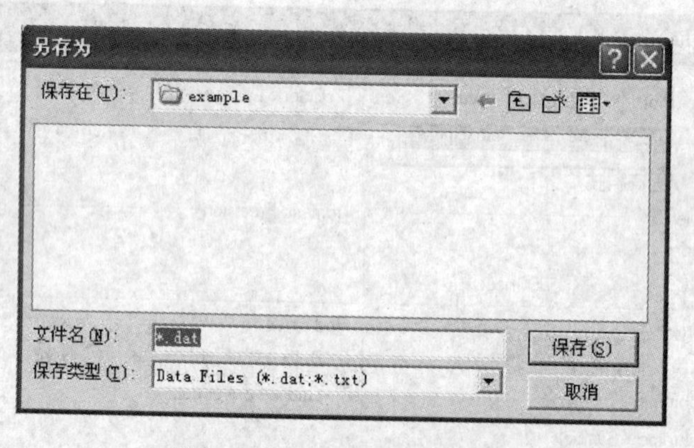

图 6－8　输出数据设置对话框

15）逐步增大 K_p 参数值，重复执行第 12）步 3～5 次，观察平台的响应情况及绘图区域中的显示图形。

16）分析并理解 K_p 参数对电动机运行的影响。

17）在教师指导下，改变 K_i 和 K_d 的值（K_i 值限制在 1～18，K_d 值限制在 1～18），观察平台的响应情况。

18）分析理解 K_i 和 K_d 参数对电动机运行的影响。

运行示例：设置 PID 参数为 $K_p=5, K_d=0, K_i=0$，控制电动机得到如图 6－9 所示的运行结果。

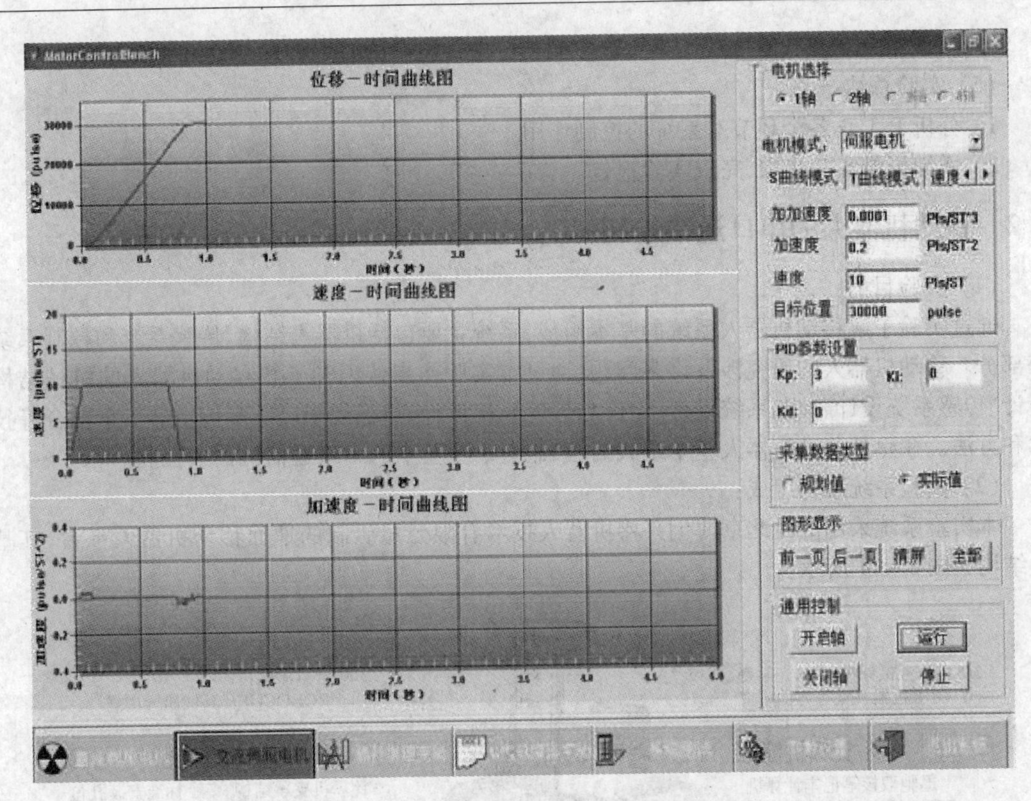

图 6－9　控制电动机的运行结果

19）设置 PID 参数为 $K_p=18, K_d=0, K_i=0$，控制电动机得到如图 6－10 所示的运行结果。

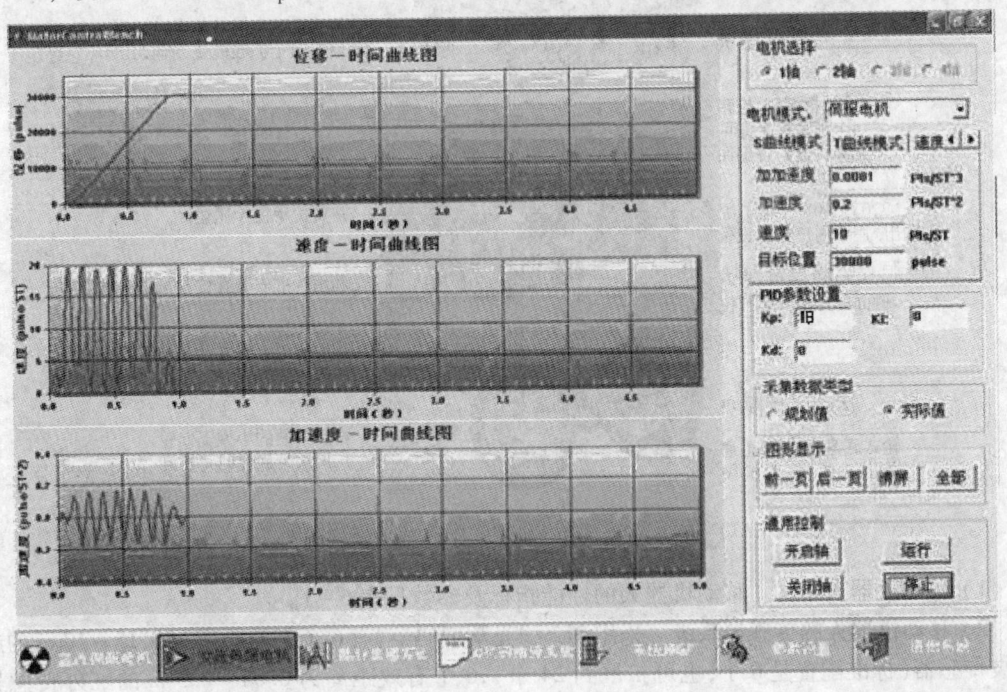

图 6－10　控制电动机的运行结果

注意:调整 PID 参数时应从小到大逐步调整。出现超调(颤震)时应尽快断掉伺服。

(5) 实验总结:

1) 分析 P、I、D 各个环节对系统的控制作用。

2) 详细记录实验步骤,完成实验报告。

6.2 移动机器人的串口通信控制

(1) 实验目的:

通过实验了解移动机器人系统的基本组成,系统主要包括机器人结构、传感系统和控制系统等部分。移动机器人的研究涉及许多问题,通过本实验初步认识和了解移动机器人的机械结构设计、传感系统设计、控制系统设计、定位与导航系统设计、路径规划以及多传感器信息融合等技术和方法。在熟悉移动机器人基本组成的基础上,学习基本的串口通信机器人控制。

(2) 实验系统结构组成:

本实验系统采用的是北京博创兴盛机器人技术有限公司研制的地面移动机器人平台,其基本结构如图 6 - 11 所示。

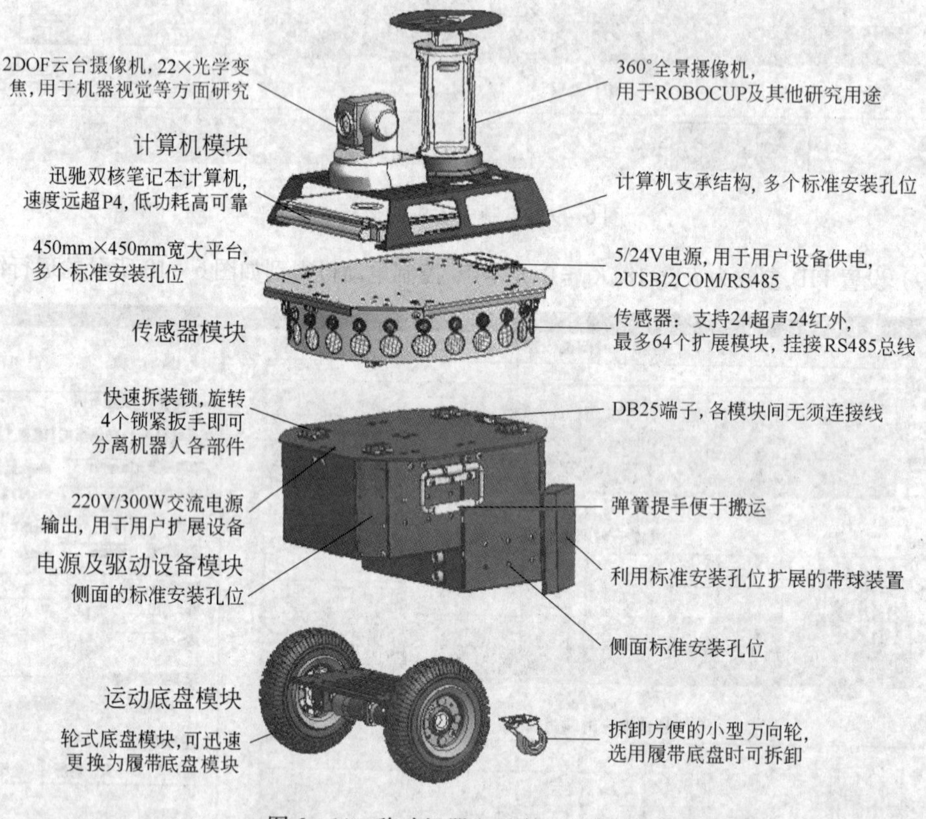

图 6 - 11　移动机器人平台基本结构

1) 移动机器人结构。移动机器人的性能指标及参数见表 6 - 1。

2) 移动机器人的传感器系统。采用 512 线光学编码器,有 6 个有效距离为 0.15 ~ 10 m 的超声波传感器(标准配置是 6 个,也可扩展到 24 个),6 个有效距离为 0.04 ~ 0.3 m 的红外传感器(标准配置也是 6 个,也可扩展到 24 个)。1 个 130 万像素 CCD 高性能摄像机,30FPS(Frames Per Second,帧/秒,也称为帧速率)。1 个标准配置声音传感器,16 bit 分辨率,44.1 kHz 采样率。还可以扩展电子罗盘、陀螺仪、GPS 等传感器。

表 6-1 移动机器人性能指标及参数

性能指标	参 数	性能指标	参 数	性能指标	参 数
尺寸(长×宽×高)	470 mm×440 mm ×440 mm	最高速度	3 m/s	爬坡能力	最大 15°
质 量	28 kg(视不同配置,质量会有变化)	电 源	24 V	电动机	空心杯直流伺服电动机(90 W)
减速器	精密行星齿轮减速器 2 个	行走机构	双轮差动式	最大转弯速度	360°/s
最小转弯半径	0(可原地回转)	速度精度	0.1%	位置精度	0.5%

3）移动机器人的控制系统:底层控制系统采用的是基于工业总线的分布式多处理器控制,包括多个 8 位 16 MHz 的 MCU(Multipoint Control Unit,多点控制单元),具有较高的实时性和可靠性。驱动器采用的是世界先进的高效率伺服驱动器,具备过热保护、过流保护、欠压保护的优点,具有 PC 端集成调试界面。PID 参数、速度位置参数可随时由软件设定。机器人平稳行驶的最低速度达到 1 mm/s,低速性能好。

(3) 实验步骤:

1）从"开始"菜单里打开 Microsoft Visual C++6.0。

2）建立对话框界面程序:MFC(Microsoft Foundation Class,微软基础类库)是一个架构在 Windows API 上的 C++类别库(C++ Class Library),里面包含了很多现成的窗体控件类,意图使 Windows 程式设计过程更有效率,更符合物件导向的精神。

Visual C++里可以创建的 MFC 窗体程序有三种:对话框、单文档视图和多文档视图,其中以对话框结构最为简单。这里就以对话框作为第一个 Windows 视窗程序。按照如下步骤:

① 如图 6-12 所示,点击左上角菜单项"文件"→"新建"→选择"MFC AppWizard"→输入工程名:VoyTest→确定。

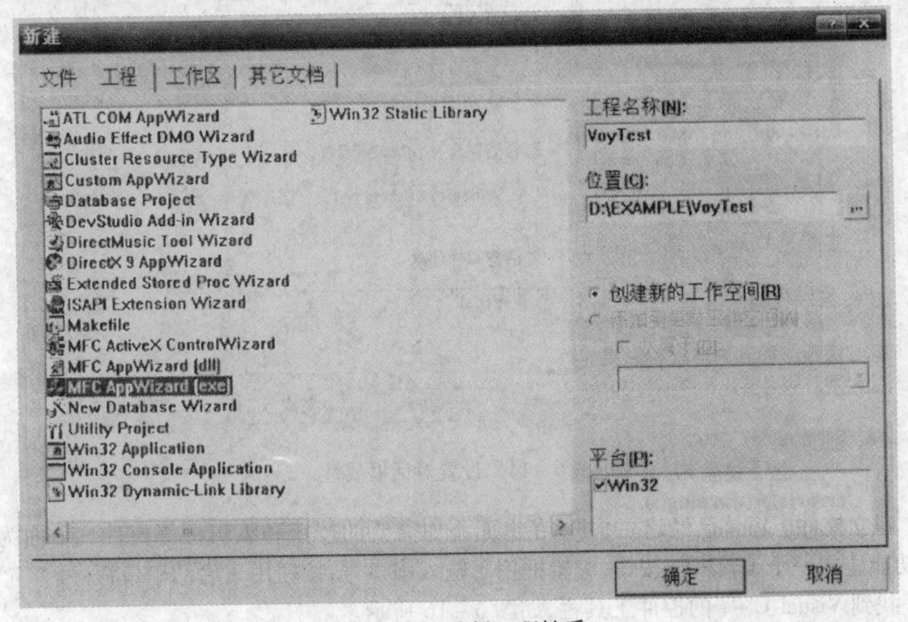

图 6-12 选择工程性质

② 如图 6 – 13 所示，创建的应用程序类型选择"基本对话框"。

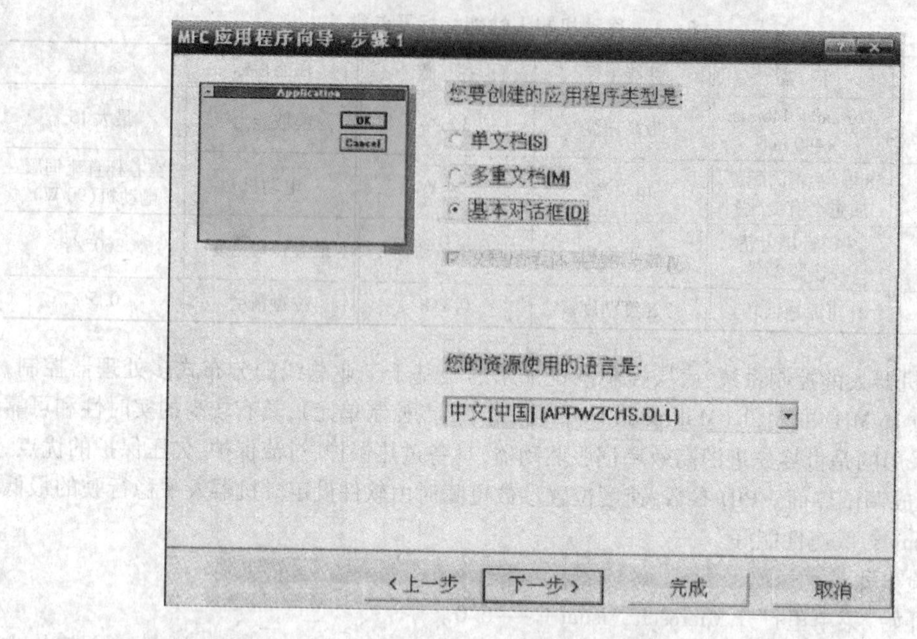

图 6 – 13　选择界面类型

③ 如图 6 – 14 所示，按图中所示设置，点击"下一步"，出现如图 6 – 15 所示的界面。

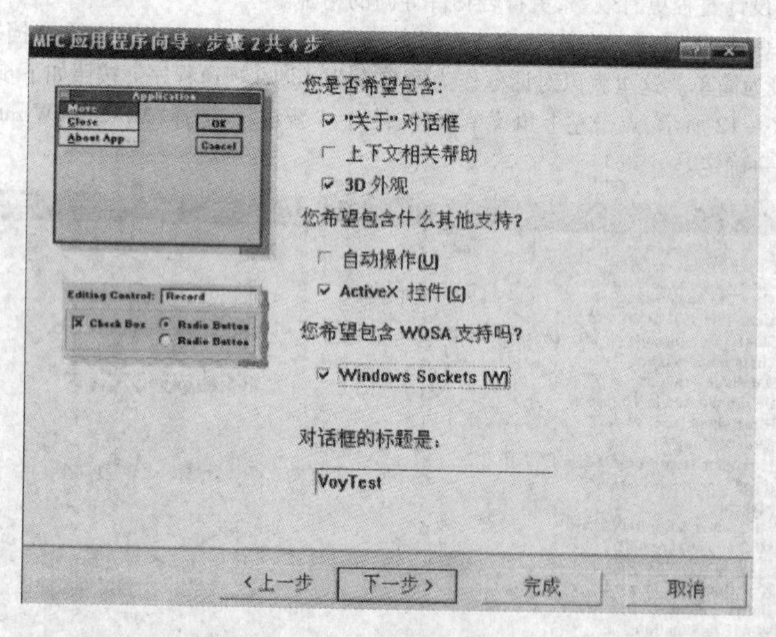

图 6 – 14　设置对话框属性

3）建立控件。窗体已经建立，可以在上面添加需要的按钮和编辑框等控件。下面为"打开串口"功能建立一个编辑框与按钮，编辑框用于输入串口号，按钮用于启动串口程序。

① 找到 Visual C ++的控件工具栏，如图 6 – 16 所示。

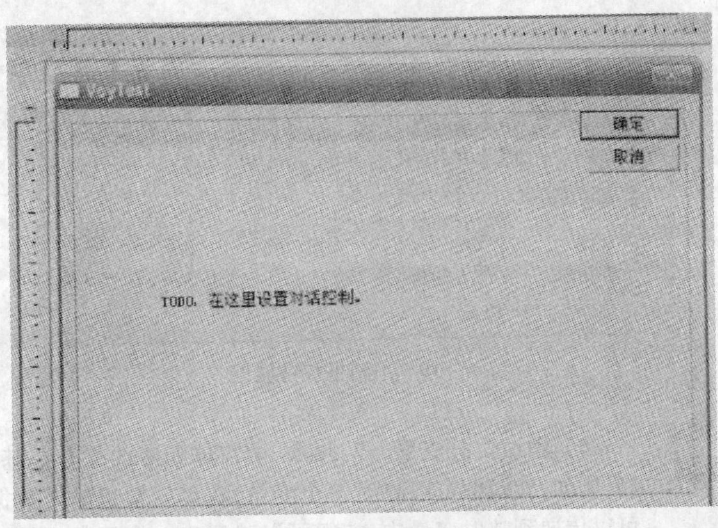

图 6－15　生成的对话框界面

② 点击按钮控件，在对话框上按下鼠标左键拖动，即可画出一个按钮。鼠标右击该按钮，在弹出的菜单里选择“属性”，如图 6－17 所示，即可修改该按钮控件的资源 ID 和显示文字。因为后面需要为这个按钮映射出一个函数，所以最好将资源 ID 修改为容易识别且没有其他重复的单词，如改为“IDC_OPEN”，如图 6－18 所示。

③ 再绘制一个编辑栏控件，将其资源 ID 改为“IDC_PORT”，如图 6－19 所示。下一步需要为它映射一个变量，记录输入的串口号。

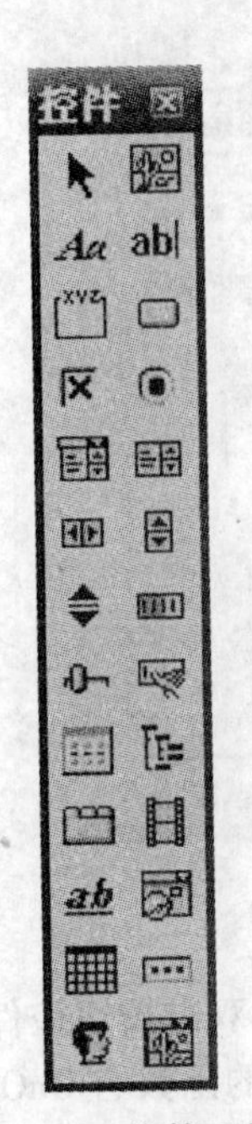

图 6－16　控件工具栏

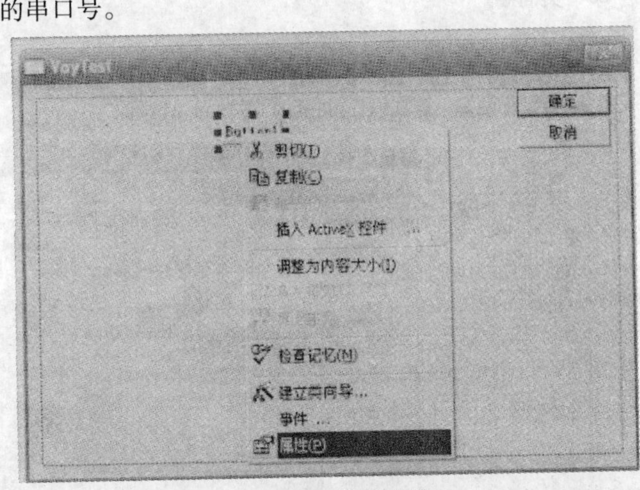

图 6－17　控件菜单

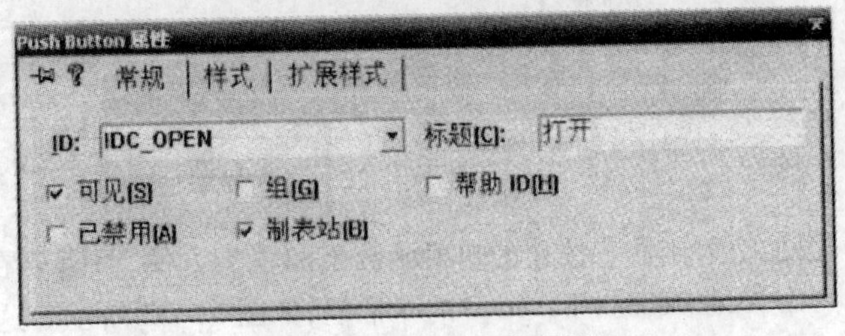

图 6－18　按钮控件属性

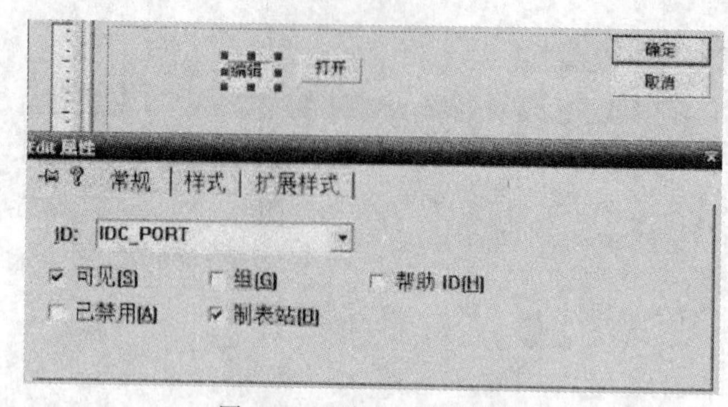

图 6-19　编辑框控件属性

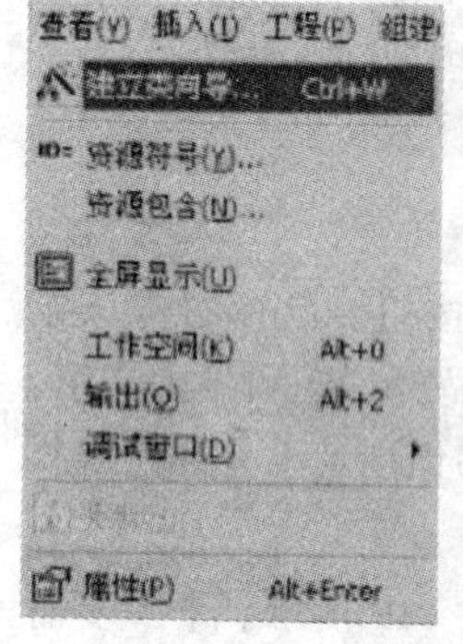

图 6-20　类向导

4）添加映射变量。Windows 的窗体程序的交互是基于消息映射机制，例如，编辑框可以映射一个变量，在编辑框里输入数据后，这个数据可以传递到映射变量中；按钮可以映射出一个函数，当在运行的窗体点击该按钮时，相应的映射函数就被执行。

映射变量的添加在类向导里进行，点击菜单栏的“查看”，如图 6-20 所示，选择“建立类向导”。在类向导里的 Project 选择工程名：VoyTest。选择 Member Variables 选项卡，找到刚才定义的编辑框 ID：IDC_PORT。点击右侧的 Add Variable 按钮，为其映射一个 UINT 或者 int 类型的变量，变量名定为 m_nPort，如图 6-21 所示。

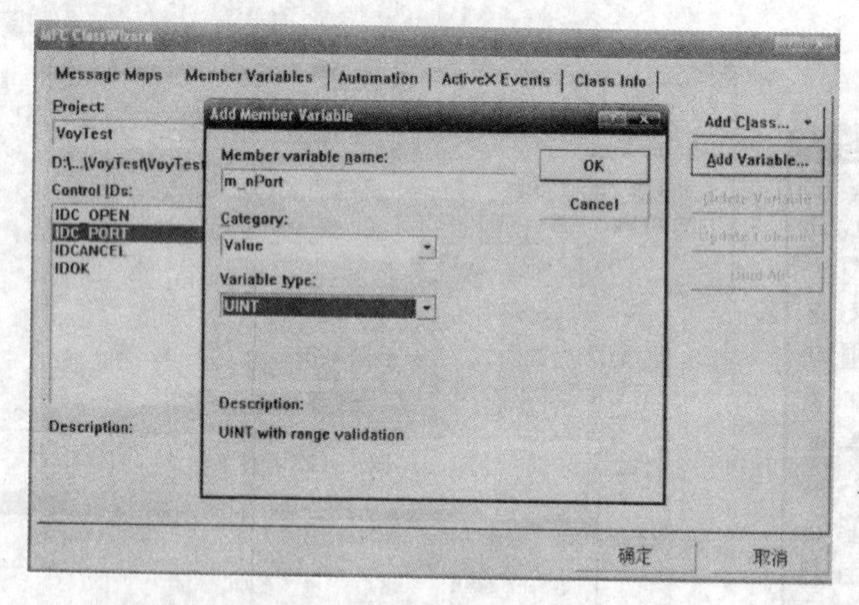

图 6-21　类向导添加映射变量

5）添加映射函数。按钮的映射函数添加较为方便，只需要在资源预览中双击按钮控件，便会弹出一个 Add Member Function 的对话框，如图 6-22 所示。这里使用默认的函数名 OnOpen，点击 OK 进入函数体内编写相应的函数。

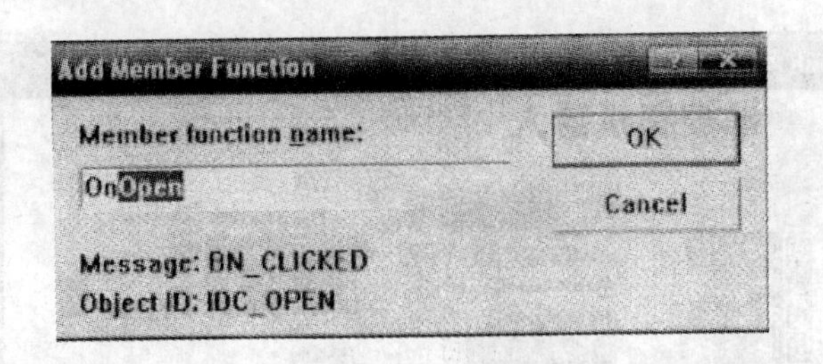

图 6－22　映射函数

先用 UpdateDatd 函数从编辑框获取 m_nPort 的值,然后用一个 CString 对象将这个变量显示出来,即:

```
Void CVoyTestDlg:: OnOpen()
{
    // TODO: Add your control notification handler code here
    UpdateData();
    CString str;
    Str. Format("您打开的串口号为% d",m_nPort);
    AFxMessageBox(str);
}
```

运行结果如图 6－23 所示。

6）引入控制类。向工程添加文件,如图 6－24 所示,将 IPhy. h、SerialCom. h、SerialCom. cpp、VoyCmd. h、VoyCmd. cpp、IBehavior. h、Demo. cpp、Demo. h 拷贝到工程文件夹内(VoyTest),如图 6－25所示。

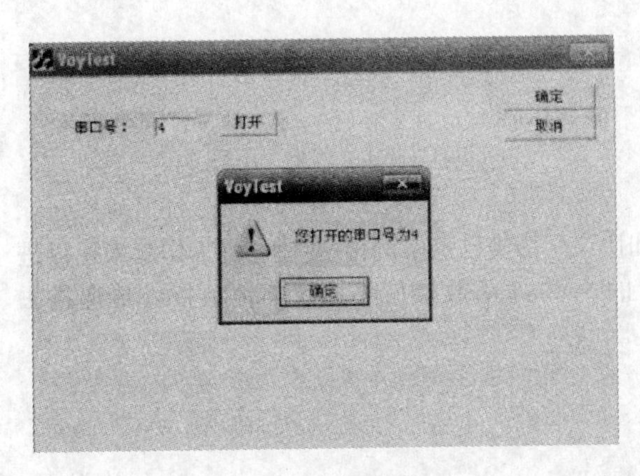

图 6－23　运行结果

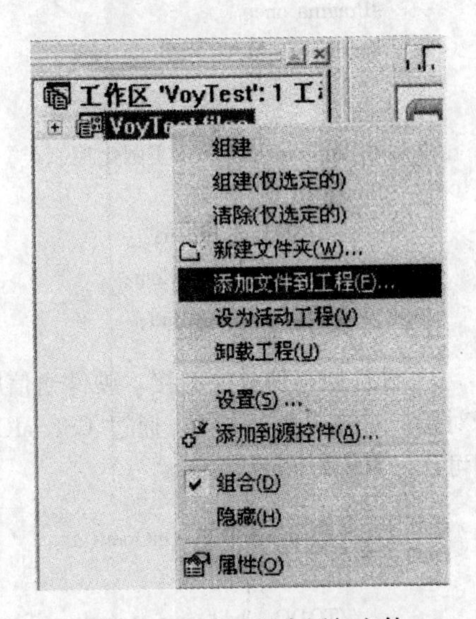

图 6－24　向工程中添加文件

向工程中引入串口类、协议类和行为类,即刚才拷贝的几个文件,这些类即可构成一个完整的机器人控制系统。要使用这些类,还需要将其实例化,即在主窗体内创建它们的对象。首先在主窗体头文件引入控制类的头文件,然后在主窗体类的声明里生成三个类的对象。即:

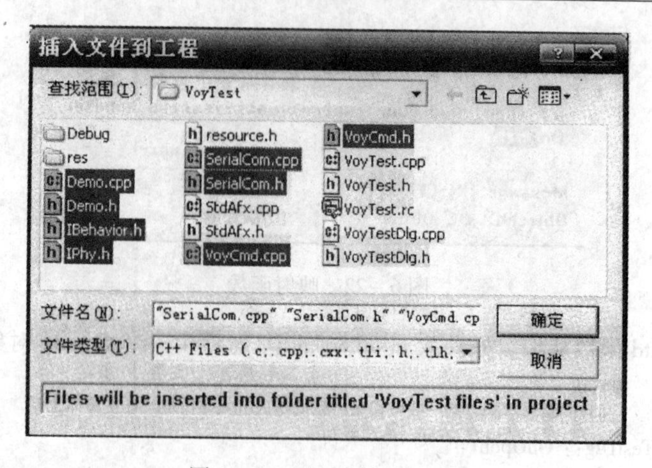

图 6 - 25　选取添加的文件

```
// VoyTestDlg.h: header file (包含头文件)
//
#if ! defined(AFX_VOYTESTDLG_H_9E8B5A)
#define AFX_VOYTESTDLG_H_9E8B5AD9_ED

#include "SerialCom.h"
#include "VoyCmd.h"
#include "Demo.h"

#if _MSC_VER > 1000
#Pragma once
#endif // _MSC_VER > 1000

// Implementation (实例化控制类)
Protected:
    HICON m_hIcon;
    CSerialCom m_Com;
    CVoyCmd m_Cmd;
```

7）硬件层与协议层对接。硬件通信层和协议层的类已经实例化，要使它们工作起来还得进行对接。对接工作很简单，通过 CSerialCom 的 SetCmd 函数接口将协议类地址指针传递进去即可。

```
Void CVoyTestDlg: OnOpen()
{
  //TODO: Add your control notification handle;
  updateData();
  //CString str;
  //str.Format("您打开的串口号为%d", m_nPort);
  //AfxMessageBox(str);
  m_Com.SetCmd(&m_Cmd); //协议层与通信层对接
```

```
    m_Com.Create(m_nPort); //打开通信串口
}
```

8）建立控制按钮。下面需要在界面上设置一些按钮来控制机器人的具体行动。在主窗体上建立5个按钮控件，如图6－26所示，分别对应前进、后退、左转、右转和刹车，具体设置方法如图6－27～图6－31所示。

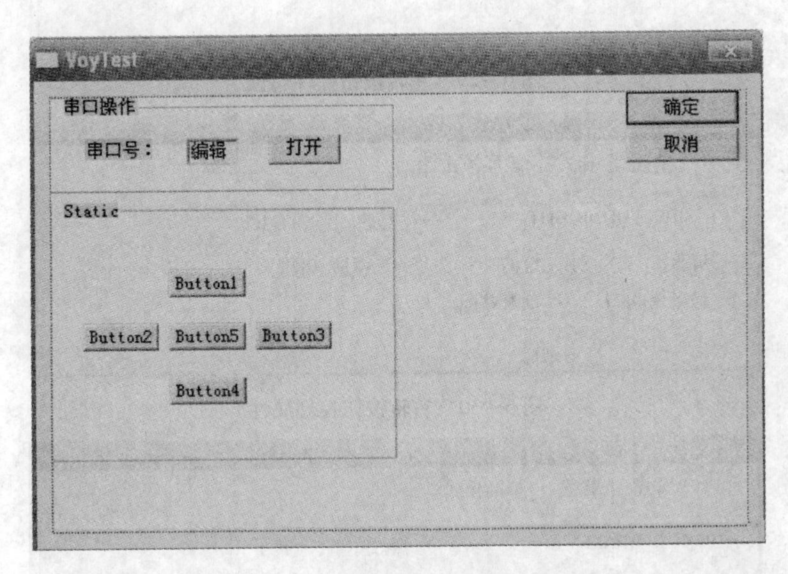

图6－26　绘出按钮

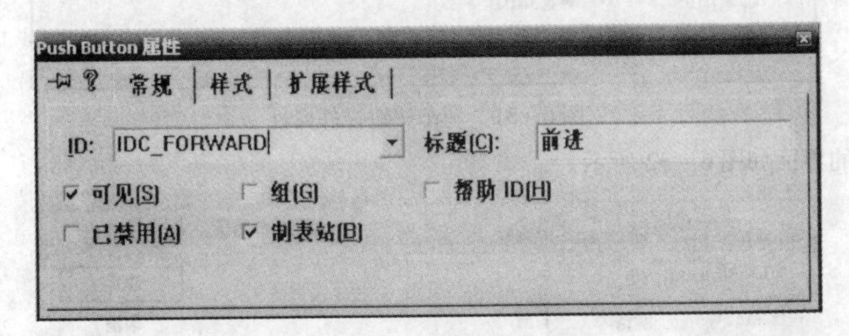

图6－27　前进按钮控件属性

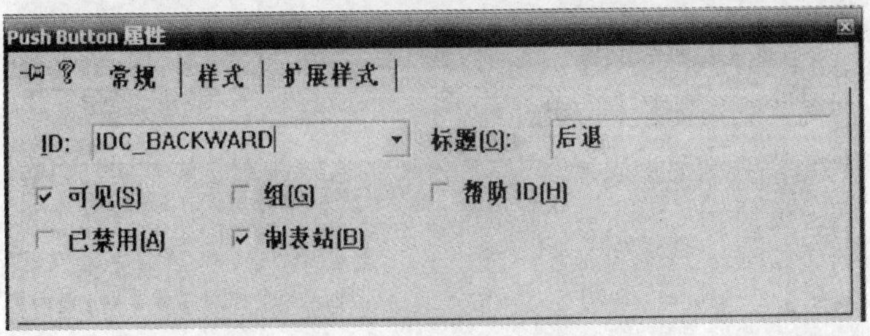

图6－28　后退按钮控件属性

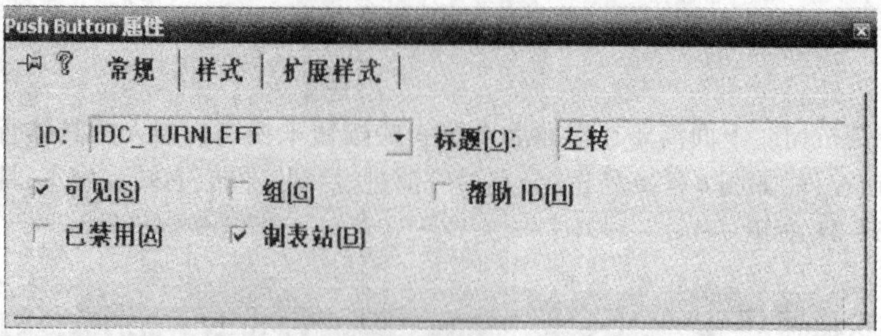

图 6－29　左转按钮控件属性

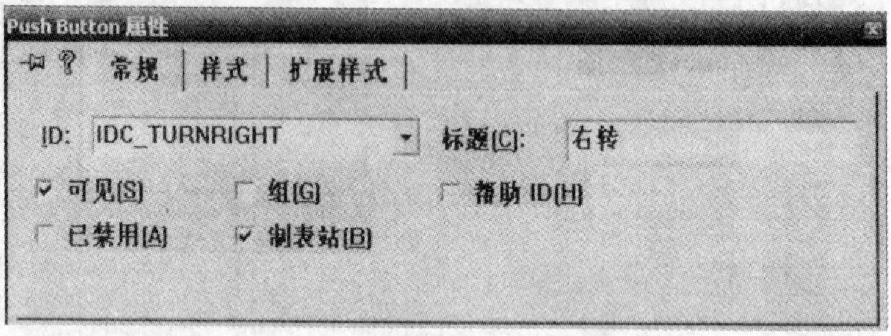

图 6－30　右转按钮控件属性

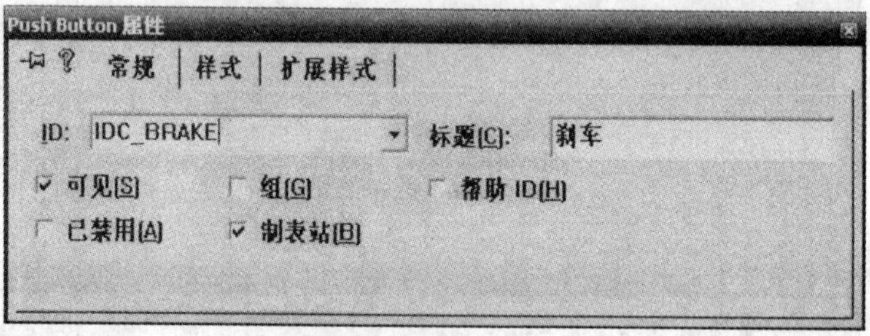

图 6－31　刹车按钮控件属性

设置好的界面如图 6－32 所示。

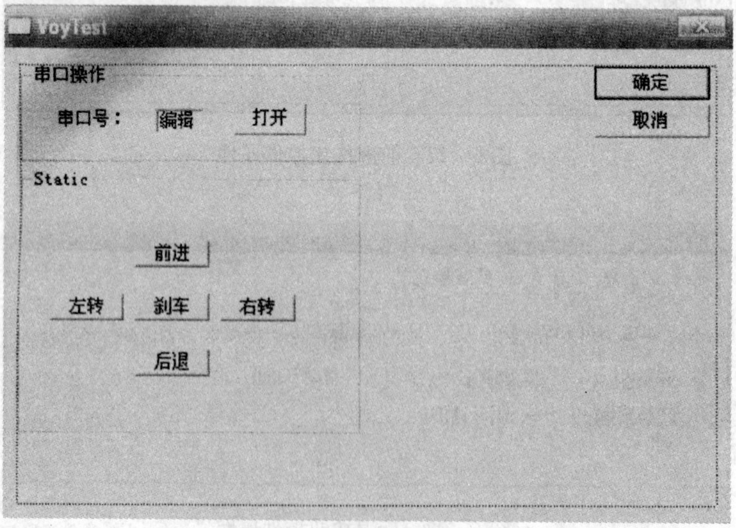

图 6－32　修改后的界面

添加映射函数的方法如图 6－33 所示。图 6－33 添加的是前行按钮的映射函数，具体的函数体为：

```
Void CVoyTestDlg：OnForward( )
{
  // TODO：Add your control notification handler
  m_Cmd. SetBothMotorsSpeed(100，100)；//前行
}
```

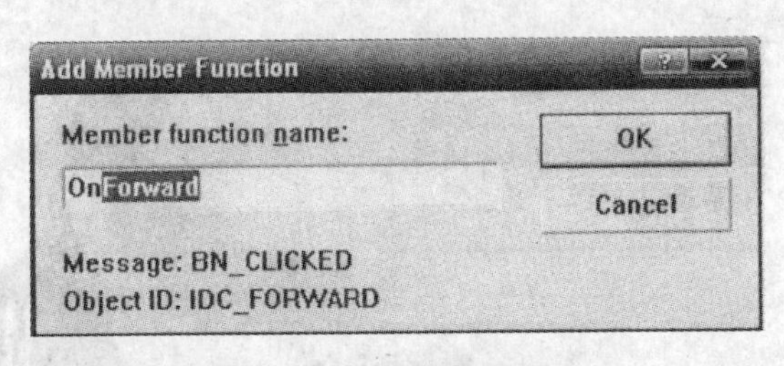

图 6－33　添加映射函数

下面是各种动作的控制指令，将其添加到相应按钮的映射函数中即可。

```
m_Cmd. SetBothMotorsSpeed(100，100)；          //前行
m_Cmd. SetBothMotorsSpeed( －100，－100)；     //后退
m_Cmd. SetBothMotorsSpeed( －100，100)；       //左转
m_Cmd. SetBothMotorsSpeed(100，－100)；        //右转
m_Cmd. Brake(1)；                              //刹车
```

6.3 “乐高”创意设计与制作

(1) 实验目的：

本实验是为激发学生创新意识、培养学生的综合设计能力及动手能力而设置的。制作一个机电设备需要学生运用不同领域的知识，包括机械、电子、软件、控制工程等。基于“乐高”Mindstorms NXT 低成本智能系统，学生进行创意设计，构建出不同复杂程度的机械和机电一体化的整体模型，使学生不仅能巩固和运用机械知识，而且还能帮助他们从整体上理解机电一体化的内涵，并激发他们的创新意识，培养他们的综合设计能力及实践能力。

(2) 项目管理办法：

1) 大学本科机械类专业三年级学生。

2) 学生本人(或小组)提出书面申请，申请内容包括：拟作的题目、构思与创意等。课外科技实践领导小组讨论，择优立项，并配备指导教师。

3) 符合毕业设计要求的研究项目经审查可以作为毕业设计题目。

4) 学生在实验室完成的项目及其成果归学校所有。

5) 课外科技实践领导小组组织项目的验收，写出验收意见，颁发“大学生课外科技创新实践”成果证明，成果特别优秀的推荐上级鉴定、报奖。

(3) 实验用器材：

1) “乐高”NXT 机器人套装。

2) 乐高专用 USB 连接线。

3) 个人计算机。

4）Mindstorms NXT 软件。

（4）研究内容：

学生综合运用“乐高”模型套装中各种结构组件、电动机和各种传感器光电元件创意设计、组装智能机器人，然后用 Mindstorms NXT 图形化编程语言或者 C 或 Java 语言编制程序，实现智能机器人的预期功能，完成完整的机、光、电一体化的智能机器人系统模型。

1）轮式行走机器人（见图 6 - 34）：是一个能够声音控制、完成准确定向行走和感知距离光亮等多种环境信息并能执行抓取物体的机器人。

图 6 - 34　轮式机器人

① 完成模型组装。

② 在个人计算机上的 Mindstorms NXT 软件中编写机器人控制程序。

③ 用 USB 连接线连接个人计算机和“乐高”机器人，将机器人控制程序下载到“乐高”机器人中。

④ 在“乐高”机器人上运行给定的控制程序，测试机器人行为的正确性。

⑤ 写出实验报告，说明模型的工作原理，指出程序是如何实现对声音作出反应，实现行走功能，如何判断被抓取物体位置，如何探测距离，实现抓取物体，附上所编程序。

2）机器人手臂（见图 6 - 35）：是一个能够学习完成简单任务，对不同颜色作出反应，包括一个能够抓起球的手（用接触传感器探测物体）的机器人。

① 完成模型组装。

② 在个人计算机上的 Mindstorms NXT 软件中编写机器人控制程序。

③ 用 USB 连接线连接个人计算机和“乐高”机器人，将机器人控制程序下载到“乐高”机器人中。

④ 在“乐高”机器人上运行给定的控制程序，测试机器人行为的正确性。

⑤ 写出实验报告，说明模型的工作原理，指出程序是如何实现分辨两种不同颜色的球以及如何实现抓取球的，附上所编程序。

3）双足步行机器人（见图 6 - 36）：是一个人形机器人，能够双足行走、转身、看（感知距离，光亮）、听（并对声音作出反应）以及感觉对它的触碰。

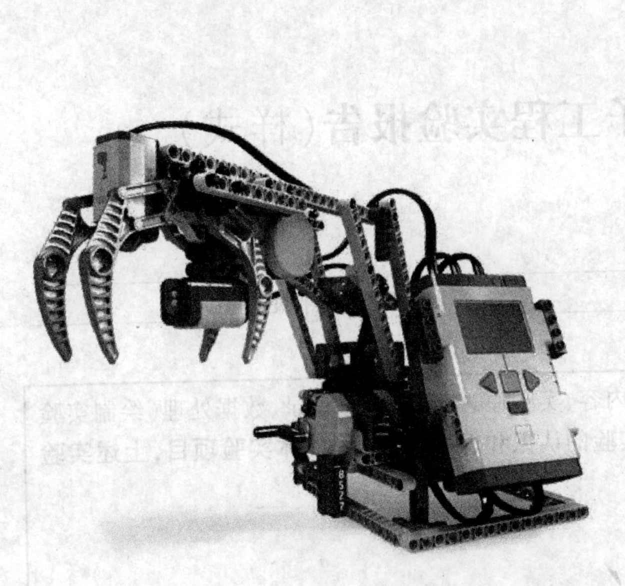

图6-35 机器人手臂

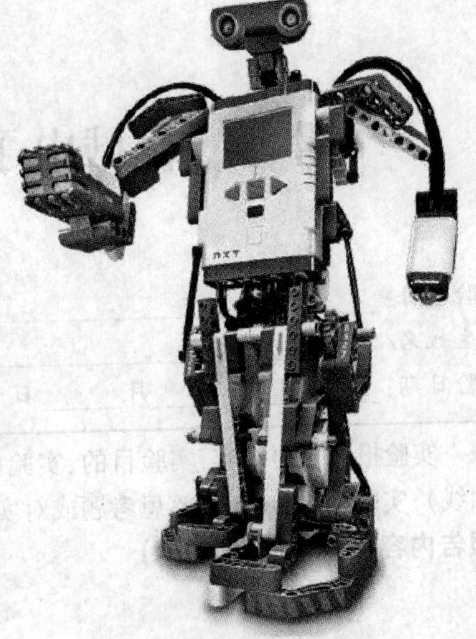

图6-36 双足机器人

① 完成模型组装。

② 在个人计算机上的 Mindstorms NXT 软件中编写机器人控制程序。

③ 用 USB 连接线连接个人计算机和“乐高”机器人,将机器人控制程序下载到“乐高”机器人中。

④ 在“乐高”机器人上运行给定的控制程序,测试机器人行为的正确性。

⑤ 写出实验报告,说明模型的工作原理,指出程序是如何实现行走、转身、对声音作出反应,如何感知光和距离的,附上所编程序。

注意:构件的配合,用力要柔和,避免元件的损坏。

(5) 实验报告:

1) 实验目的。

2) 实验内容。

3) 实验结果,包括所建模型的工作原理、机构简图,所编写的控制程序,实验的体会。

(6) 思考题:

1) 将转动变为移动有几种方法,各用多少种构件,都是什么构件,如何实现?

2) 控制物体转动到一定角度后停止,有几种方法,用什么构件,如何实现?

3) 控制物体移动一定距离后停止,有几种方法,用什么构件,如何实现?

4) 两个机械手如何实现协同工作?

5) 如何实现用光控制小车停止、运动,用什么构件?

附表　机械电子工程实验报告(样式)

实验项目:____成绩:__________

学生姓名/学号:____________________________________年级、专业:__________

实验日期:________年______月______日

实验报告主要内容:实验目的、实验内容、实验原理、实验数据记录、数据处理(绘制实验曲线)、实验结果分析、回答思考题或对实验的认识和思考。**(根据具体实验项目,上述实验报告内容可以作适当增减。)**

(续页)

(不足可加附页)

参考文献

[1] 刘杰,赵春雨,宋伟刚,等.机电一体化技术基础与产品设计[M].北京:冶金工业出版社,2006.
[2] 柳洪义,宋伟刚,原所先,等.机械工程控制基础[M].北京:科学出版社,2006.
[3] 王仁德,张耀满,赵春雨,等.机床数控技术[M].沈阳:东北大学出版社,2007.
[4] Jung-Hoon Kim, Jung-Yup Kim, Jun-Ho Oh. Adjustment of home posture of biped humanoid robot using sensory feedback control. Journal of Intelligent and Robot Systems: Theory and Applications,2008,51(4):421-438.
[5] 西门子公司. Simatic S7-300 和 S7-400 梯形逻辑编程参考手册. 北京: 西门子(中国)有限公司自动化部, 2004.
[6] 冯海迅, 王翠茹, 衡军山. 基于串行通信方式的工控软件设计及应用[J]. 电脑开发与应用,2005,(8)4:44-46.
[7] 凌振宝, 王君, 邱春玲. 基于 MSP430 单片机的智能变送器设计[J]. 仪表技术与传感器, 2003(8):32-33.
[8] 王少卿, 汪仁煌. 低功耗 MSP430 单片机在 3V 与 5V 混合系统中的逻辑接口技术[J]. 电子技术应用, 2002(10):16-19.
[9] 欧姆龙(中国)有限公司. SYSMAC CPM2A 操作手册,2006.
[10] 陈永利,赵霞,陈利军. PLC 在机床电气传动系统中的应用[J]. 微计算机信息,1999,35(8):44-45.
[11] 北京博创科技旅行家——IIA™ Voyager 实验指导书(第二版).
[12] Escamilla Ambrosio P J, Mort N. A novel design and tuning procedure for PID type fuzzy logic controllers [C]. 2002 First International IEEE Symposium Intelligent Systems. Beijing, 2002:36-41.
[13] Wang Ning. A fuzzy PID controller for multi-model plants [C]. Proceedings of the International Conference on Machine Learning and Cybernetics. Beijing, 2002:1401-1404.
[14] Visioli A. Tuning of PID controllers with fuzzy logic [J]. IEEE Proceedings Control Theory Application, 2001, 148(1):1-8.
[15] 周定颐. 电机与电力拖动[M]. 北京:机械工业出版社,2005.
[16] 赵先仲. 机电系统设计[M]. 北京:机械工业出版社,2004.
[17] 曾励. 机电一体化系统设计[M]. 北京:高等教育出版社,2004.
[18] 袁中凡,李彬彬,陈爽. 机电一体化技术[M]. 北京:电子工业出版社,2006.
[19] 姚伯威,吕强. 机电一体化原理及应用[M]. 北京:国防工业出版社,2005.
[20] 王茁,李颖卓,张波. 机电一体化系统设计[M]. 北京:化学工业出版社,2005.
[21] 杨公源. 机电控制技术及应用[M]. 北京:电子工业出版社,2005.
[22] 袁中凡. 机电一体化技术[M]. 北京:电子工业出版社,2006.
[23] 杨平,余洁,冯照坤,等. 自动控制原理实验与实践[M]. 北京:中国电力出版社,2005.
[24] 李秋红,叶志锋,徐爱民. 自动控制原理实验指导[M]. 北京:国防工业出版社,2007.
[25] 侯建华. 基于 51 单片机的温室测试系统[J]. 电子技术, 2007(7):37-42.
[26] 胡山,张兴会,耿丽清. 低纹波高精度数字电流源的设计[J]. 微计算机信息, 2007, 2-1:206-207.
[27] Wesley E. Snyder. 机器视觉教程[M]. 林学闾,译. 北京:机械工业出版社,2005.
[28] 胡小锋,赵辉. Visual C++/MATLAB 图像处理与识别实用案例精选[M]. 北京:人民邮电出版社,2004.
[29] 周润景,张丽娜,刘映群. PROTEUS 入门使用教程[M]. 北京:机械工业出版社,2007.
[30] 朱清慧. Proteus 教程:电子线路设计、制版与仿真[M]. 北京:清华大学出版社,2008.
[31] 张靖武,周灵彬. 单片机系统的 PROTEUS 设计与仿真[M]. 北京:电子工业出版社,2007.
[32] 北京瑞泰创新科技有限责任公司. ICETEK-LF2407A 教学实验系统实验指导书. 2005.

[33] Matlab Help. The Math Works, Inc.
[34] 穆向阳,张太镒.机器视觉系统的设计[J].西安石油大学学报(自然科学版),22(6),2007,104-109.
[35] 李进,陈无畏,李碧春,等.自动导引车视觉导航的路径识别和跟踪控制[J].农业机械学报,39(2),2008,20-24.